复杂网络社团发现理论与应用

王　林　高红艳　编著

科学出版社

北　京

内 容 简 介

本书主要介绍复杂网络社团发现理论与应用。复杂网络社团发现旨在揭示复杂网络中真实存在的网络社团结构。研究复杂网络社团结构,在分析实体复杂网络的拓扑结构、理解现实复杂网络的功能、发现复杂网络隐藏的规律和预测复杂网络的动力学行为等方面具有重要的现实意义,并且具有广泛的应用前景。本书首先介绍复杂网络基础知识、社团定义及相关基础和社团定量刻画;其次介绍主流的社团发现方法、算法和社团结构的层次性;最后介绍社团发现的应用。

本书可供计算机、自动化等专业高年级本科生、研究生和相关研究人员参考。

图书在版编目(CIP)数据

复杂网络社团发现理论与应用/王林,高红艳编著. —北京:科学出版社,2021.11
ISBN 978-7-03-067179-0

Ⅰ. ①复… Ⅱ. ①王…②高… Ⅲ. ①计算机网络-网络结构 Ⅳ. ①TP393.02

中国版本图书馆 CIP 数据核字(2020)第 248356 号

责任编辑:宋无汗 / 责任校对:杨 赛
责任印制:张 伟 / 封面设计:陈 敬

科学出版社 出版
北京东黄城根北街 16 号
邮政编码:100717
http://www.sciencep.com

北京中石油彩色印刷有限责任公司 印刷
科学出版社发行 各地新华书店经销

*

2021 年 11 月第 一 版 开本:720×1000 B5
2022 年 7 月第二次印刷 印张:14 3/4
字数:300 000
定价:128.00 元
(如有印装质量问题,我社负责调换)

前　　言

复杂网络包含海量节点,节点之间存在复杂的连接关系。大量实证研究表明,许多复杂网络是异构的,即复杂网络不是由一大批性质相同的节点随机地连接在一起,而是许多类型的节点组合。相同类型的节点之间存在较多的连接,而不同类型的节点之间连接则相对较少。本书将同一类型的节点和这些节点之间的边所构成的子图称为网络中的社团。

在大型复杂网络中自动搜寻或发现社团,具有重要的实用价值。例如,人际关系网中的社团代表根据兴趣而形成的真实社会团体。挖掘网络中的社团,有助于人们更加有效地理解和开发实际的复杂网络。

复杂网络中,社团发现的研究起源于社会学的研究工作,Newman 和 Girvan 提出挖掘社团的算法,使得复杂网络中的社团发现成为复杂网络领域的热点,并形成了复杂网络中一个重要的研究方向。自此,产生了大量的关于社团发现方法和理论的研究成果。例如,从基于直观概念的发现算法(如基于边介数的分裂算法、基于相似度的合并算法等)到基于寻优的社团发现算法(如贪婪算法、模拟退火算法等);从无重叠的普通社团发现算法到重叠社团发现算法;从静态的发现方法到动态的发现方法(利用随机行走、节点编码等手段);从社团结构合理性刻画到社团结构与网络的层次结构之间的关系等。总之,近十年来,针对社团发现的研究结果丰富多彩、林林总总。不仅如此,社团发现也从理论研究和算法研究走向应用,如将社团发现算法应用于社交网络、舆情分析、生物网络等。

复杂网络的社团发现成果丰硕,涉及领域广泛,有必要对其进行系统梳理和总结,使得相关领域的学者可以把握社团发现理论与方法进而接触学科前沿。目前国内外已有一些综述性学术论文,但尚缺全面系统且自成体系的中文著作。本书将系统介绍复杂网络社团发现理论与应用。

本书共 8 章。作为社团发现的基础,第 1 章介绍复杂网络基础知识,包括图论基础、无标度网络、小世界网络、度相关性等基本概念。第 2 章介绍社团定义及相关基础,社团本身没有严格的数学定义,不同算法得到的社团可能会产生差异，原因在于社团只有直观概念，且存在多种理解。第 3 章介绍社团定量刻画，研究几种模块度及其局限性。最著名的模块度是 Newman 等提出的定量刻画社团结构的合理性指标，大量的研究方法均基于 Newman 模块度展开。然而，进一步研究发现，Newman 模块度偏向于忽略微小社团。有学者提出了其他指标，如基于随机行走的模块度等。第 4 章介绍基于寻优的社团发现方法，有了刻画社团结构是否合理的模块度指标，最容易产生的想法是在所有可能的社团划分中，选出使模块度最大的划分作为网络的社团结构。然而现实的难题是，网络巨大，找出最优的社团结构已被证明是 NP 难题。因而研究人员寻求发现次优条件下的社团结构，涉及的次优方法主要包括贪婪算法、模拟退火算法等。第 5 章介绍基于直观概念的社团发现算法，可从两方面直观刻画，一方面是网络拓扑图自身的社团特性，根据社团的定义可知，社团内部连接紧密，社团之间连接相对稀疏，在此基础上，可以根据一定的法则给网络去除边和增加边(相似性)；另一方面是先将网络用数学表达式刻画，如邻接矩阵、Laplace矩阵等，然后用谱方法分析复杂网络的社团特性。第 6 章介绍重叠社团发现算法，重点介绍派系过滤算法和基于边社团的发现算法，重叠社团在社交网络中具有特别的意义。第 7 章介绍多尺度社团发现与网络的层次结构，可知现实社会网络中的层次性组织结构与多尺度社团发现紧密关联。第 8 章介绍社团发现的应用，主要介绍在用户通话网络、BBS 用户网络和复杂公交网络中的应用，在 BBS 用户网络中，成功地将社团与舆情发现结合起来。

　　本书的出版得到了陕西省重点研发计划重点产业创新链项目(项目编号：2017ZDCXL-GY-05-03)、陕西省宝鸡市科技计划项目(项目编号：2018JH-02)的支持。

　　作者的研究生在成书过程中做了大量辅助性的工作，在此一并感谢。

　　由于作者水平有限，书中难免存在不足之处，恳请读者批评指正。

目　　录

第 1 章　复杂网络基础知识

网络规模的扩大增加了大型复杂网络的研究难度。为了在可接受的计算成本下发现并研究网络中蕴含的规律，有必要简化研究对象，因而社团发现算法越来越受人们的关注。在复杂网络中发现社团结构，并以这些社团结构为单位形成的网络作为研究对象，能够大幅减少研究的复杂度。

本章介绍复杂网络及其在科学领域和现实世界中的应用，主要介绍与社团发现有关的复杂网络基础知识，包括复杂网络概述、图论基础、无标度网络、小世界网络、度相关性和现实世界中的复杂网络等内容。

1.1　复杂网络概述

物理学家霍金认为：21 世纪是复杂性的世纪。作为研究复杂性科学和复杂系统的有力工具，复杂网络已成为学术界研究的一个热点，在工程技术、社会、政治、医药、经济和管理领域都有着潜在和广泛的应用。复杂网络借助图论和统计物理的方法，可捕捉并描述系统的演化机制和规律，同时也能很好地分析系统的整体行为。复杂网络的复杂性主要体现在以下几个方面。

(1) 结构复杂性：网络结构纵横交错、复杂混乱，且连接结构可能随时发生改变。例如，万维网(world wide web, WWW)每天都会产生和删除许多网页和链接。另外，节点之间的连接可能具有不同的权重和方向。例如，交通网络中每条公路上都有不同数量和方向的汽车在行驶。

(2) 节点复杂性：网络中的节点可能是具有分岔和混沌等复杂非线性行为的动力系统。例如，基因网络中每个节点都具有复杂的时间演化行为。一个网络中还可能存在多种不同类型的节点。例如，控制哺乳动物细胞分裂的生化网络包含各种各样的蛋白质和酶。

(3) 各种复杂性因素的相互影响：现实中的复杂网络每时每刻都会受到各种因素的影响。例如，如果耦合神经元同时被重复激活，它们之间的连接就会加强，这也是记忆和学习的基础。另外，各种不同类型的网络之间也存在密切的联系，从而相互影响，如电力网络的故障可能会导致网络流量变慢、金融机构关闭、运输系统失去控制等一系列连锁反应。

由于真实网络的规模庞大、结构复杂，其拓扑结构在 21 世纪初才得到广泛的研究。人们对真实网络拓扑结构的研究大致经历了以下过程：最初，研究者们认为真实网络各要素之间的关系可以用一些规则的结构表示，如二维平面上的网格；20 世纪 50～90 年代末，人们主要用随机网络描述没有明确设计原则的大规模网络；近年来，研究者们发现大量的真实网络既不是随机网络，也不是规则网络，而是统计特性与前两者都不同的网络，其中最有影响的复杂网络模型是小世界网络和无标度网络。下文将介绍复杂网络中需要用到的基本概念。

网络可以抽象为一个由节点集 V 和边集 E 组成的图 $G=(V,E)$，节点数记为 $N=|V|$，边数记为 $M=|E|$。网络中节点和边与具体研究对象紧密相关。例如，在生命系统的巨型遗传网络中，节点表示蛋白质，边表示蛋白质之间的相互作用；在 WWW 中，节点表示各个不同的页面，边表示页面之间的链接。节点数和边数均有限的图称为有限图，否则称为无限图。由于研究的网络都是真实网络的模型，一般为有限图。如果网络中任意一个节点对 (i,j) 与 (j,i) 对应同一条边，则称该网络为无向网络，否则称为有向网络。两个端点相同的边称为环(loop)，有公共起点并且同时具有公共终点的两条边称为平行边或重边。无环并且没有重边的图称为简单图，任何两个节点之间都有边相连的简单无向图称为完全图。现实世界中的网络往往需要根据某种度量标准，为网络上的每个点和每条边都赋予相应的权值，这种网络称为加权网络[1,2]。例如，在交通网中，每两个站点之间的距离不同，而且每条线路上的车流量往往也不同，即每条边具有不同的权值。没有赋予权重的网络称为无权网络，无权网络也可以看作是每条边的权值都是 1 的网络。点和边的权值通常用 σ_i 和 ω_{ij} 表示。无向网络中，一个点的权值是与之相连的所有边的权值总和，即 $\sigma_i = \sum_j \omega_{ij}$。

介数分为节点介数和边介数。节点介数为网络中所有最短路径中经过该节点的数目比例，边介数的含义和节点介数相似。介数反映了节点和边在整个网络中的地位和作用，有很具体的现实意义。在社会关系网络或技术网络中，介数的分布特征反映了不同人员、资源、技术等因素在生产关系中的地位，对在网络中发现和保护关键资源和技术具有非常重要的意义。

1.2　图 论 基 础

图论最早起源于 1736 年欧拉(Euler)所解决的哥尼斯堡(Konigsberg)七桥问题，现已广泛应用于计算机科学、商业、心理学等领域。本节介绍图的矩阵表示和度分布。

1.2.1　图的矩阵表示

任何复杂的网络都可以表示为图，借助矩阵对图进行研究，可以大大简化和促进对图的分析。

1. 邻接矩阵

每一个图都是由节点和连接一对节点之间的连线组成，其中连线的长度和节点的位置无关紧要。图 1-1 是同一个图的两种表示。

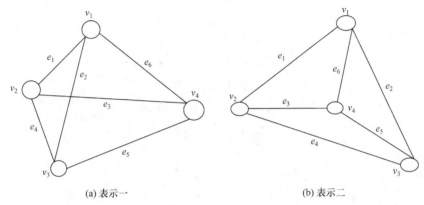

(a) 表示一　　　　　　　　　　　(b) 表示二

图 1-1　同一个图的两种表示

定义 1-1　设 $G = \langle V, E \rangle$ 是一个简单图，它有 n 个节点 $V = \{v_1, v_2, \cdots, v_n\}$，则 n 阶方阵 $A(G) = (a_{ij})$ 称为图 G 的邻接矩阵。

其中，$a_{ij} = \begin{cases} 1, & v_i \, \text{adj} \, v_j \\ 0, & v_i \, \text{nadj} \, v_j \, \text{或} \, i = j \end{cases}$，adj 表示节点相邻，nadj 表示节点不相邻。例如，5 个节点的简单无向图(图 1-2)的邻接矩阵为

$$A(G) = \begin{bmatrix} 0 & 1 & 1 & 1 & 1 \\ 1 & 0 & 1 & 0 & 0 \\ 1 & 1 & 0 & 1 & 0 \\ 1 & 0 & 1 & 0 & 1 \\ 1 & 0 & 0 & 1 & 0 \end{bmatrix}$$

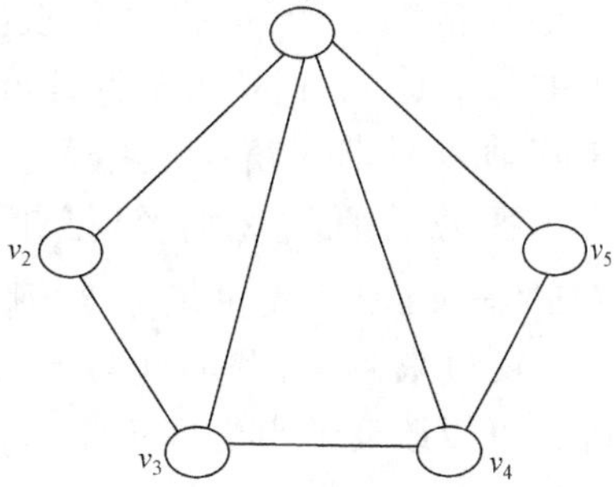

图 1-2　5 个节点的简单无向图

当给定的简单图是无向图时(图 1-2)，邻接矩阵对称；当给定的简单图是有向图时，邻接矩阵不一定对称。

2. 关联矩阵

定义 1-2 设图 G 有 n 个节点和 m 条边，$V(G)=\{v_1,v_2,\cdots,v_n\}$ 和 $E(G)=\{e_1, e_2,\cdots,e_m\}$。$G$ 的关联矩阵定义为 $n\times m$ 的二进制矩阵 M，其中若 v_i 与 e_j 关联，则 $m_{ij}=1$；否则 $m_{ij}=0$。

容易看出，矩阵 M 的行对应 n 个节点，列对应 m 条边。例如，图 1-3 为 6 个节点 8 条边的简单无向图，关联矩阵为

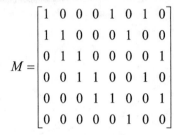

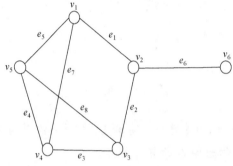

图 1-3　6 个节点 8 条边的简单无向图

M 的第 i 行元素的和为 $\deg(v_i)$，这对邻接矩阵显然也成立，而且 M 每一列的和都是 2，这是由于每条边都与且仅与两个节点关联。令 D 为 $n\times n$ 的对角矩阵(所有的非对角线元素都为 0)，满足 $d_{ii}=\deg(v_i)$。

容易验证，对于邻接矩阵 A、关联矩阵 M 和对角矩阵 D，存在 $MM^{\mathrm{T}}=A+D$。无论是邻接矩阵 A 还是关联矩阵 M 都可以确定一个唯一的图 G；反过来，一个图 G 可以有多个邻接矩阵和关联矩阵。这是由于对于邻接矩阵，可以改变节点的标记序列；对于关联矩阵 M，可以改变节点和边的标记序列。

3. 距离矩阵

顾名思义，距离矩阵存储的是节点间的距离。

对于图 G ， $V(G)=\{v_1,v_2,\cdots,v_n\}$ ，定义 $n\times n$ 的距离矩阵 D 的元素 $d_{ij}=d(v_i,v_j)$ 。显然， $d_{ii}=0$ 。另外，根据距离的对称性，有 $D^{\mathrm{T}}=D$ ，即图 G 的距离矩阵为对称矩阵。例如，图 1-4 的距离矩阵为

$$D=\begin{bmatrix} 0 & 1 & 2 & 1 & 1 & 2 \\ 1 & 0 & 1 & 2 & 2 & 1 \\ 2 & 1 & 0 & 1 & 1 & 2 \\ 1 & 2 & 1 & 0 & 1 & 3 \\ 1 & 2 & 1 & 1 & 0 & 3 \\ 2 & 1 & 2 & 3 & 3 & 0 \end{bmatrix}$$

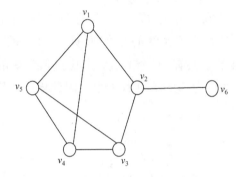

图 1-4　6 个节点的简单无向图

1.2.2　度分布

度是节点属性中简单而又重要的概念，是网络的一个重要统计特征。与节点 i 连接的其他节点的数目，或者连接到该节点的边的条数称为节点 i 的度。节点的度有两个延伸概念，一个是最小度；另一个是平均度。最小度是指网络中度最小的节点的度。平均度是指网络中所有节点的度的算术平均值，即

$$\bar{D}=\frac{1}{n}\sum_{i=1}^{n}D_i \tag{1-1}$$

在任意图中，因为每条边必关联两个节点，而一条边给予每个关联节点的度值贡献为 1，所以图中节点度值的总和等于边数的两倍：

$$\sum_{v\in V}\deg(v)=2\big|E\big| \tag{1-2}$$

在有向网络中，度分为入度和出度。节点的入度是从其他节点指向该节点的边的数目，记为 d_{in} ：

$$d_{\mathrm{in}}(v_i)=\sum_{j\neq i}e_{j,i} \tag{1-3}$$

出度是从该节点指向其他节点的边的数目，记为 d_{out} ：

$$d_{\text{out}}(v_i) = \sum_{j \neq i} e_{i,j} \tag{1-4}$$

在无向图 $G = G(V,E)$ 中，d 可以看成是将每个节点映射到一个非负整数的函数，即 $d : v_i \to d(v_i)$（$i = 1,2,\cdots,n$）。在图 1-2 的邻接矩阵 $A(G)$ 中，可以看到，第 i 行元素由节点 v_i 出发的边决定，第 i 行中值为 1 的元素数目等于 v_i 的出度。同理，在第 j 列中值为 1 的元素数目是 v_j 的入度。不难发现，一个节点 i 的度越大，说明它在网络中的地位越重要。

网络中节点度的分布情况可用分布函数 $P(k)$ 描述，$P(k)$ 表示一个随机选定节点的度恰好为 k 的概率。在实证研究中，经常以频率代替概率的模拟统计方法计算度分布，即取网络中度值为 k 的节点数与节点总数的比值，$P(k) = N_k / N$。网络中所有节点度的平均值称为网络的平均度，记为 $\langle k \rangle$，$\langle k \rangle = \sum k \cdot P(k)$。图 1-5 中共有 10 个节点，其中度值为 3 的节点有 6 个，度值为 4 的节点有 3 个，度值为 6 的节点有 1 个，因此该图的度分布为 $P(3) = 0.6$，$P(4) = 0.3$，$P(6) = 0.1$。

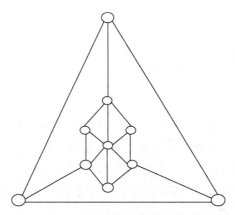

图 1-5　由 10 个节点构成的简单无向图

度分布是区分不同结构复杂网络的一个重要指标。例如，n 阶完全图所有节点都与其他任意节点相连，因此它的节点度值都是 $n-1$，度分布是 $P(n-1) = 1$。星形网络的度分布是两点分布，而规则网络的度分布是单点分布。

根据不同类型的度分布，可以将网络分为均匀网络和非均匀网络。规则格子网络和完全随机网络都属于均匀网络，前者有简单的度序列，是由于所有节点具有相同的度，度分布为 Delta 分布，函数图形为单个尖峰的形状。后者的度分布近似为泊松分布，度分布为 $P(m) = \begin{pmatrix} n-1 \\ m \end{pmatrix} p^m (1-p)^{n-1-p}$，当节点数很大时，度值为 k 的节点所占比例大致是 $P(k)$。现实中的网络大部分是非均匀网络，其度分布没有明显的特征长度，却可以用幂律形式 $P(k) \propto k^{-\gamma}$ 来描述。

1.3　无标度网络

大量的研究发现，现实中的复杂网络主要以无标度网络为主，本节介绍无标度网络。随机网络的节点度分布服从泊松分布，无标度网络的节点度分布服从幂律分布。

1.3.1　泊松分布与幂律分布

泊松分布是随机网络的分布模型，而幂律分布则是无标度网络的分布模型。

1. 泊松分布

泊松分布是二项分布的近似，由法国数学家泊松于 1837 年提出。随着科学的发展，泊松分布日益显示出其重要性，并成为概率论中最重要的几何分布之一，其分布函数为

$$P(X = k) = \frac{\mathrm{e}^{-\lambda} \lambda^k}{k!}, \quad k = 0,1,2,\cdots \tag{1-5}$$

式(1-5)表示事件 X 恰好发生 k 次的概率。参数 λ 是单位时间(或单位面积)内随机事件的平均发生率，既是泊松分布的均值，也是泊松分布的方差。泊松分布函数如图 1-6 所示，其中横轴表示 k 的取值，纵轴为 $P(k)$。

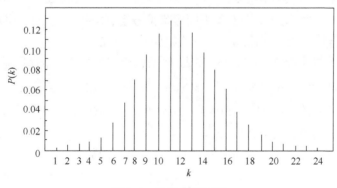

图 1-6　泊松分布函数

泊松分布适合描述单位时间内随机事件发生的次数。其中，将随机时刻相继出现事件所形成的序列称作随机事件流。如果事件流具有平稳性、无后效性和普遍性，那么将该事件称为泊松事件流(泊松流)。泊松分布还可以作为描绘大量试验中稀有事件出现的概率分布的数学模型(如地震、火山爆发、特大洪水、意外事故等)。n重伯努利试验中稀有事件出现的次数近似服从泊松分布，如纱锭的纱线被扯断的次数、一年中暴雨出现的次数、一页书中印刷错误出现的数目等。

Erdös-Rényi(ER)随机图由 Erdös 和 Rényi 在 20 世纪 50 年代末提出。它是由 N 个节点，大约 $pN(N-1)/2$ 条边构成的随机图，图中的任意两个节点以概率 p 相互连接。研究发现，ER 随机图的许多重要性质是突然涌现的。ER 随机图的平均度 $\langle k \rangle = p(N-1) \approx pN$，当 N 很大时，节点度分布近似泊松分布：$P(k) \approx e^{-\langle \lambda \rangle} \langle \lambda \rangle^k / k!$。因此 ER 随机图也被称为"泊松随机图"。随机网络模型的提出是复杂网络理论的一个重大成果，尽管把 ER 随机图看作实际复杂网络的模型来研究具有较大不足，但在 20 世纪的后 40 年中，ER 随机图理论一直是研究复杂网络拓扑结构的基本理论，其中有些基本思想具有很强的借鉴意义。随着研究的深入，人们发现随机网络模型并不能很好地刻画真实网络，于是人们从多个角度对 ER 随机图做了扩展，从而让其尽可能接近真实网络。其中一个推广就是具有任意给定度分布的广义随机图。

2. 幂律分布

大量研究表明，许多真实网络的度分布明显不同于泊松分布，这些网络中节点之间的连接分布存在严重的不均匀性，即通常只存在少数连接很多的节点，而大部分节点连接较少，如互联网、WWW 和代谢网络等。这些网络的节点度分布大多可以用幂律形式 $P(k) \propto k^{-\gamma}$ 描述，幂律函数的分布如图 1-7 所示，其中 k 为节点的度。图 1-7 中五条不同形状符号组成的线分别对应不同的 γ 值，γ 为网络的幂指数参数，γ 值越大，图线越偏左。

考虑一个概率分布函数 $f(x)$，如果对任意给定的常数 a，存在常数 b 使得函数 $f(x)$ 满足 "$f(ax) = bf(x)$" 无标度条件，那么必有 $f(x) = f(1)x^{-\gamma}$，$\gamma = -f(1)/f'(1)$[假定 $f(1)f'(1) \neq 0$]。也就是说，幂律分布函数是唯一满足"无标度条件"的概率分布函数。

另一种表示度分布的方法是绘制累积度分布函数：

$$P_k = \sum_{k'=k}^{\infty} P(k') \tag{1-6}$$

它表示度值不小于 k 的节点的概率分布。

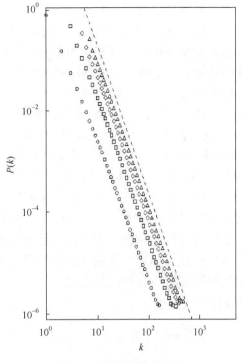

图 1-7　幂律函数的分布

如果度分布为幂律分布，即 $P(k) \propto k^{-\gamma}$，那么累积度分布函数符合幂指数为 $\gamma-1$ 的幂律：

$$P_k \propto k^{-(\gamma-1)} \tag{1-7}$$

如果度分布为指数分布，即 $P(k) \propto e^{-k/\kappa}$，其中 $\kappa > 0$ 为常数，那么累积度也是指数型，且具有相同的指数：

$$P(k) \propto e^{-k/\kappa} \tag{1-8}$$

幂律分布在对数坐标系中对应一条直线，而指数分布在半对数坐标系中对应一条直线。因此，通过采用对数坐标系和半对数坐标系就可以很容易识别幂律分布和指数分布。

1.3.2　BA 模型

由于现实中的网络大都不是完全随机的，用随机网络表示真实网络具有较大的局限性，研究者们试图寻找一种全新模型，以更好地描述真实网络。1999年，Barabási 和 Albert 通过研究分析万维网的动态演化过程，发现许多现实中的复杂网络具有大规模的高度自组织性，即这些复杂网络服从幂律分布。他们发现，万维网实际是由少数高连接性的页面组织起来的，80%以上的页面连接数不到 4 个，然而只占节点总数不到万分之一的极少数节点却有 1000 个以上的连接，这些页面的连接分布遵循幂律分布。为了进一步解释幂律分布的产生机理，Barabási 和 Albert 提出了一个无标度网络模型，即 Barabási-Albert(BA) 模型[3]。他们认为，真实网络具有两个重要特性。

(1) 增长性：真实网络中随时都会有新的节点加入，网络规模不断扩大，并且早先进入网络的节点获得连接的概率比新加入网络的节点大，而不是 ER 模型中描述的每个节点与其他节点建立连接的概率都相同。当网络扩张到一定规模后，老节点很容易成为拥有大量连接的集散节点。

(2) 优先连接性：新节点更倾向与具有较高连接度的"大"节点相连。这种现象也称为"富者更富"或"马太效应"。这在许多真实网络中可以得到验证。例如，新的网页上更有可能存在指向新浪网、百度等著名站点的链接；一篇论文被引用的概率与它已经被引用的次数成比例，即论文初始引用次数的多少对于以后论文被引用次数的多少有决定性意义。

节点 s 的度分布演化方程为

$$P_{k,s}^{t+1} = \frac{k-1}{t}P_{k-1,s}^t + \left(1-\frac{k}{t}\right)P_{k,s}^t \tag{1-9}$$

其中，k 表示节点的度值；$P_{k,s}^t$ 表示 t 时刻节点 s 度为 k 的概率。式(1-9)表明，对于度为 k 的节点，得到一条新边的概率为 k/t，得不到一条边的概率为 $(1-k/t)$。因此，在网络加边的过程中，度较大的节点更容易得到新边，即"优先连接"。

基于网络的增长性和优先连接性，BA 模型的构造算法如下。

(1) 增长性：从一个具有 m_0 个节点的网络开始，每次引入一个新节点，并且连接到 m 个已存在的节点上，其中 $m \leqslant m_0$。

(2) 优先连接性：当挑选的节点进行连接时，新节点与一个已存在的节点 i 相连接的概率 $\prod_i$ 与节点 i 的度值 k_i 成正比，即

$$\prod_i = \frac{k_i}{\sum_j k_j} \tag{1-10}$$

这样，每次新增加的节点都按照优先连接原则与网络中已存在的节点相连接，经过 t 步后，该算法可产生一个具有 $N = t + m_0$ 个节点、mt 条边的网络。

BA 模型的构造算法中提出了增长性和优先连接性两条重要的网络演化机理。如果网络演化过程中采取随机连接，则最后生成的是随机网络；如果不增加节点只增加连线，则最后生成的是全局耦合网络。因此，增长性和优先连接

性缺一不可，否则无法形成无标度网络。按此算法生成的无标度网络的节点度分布为 $P(k) \sim 2m^2 k^{-\gamma}$，其中 $\gamma = \gamma_{BA} = 3$。

下面给出随机网络、无标度网络和层次网络(hierarchical network)的模型图和性质图。图 1-8 是网络的模型图，图 1-9 是节点度分布概率 $p(k)$ 随网络节点度 k 的变化情况。图 1-8 表明，随机网络中节点之间的连接分布比较均匀，相差不大；而无标度网络和层次网络中节点之间的连接分布相差较大，除了几个连接很多的节点，大部分节点连接较少。图 1-9 表明，随机网络的节点度值呈泊松分布，大部分集中在一个值附近，很少存在度很大或者很小的节点；无标度网络和层次网络的节点度值服从幂律分布，大部分节点的度都比较小，但也存在少数度值很大的节点。

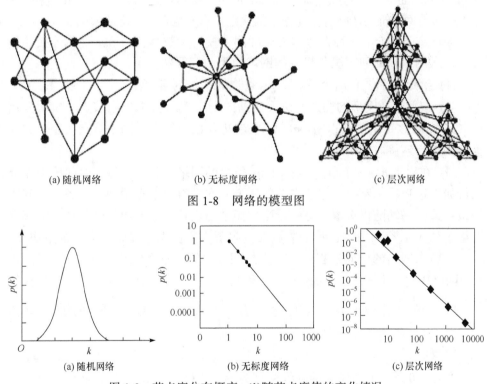

(a) 随机网络   (b) 无标度网络   (c) 层次网络

图 1-8 网络的模型图

(a) 随机网络   (b) 无标度网络   (c) 层次网络

图 1-9 节点度分布概率 $p(k)$ 随节点度值的变化情况

无标度网络具有很多重要特性，如分析节点的连通性对网络的结构和功能的影响。把删除网络节点后对网络连通性造成的影响称为网络弹性，从两方面进行分析：随机删除和有选择的删除。随机删除节点的分析方法称为网络的鲁棒性分析；有选择的删除节点的分析方法称为网络的脆弱性分析。Barabási 等[3]分别对度分布服从指数分布的随机网络和服从幂律分布的 BA 模型进行了研究，结果表明，在随机网络中，随机删除节点和有选择的删除节点对网络的影响相似。在 BA 模型中，随机删除节点对其平均路径长度影响不大；而有选择的删除节点后，其平均路径长度快速增大。这表明，无标度网络的鲁棒性比随机网络强，但同时也更容易受到攻击。出现上述现象的原因在于幂律分布网络中存在少数具有很大度值的节点(hub 节点)，在网络的连通性中扮演着关键角色。

虽然 BA 模型演化出了无标度网络，但缺乏真实网络所具备的某些重要特性。例如，真实网络度分布指数不是只为 3，而是在 (2,3)。同时，真实网络内部时刻都在发生演化，任何微小的变化都有可能影响甚至改变网络的拓扑结构；而且现实世界中，不同的网络会受到来自老化成本[4,5]、竞争[6]等多种因素的影响，因此演化差异很大。另外，真实网络具有非幂律特征，如指数截断(exponential cutoff)、小变量饱和(saturation for small variables)等。在演化过程中，并不是所有网络都会严格遵循优先连接原则，有时也存在一定的随机性。

因此，这里给出一种在考虑无标度网络模型指数增长与节点优先连接的同时，加入网络内部动态演化机制的网络模型，其算法如下。

(1) 给定一个具有 n_0 个节点、m_0 条边的初始网络 N_0。

(2) 按照 BA 模型的构造算法，逐渐向网络 N_0 中增加 n 个节点，每次只增加 1 个节点，每个节点以 m ($m < n_0$) 条新边与已经存在的网络节点按照优先连接原则进行连接。

(3) 在以上 $n_0 + n$ 个节点、$m_0 + mn$ 条边的网络基础上，每个时间段都循环执行如下过程：①保持网络节点总数不变，在已有的节点中加入 q_1 条边，其中每条新边的一端随机选取，另一端则按照节点度优先连接原则进行连接。②向网络中加入 q_2 个新节点，每个节点都按照节点度优先连接原则连接 m 条边。

在整个网络的生成过程中，节点之间不允许自连和重连。执行 t 个时间段后，网络中将有 $V_t = n_0 + n + tq_2$ 个节点和 $E_t = m_0 + mn + tmq_2 + tq_1$ 条边。这样执行 t 次后，节点总数 V_t 随 t 的变化率为 $\dfrac{\partial V_t}{\partial t} = q_2$，边数 E_t 随 t 的变化率为 $\dfrac{\partial E_t}{\partial t} = mq_2 + q_1$。

当 $q_1 = 0$ 时，上面建立的网络模型为 BA 模型；当 $q_1 \neq 0$ 时，此模型是一种在网络规模按照度优先连接原则进行指数型增大的同时，加入了网络内部动态演化机制的网络模型。这种内部演化的无标度网络模型比无标度网络具有更广泛的应用前景，而且通过适当地调整参数便可以更真实地模拟与刻画现实中许多复杂网络的演化及其特征。

1.4 小世界网络

20 世纪 60 年代,耶鲁大学的社会心理学家 Milgram 设计了一个连锁信件实验。他将一套信件随机发送给居住在内布拉斯加州奥马哈的 160 个人,信中放了一个波士顿股票经纪人的名字,要求每个收信人将信寄给自己认为是比较接近该股票经纪人的朋友,朋友收信后照此办理。最终,大部分信在经过五六次邮寄后到了该股票经纪人手里。这就是著名的"六度分离理论",该实验证明,虽然人们生活的世界如此之大,但却呈现出小世界特性。本节将介绍小世界网络的性质和两种典型的小世界网络模型。

1.4.1 平均路径长度与聚类系数

平均路径长度和聚类系数是复杂网络中的两个重要参数。平均路径长度反映了网络中数据传输的速度,在其他条件相同的情况下,平均路径长度越短,数据传输越快,反之越慢。聚类系数反映了网络的聚散程度,聚类系数越大,说明网络越集中,反之越分散。小世界网络的一个重要特征是同时具有较短的平均路径长度和较大的聚类系数。

1. 平均路径长度

简单网络中,节点之间的距离是用最少跳数计算的。节点 i 和节点 j 之间的距离是连接这两个节点的最短路径上边的条数,用 d_{ij} 表示。加权网络中,两个相邻节点 i 和节点 j 之间的距离是连接这两个节点的边的权重。节点 i 和节点 j 之间的距离是连接这两个节点的最短路径上边的权重和。网络中任意两个节点之间的距离最大值称为网络的直径 D :

$$D = \max_{ij} d_{ij} \tag{1-11}$$

一条路径 $v_0, v_1, v_2, \cdots, v_k$ 的长度定义为该路径上所有边的权重之和:

$$l = \sum_{i=0}^{k-1} d(i, i+1) \tag{1-12}$$

网络的平均路径长度 L 为

$$L = \frac{2 \sum_{i<j} d_{ij}}{N(N+1)} \tag{1-13}$$

其中,N 为网络中的节点数。

　　实证研究发现，尽管大部分实际网络的节点数目巨大，但是网络的平均路径长度却相对较小。对于固定的网络的节点平均度 $\langle k \rangle$，平均路径长度 L 的增长速度至多与网络节点数 N 的对数成正比。

　　在小世界网络的 Watts-Strogatz(WS)模型中，网络的平均路径长度 $l(p)$ 为

$$l(p) = \frac{2}{N(N+1)} \sum_{i > j} d_{ij}(p) \tag{1-14}$$

其中，d_{ij} 为从节点 i 到节点 j 的几何距离；p 为演化概率，当 $p = 0$ 时，网络为随机网络，平均路径长度 $l(p) \sim N/2K$，K 为常数，当 $p = 1$ 时，$l(p) \sim \ln N / \ln K$，即随着节点数 N 的增加和网络规模的扩大，平均路径长度 $l(p)$ 随 N 呈对数增长。

　　在无标度网络中，可以利用幂律特性[即 $P(k) = Ck^{-r}$]计算平均路径长度。给定一个节点，从它开始找到最近的、次最近的、⋯⋯、第 m 个邻居，假设网络中所有节点都能够在 l 步内到达，Z_m 为第 m 步到达的平均节点数，那么 $1 + \sum_{m=1}^{l} Z_m = N$。容易证明，无标度网络的平均路径长度 l 为

$$l = \frac{\ln N + \ln\left[\xi(r)/\xi(r-1)\right]}{\ln\left[\xi(r-2)/\xi(r-1)-1\right]} + 1 \tag{1-15}$$

　　式(1-15)表明，l 与 N 呈对数关系。

　　在小世界网络模型和无标度网络模型中，平均路径长度的增长小于等于节点数的对数，从理论分析来看，l 呈慢增长趋势。

2. 聚类系数

　　在朋友关系中，某人的两个朋友很可能彼此也是朋友，这种属性称为网络的聚类特性。聚类系数又称簇系数[7]，可衡量网络的集团化程度或紧密程度，是判断网络聚散的一个重要参数。簇系数的概念有其深刻的社会根源，对社会网络而言，集团化形态是一个重要特征，其中集团表示每个人的朋友圈，集团中的成员往往相互熟悉，这就是群集现象。如果网络中的节点 i 有 k_i 个邻居节点，其最多可能有 $k_i(k_i-1)/2$ 条边，k_i 个节点之间实际存在的边数 E_i 和总的可能边数 $k_i(k_i-1)/2$ 的比值定义为节点 i 的聚类系数 C_i：

$$C_i = 2E_i / [k_i(k_i-1)] \tag{1-16}$$

　　作为特例，规定 $k_i = 1$ 时，$C_i = 1$。从几何特点看，式(1-16)的一个等价定义为

$$C_i = \frac{\text{与节点} i \text{相连的三角形的数量}}{\text{与节点} i \text{相连的三元组的数量}} \tag{1-17}$$

其中，与节点 i 相连的三元组是指包括节点 i 的三个节点，并且至少存在从节点 i 到其他两个节点的两条边。显然，只有在全连通网络(每个节点都与其余所有节点相连接)中，聚类系数才能等于 1，一般网络的聚类系数都小于 1。

整个网络的聚类系数 C 是网络上所有节点 i 的聚类系数 C_i 的平均值：

$$C = \sum_i C_i / N \tag{1-18}$$

式(1-18)反映了通过三边连接三点而构成的三角形子图在全网中的密度，显然，$0 \leqslant C \leqslant 1$。$C = 0$ 表示网络中所有节点都是孤立节点，即任意节点之间都没有连接；$C = 1$ 表示网络是全耦合的，即任意两个节点之间都直接相连。

对一个含有 N 个节点的完全随机网络，当 N 很大时，$C = O(N^{-1})$。现实世界中，许多大规模的网络都有聚类效应，尽管它们的聚类系数小于 1，却比 $O(N^{-1})$ 大得多。研究发现，现实世界中的复杂网络往往表现出层次化结构，其聚类系数与节点的度存在关系：$C(k) \sim k^{-\delta}$，其中 $C(k)$ 是度值为 k 的节点的平均聚类系数，δ 是一个正常数[8]。$C(k)$ 定义为

$$C(k) = \frac{1}{NP(k)} \sum_i C_i \tag{1-19}$$

网络的聚类系数反映了一个网络的微观结构，C 越大，网络中的节点局部连接越紧密；C 越小，局部连接越稀疏。下面给出部分规则网络的聚类系数。

全耦合网络中，任意两个节点之间都有边直接相连，因此具有最小的平均路径长度 $L_{gc} = 1$ 和最大的聚类系数 $C_{gc} = 1$。

最近邻耦合网络中，每个节点只和它周围的邻居节点相连，具有周期边界条件的最近邻耦合网络包含 N 个围成一个环的点，并且每个点都与它左右各 $K/2$ 个邻居节点相连，其中 K 是一个偶数。对较大的 K 值，最近邻耦合网络的聚类系数为

$$C_{nc} = \frac{3(K-2)}{4(K-1)} \approx \frac{3}{4} \tag{1-20}$$

对于固定的 K 值，该网络的平均路径长度为

$$L_{nc} \approx \frac{N}{2K} \to \infty \quad (N \to \infty) \tag{1-21}$$

由此可知，这种网络是高度聚类的。

另外一种常见的规则网络是星形耦合网络，只有一个中心节点，其余 $N-1$ 个节点都只与该中心节点连接，它们相互之间并没有直接连接。星形网络的平均路径长度为

$$L_{star} = 2 - \frac{2(N-1)}{N(N-1)} \to 2 \ (N \to \infty)$$ (1-22)

星形网络的聚类系数为

$$C_{star} = \frac{N-1}{N} \to 1 \ (N \to \infty)$$ (1-23)

星形网络是比较特殊的一类网络。这里规定如果一个节点只有一个邻居节点，那么该节点的聚类系数为 1。有些文献中规定只有一个邻居节点的节点聚类系数为 0，这样星形网络的聚类系数则为 0。

无标度网络的平均路径长度为

$$L \propto \frac{\lg N}{\lg(\lg N)}$$ (1-24)

表明网络具有小世界特性。

无标度网络的聚类系数为

$$C = \frac{m^2(m+1)^2}{4(m-1)}\left[\ln\left(\frac{m+1}{m}\right) - \frac{1}{m+1}\right]\frac{\ln t^2}{t}$$ (1-25)

表明当网络规模足够大时，网络不具有明显的聚类特性。

1.4.2 WS 模型和 NW 模型

既具有较短的平均路径长度，又具有较高的聚类系数的网络称为小世界网络[7,8]，它是从完全规则网络向完全随机网络的过渡。例如，万维网中任意两个页面之间往往通过少量的几个链接就可以彼此相连，并且和一个网页之间存在链接的其余网页之间有许多也是相互连接的，即万维网具有较短的平均路径长度和较高的聚类系数，因此它是小世界网络。

1. WS 小世界模型

Watts 和 Strogatz 于 1998 年提出了基于人类社会网络的小世界网络模型[9]，称为 WS 小世界模型，这一开创性工作掀起了小世界网络和 WS 模型的研究高潮[10-16]。WS 小世界模型的构造算法如下。

(1) 从规则图开始：考虑一个含有 N 个节点的最近邻耦合网络，它们围成一个环，每个节点都与其旁边相邻的各 $K/2$ 个节点相连接，并满足 $N > K > \ln N > 1$，其中 K 是偶数。

(2) 随机化重连：以概率 p 随机重新连接网络中的每条边，令边的一个端点保持不变，而另一个端点改为网络中随机选取的一个节点，并且约定任意两个节点之间至多有一条边，并且每个节点都不存在与其自身相连的边。

可以看出，$p=0$ 对应完全规则网络，$p=1$ 对应完全随机网络，通过改变 p 值就可以实现从完全规则网络到完全随机网络的过渡。WS 小世界网络与完全规则网络和完全随机网络的图形如图 1-10 所示。

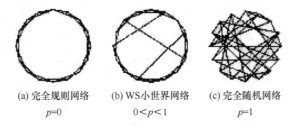

(a) 完全规则网络　　　(b) WS小世界网络　　　(c) 完全随机网络
$p=0$ 　　　　　　　$0<p<1$ 　　　　　　$p=1$

图 1-10　WS 小世界网络与完全规则网络和完全随机网络的图形

WS 小世界网络的聚类系数为[16]

$$C(p) = \frac{3(K-2)}{4(K-1)}(1-p)^3 \tag{1-26}$$

迄今为止，人们还没有研究出关于 WS 小世界模型的平均路径长度 L 的精确解析表达式。不过，利用重正化群方法可得[17]

$$L(p) = \frac{2N}{K} f(NKp/2) \tag{1-27}$$

其中，$f(u)$ 为一个普适标度函数，满足：

$$f(u) = \begin{cases} \text{constant}, & u \ll 1 \\ \ln u / u, & u \gg 1 \end{cases} \tag{1-28}$$

Newman 等[18]基于平均场方法给出了近似表达式：

$$f(x) \approx \frac{1}{2\sqrt{x^2 + 2x}} \arctan h \sqrt{\frac{x}{x+2}} \tag{1-29}$$

以下是 WS 小世界网络模型的仿真结果。图 1-11 表示 WS 小世界网络 $L(p)$ 与 $C(p)$ 归一化图。图中 $L(p)$ 和 $C(p)$ 分别表示以不同的概率 p 得到的 WS 小世界网络的平均路径长度和聚类系数，$L(0)$ 和 $C(0)$ 分别表示规则网络的平均路径长度和聚类系数，用 $L(0)$ 和 $C(0)$ 对 $L(p)$ 和 $C(p)$ 进行归一化处理。从图中可以看出，随着 p 的增加，平均路径长度急剧下降，而聚类系数的下降相对比较缓慢。图 1-12 是 WS 小世界网络度分布图，分别取概率 p 为 0.1、0.4 和 0.9 时的度分布情况。从图中可以看出，WS 小世界网络的度分布类似 ER 随机图的度分布，服从泊松分布。

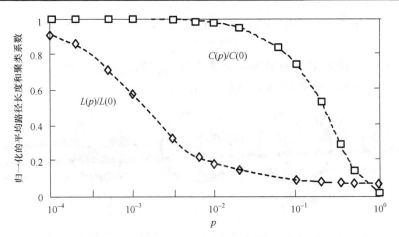

图 1-11　　N =1000，k =10 时的 WS 小世界网络 $L(p)$ 与 $C(p)$ 归一化图

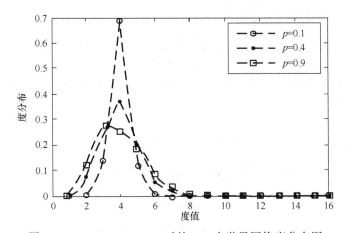

图 1-12　　N =1000，k =4 时的 WS 小世界网络度分布图

2. NW 小世界模型

由于 WS 小世界模型构造算法中的随机化过程有可能破坏网络的连通性，Newman 和 Watts 在此基础上提出了另一种小世界模型，称为 Newman-Watts (NW)小世界模型。该模型的构造思想是用"随机化加边"取代 WS 小世界模型构造过程中的"随机化重连"，构造算法如下。

(1) 从规则图开始：考虑一个含有 N 个节点的最近邻耦合网络，它们围成一个环，其中每个节点都与它相邻的各 $K/2$ 个节点相连，并满足 $N>K>\ln N>1$。

(2) 随机化加边：以概率 p 在随机选取的一对节点之间加一条边。其中任意两个节点之间至多有一条边，并且每个节点都没有与自身相连的边。

在 NW 小世界模型中，$p=0$ 对应规则网络，$p=1$ 对应全局耦合网络。随

着 p 的变化，三种网络的图形如图 1-13 所示。

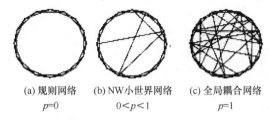

(a) 规则网络　　　(b) NW 小世界网络　　　(c) 全局耦合网络
$p=0$　　　　　　　$0<p<1$　　　　　　　$p=1$

图 1-13　NW 小世界网络与规则网络和全局耦合网络的图形

理论上，NW 小世界模型比 WS 小世界模型简单。当 p 足够小且 N 足够大时，NW 小世界模型本质上等同于 WS 小世界模型。

NW 小世界网络的聚类系数为[19]

$$C(p) = \frac{3(K-2)}{4(K-1)+4Kp(p+2)} \tag{1-30}$$

每个节点的度至少为 K，当 $k \geqslant K$ 时，一个随机选取的节点的度为 k 的概率为

$$P(k) = \binom{N}{k-K} \left(\frac{Kp}{N} \right)^{k-K} \left(1 - \frac{Kp}{N} \right)^{N-k+K} \tag{1-31}$$

下面是 NW 小世界网络模型的仿真结果。随着随机化加边概率 p 的增加，平均路径长度和聚类系数的变化情况如图 1-14 所示。与 WS 小世界网络相同，$L(p)$ 和 $C(p)$ 分别表示网络的平均路径长度和聚类系数，使用规则网络的 $L(0)$ 和 $C(0)$ 对其作归一化处理。从图中可见，当 p 足够小时，NW 小世界网络等同于 WS 小世界网络，随着 p 的增加，平均路径长度急剧下降，而聚类系数下降十分缓慢；当 p 比较大时，聚类系数开始快速下降；当 $p=1$ 时，网络成为一个全局耦合网络，$L(p)$ 和 $C(p)$ 同时到达最小值。图 1-15 是 NW 小世界网络度分布图。

小世界网络模型反映了朋友关系网络的一种特性，即大部分人的朋友是自己生活圈内部的人，如邻居或者同事。另外，也有些朋友住得较远，可能在异国他乡，这种情况则对应于 WS 小世界模型中通过重新连线或者在 NW 小世界模型中通过加入连线产生的长程连接。

小世界特性在真实网络中随处可见，研究小世界网络的形成机制，揭示小世界特性的多样性，具有重要的现实意义。

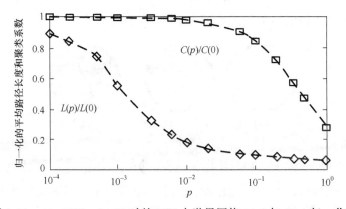

图 1-14　　N =1000，k =10 时的 NW 小世界网络 $L(p)$ 与 $C(p)$ 归一化图

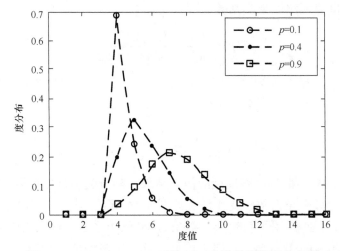

图 1-15　　N =1000，k =4 时的 NW 小世界网络度分布图

1.5　度 相 关 性

　　在研究增长网络时，会发现这样一个现象：相邻节点之间趋于存在一种关系，这种关系是网络节点之间自发形成的，称为度相关性或联合度分布，描述网络中不同节点之间的连接关系[20-23]。具体来说，如果度值较大的节点倾向连接度值较大的节点，则称网络是正相关的；如果度值较大的节点倾向连接度值较小的节点，则称网络是负相关的。Pastor 等给度相关性做了一个简单易懂的刻画，即计算度为 k 的节点的邻居节点平均度，它是关于 k 的函数，正相关网络，函数图像是 k 的递增曲线；负相关网络，函数图像是 k 的递减曲线；对于不相关的网络，函数值为常数。它是区分增长网络与随机网络的一个重要特征。

大量的实证研究发现，真实网络系统具有普遍的度相关性。与节点度相比，联合度分布更容易反映出增长网络的结构特征，因此研究联合度分布具有重要的意义。

网络中度值大的节点之间相互连接的情况称为同配(即正相关)，度值大的节点与度值小的节点之间相互连接的情况称为异配(即负相关)。为了方便测定，Newman 进一步简化了度相关性的计算方法[21]，并给出了测度 $r(g)$，称为 Newman 相关系数，即

$$r(g) = \frac{M^{-1}\sum_{i} j_i k_i - \left[M^{-1}\sum_{i} \frac{1}{2}(j_i+k_i)\right]^2}{M^{-1}\sum_{i} \frac{1}{2}(j_i^2+k_i^2) - \left[M^{-1}\sum_{i} \frac{1}{2}(j_i+k_i)\right]^2} \tag{1-32}$$

其中，j_i 和 k_i 分别为第 i 条边两个端点 j 和 k 的度值；M 为网络中的总边数。$r(g)$ 的取值范围为 $-1 \leqslant r(g) \leqslant 1$。当 $0 < r(g) \leqslant 1$ 时，网络称为同配(即正相关)；当 $-1 \leqslant r(g) < 0$ 时，网络称为异配(即负相关)；当 $r(g) = 0$ 时，网络称为中性(即不相关)。

一个节点度分布为幂律形式的网络，会随着节点度相关性的不同表现出不同的无标度程度。对于一个特定网络 g 的度序列 $D = \{d_1, d_2, \cdots, d_N\}$，有限网络无标度程度的测度 $s(g)$ 为

$$s(g) = \sum_{i,j \in E} d_i d_j \tag{1-33}$$

其中，E 为 g 的边集。令 s_{max} 表示度序列相同的所有网络中最大的 $s(g)$ 值，为了衡量网络的无标度程度，引入测度 $S(g)$：

$$S(g) = \frac{s(g)}{s_{max}} \tag{1-34}$$

具有较小 $S(g)$ 的网络称为"标度丰富的网络"；具有较大 $S(g)$ 的网络称为"无标度网络"。

由于针对大多数真实网络(如社会网络、生物网络、信息网络、技术网络)的研究和模型网络的分析是建立在有限规模的基础上，即使相同规模的网络也具有不同的网络稠密度。因此，需要分析相关性测度 $r(g)$ 关于网络节点数 N 和网络稠密度 ρ 的稳定性，用 $r_N^\rho(g)$ 表示当前时刻有限网络的 Newman 相关系数。

例如，分析 BA-m 模型的 Newman 相关系数 $r_N^\rho(g)$。在 m 一定的情况下，BA-m 网络的每个下一刻都只增加一个节点，并与原来的节点通过 m 条边相连，因此它的稠密度可以看作是每个时间步增加的边数 m，记作 $r_N^\rho(g) = r_N(g)$。当 $m = 3$ 时，通过对大量不同规模的网络进行建模、仿真和分析，得出以下结论。

(1) 当 $N \to \infty$ 时，$r_N(g) \to 0$，因此，BA 网络是一个中性网络。

(2) 随着网络节点数 N 的增大，$r_N(g)$ 也不断增大。现实中的网络节点数一般为 $N \in (1,10000)$，在此范围内，$r_N(g)$ 的波动较大，因此 $r_N(g)$ 关于网络节点数 N 不稳定。

(3) 综上，可得

$$r_N(g) \propto -N^{-0.32} \tag{1-35}$$

相关系数的改变会导致网络结构的改变，从而导致聚类系数、社团结构等其他参量的变化。当网络趋于同配或者异配时，其平均路径长度和方差都有所增加。从而表明，无论是度值相近的节点之间进行连接还是度值相异的节点之间进行连接，都会在网络中形成"区块"，或者导致网络中的长程连接减少。随机网络中也可以发现最短路径的分布情况，相关系数的不同并没有使最短路径的分布发生明显变化，这种情况表明，虽然相关系数对最短路径的影响相似，但不同类型的网络却有不同的内部变化机理。

实证研究表明，社会网络(如电子邮件网络、公司董事网络、演员合作网络)中的节点具有正的度相关性，而其他类型的网络(如生物网络、信息网络、技术网络)具有负的度相关性。因此度相关性是区分社会网络和其他类型网络的重要特征，对研究社会网络具有重要意义。

1.6　现实世界中的复杂网络

复杂网络存在于现实世界中的各个角落。为什么大脑具有思考的功能？地球上任意两个人之间要通过多少个人才能互相认识？万维网上任意两个页面之间平均需要点击鼠标多少次才能相互访问？传染病是如何在人们之间传播的？为什么总有层出不穷的计算机病毒在互联网上传播？全球或地区性金融危机是如何发生的？为什么局部的电力故障会导致大面积停电事故？大城市的交通堵塞是怎样引起的？应该如何建立健康安全的公共网络？这些问题看似不相关，但每一个问题都涉及复杂网络，包括神经网络、社会关系网络、WWW、互联网、经济网络、电力网络、交通网络等。毫无疑问，人类所处的生存空间充满了各种各样的复杂网络。

根据 Newman 的观点，现实世界中的网络基本上可以分为 4 种：社会网络、生物网络、信息网络和技术网络。虽然这 4 种网络的物理结构不同，节点和边的定义差别也比较大，但是它们却有一些相同的特征：网络节点之间的作用复杂并且不规则；节点之间的度、簇系数、集中性等方面表现得很不对称；尽管这些网络非常复杂，节点之间的平均距离却很小[23,24]。而且，进一步研究发现，现实中的许多网络具有以下几个共同特征：节点度值服从度指数介于(2,3)的幂律分布；网络的聚集程度高；节点之间的平均距离很小。许多真实网络中，节点的平均簇系数 $C(k)$ 和节点的度 k 之间存在如下关系：$C(k) \sim k^{-1}$，这种关系的簇度相关性称为层次性，具有层次性的网络称为层次网络。并且，现实世界中的许多网络是由模块组成的。

下面介绍现实世界中复杂网络的例子，如 2003 年发生于美国和加拿大的电网雪崩事件。当时，本应跨越五大湖区，从西向东输送的强大电流突然逆转向西，造成一条或几条输电线路负载过大。短短几秒钟后，并行的输电线路也因不堪负载而崩溃。输电线路的崩溃立即导致了发电厂停产。这股输电线路和电厂停产的"冲击波"以每秒一百多公里的速度突袭加拿大，随即又扩散到纽约。短短 9s 内，几十条输电线路、一百多家发电站停工，其中有 22 个核电站，也有高达 61800MW 的庞大发电机组。本应互相隔离的几个电力系统没能成功避险，而是像"多米诺骨牌"一样，一个接一个瞬间崩溃，导致大规模的电力雪崩。但与此同时，有些地方的电力系统却成功地实现了隔离。

2000 年爱虫病毒侵犯了英国议会的电子邮件系统，导致整个系统瘫痪；同年一场暴风雨袭击芝加哥，导致 ÓHare 机场关闭，并且严重影响了整个美国的航班[25]。人类赖以生存的生态系统不断遭到破坏。这些都是现实世界中复杂网络的例子，复杂网络在人们的身边已经处处可见，和人们的生活息息相关。

鉴于复杂网络在现实世界中涉及的领域广泛，越来越多的研究者对其进行深入研究。

复杂网络在社会领域有着广泛的应用。2003 年的"非典"对我国人民的生命安全和经济造成了巨大影响；禽流感暴发频繁、传播肆虐，给人们的生活带来严重不便，成为人们关注的焦点之一。为了控制传染病的传播，科学家们考虑了许多现实系统的主要特征，提出了多种预测、预防和免疫疾病的方法。例如，用复杂网络理论可以很好地预测"非典"暴发的多样性并了解疾病传播的动态性，从而能更好地控制流行性病毒的传播，将人类的损失降到最低。

在经济和管理领域，复杂网络同样可以大展身手。通过复杂网络的理论指导，建立公司董事网，从而能更加方便快捷地分析决策的动态性。利用复杂网络的理论还可以了解公司、产业与经济之间的连接方式，有助于实时监测和预防大规模的经济衰退。同时，可以分析公司等组织内部，以及组织和组织之间的信息传播[26,27]、信息交换[28]、战略同盟[29]等。

人类社会的网络化是一把"双刃剑"，既给人们的生活带来了方便，如缩短了人们之间的距离，从而可以认识更多的朋友，又给人们带来了许多不利因素，如传染病的传播、网络病毒的肆虐、停电事故的大面积发生等。因此，要更加清楚地认识和研究各种复杂网络，趋利避害，才能让它更好地为人们服务。

参 考 文 献

[1] NEWMAN M E J. Analysis of weighted networks[J].Physical Review E, 2004, 70: 056131.

[2] PARK K, LAI Y C, YE N. Characterization of weighted complex networks[J]. Physical Review E, 2004, 70(2): 026109.

[3] BARABÁSI A L, ALBERT R. Emergence of scaling in random networks[J]. Science, 1999, 286(5439): 509-512.

[4] DOROGOVTSEV S N, MENDES J F F.Evolution of networks with aging of sites[J]. Physical Review E, 2000, 62(2): 1842-1845.

[5] AMARAL L A, SCALA A, BARTHELEMY M, ct al. Classes of small-world networks[J]. Proceedings of the National Academy of Sciences of the United States of America, 2000, 97(21): 11149-11152.

[6] BIANCONI G,BARABÁSI A L.Competition and multiscaling in evolving networks[J]. Europhysics Letters, 2001, 54(4): 436-442.

[7] STANLEY W, KATHERINE F.Social Network Analysis:Methods and Applications[M]. Cambridge: Cambridge University Press, 1994.

[8] RAVASZ E, BARABÁSI A L. Hierarchical organization in complex networks[J]. Physical Review E, 2003, 67(2): 026112.

[9] WATTS D J, STROGATZ S H, et al. Collective dynamics of 'small-world' networks[J]. Nature, 1998, 393(6684): 440-442.

[10] NETOFF T I, CLEWLEY R, ARNO S, et al. Epilepsy in small-world networks[J]. The Journal of Neuroscience, 2004, 24(37): 8075-8083.

[11] NEWMAN M E J, WATTS D J. Renormalization group analysis of the small-world network model[J]. Physics Letters A, 1999, 263(4-6): 341-346.

[12] NEWMAN M E J, WATTS D J. Scaling and percolation in the small-world network model[J]. Physical Review E, 1999, 60(6): 7332-7342.

[13] BARTHELEMY M, AMARAL L. Small-world networks: Evidence for a crossover picture[J]. Physical Review Letters, 1999, 82(15): 3180-3183.

[14] BARRAT A, WEIGT M.On the properties of small-world network models [J]. The European Physical Journal B Condensed Matter and Complex Systems, 2000, 13: 547-560.

[15] MOUR A P S.Thin Watts-Strogatz networks[J]. Physical Review E, 2006, 73(1): 016110.

[16] KASTURIRANGAN R.Multiple scales in small-world graphs[J]. Physics, 1999, arXiv preprint cond-mat/9904055.

[17] ESTRADA E. Introduction to complex networks: Structure and dynamics[M]//BANASIAK J.Evolutionary Equations with Applications in Natural Sciences.Berlin: Springer, 2015.

[18] NEWMAN M E J.The structure and function of networks[J]. Computer Physics Communications, 2002, 147(1-2): 40-45.

[19] NEWMAN M E J, MOORE C, WATTS D J.Mean-field solution of the small-world network model[J].Physical Review Letters, 2000, 84(14): 3201-3204.

[20] MASLOV S, SNEPPEN K. Specificity and stability in topology of protein networks[J]. Science, 2002, 296(5569): 910-913.

[21] PASTOR-SATORRAS R, VÁZQUEZ A, VESPIGNANI A. Dynamical and correlation properties of the internet[J].Physical Review Letters, 2001, 87(25): 258701.

[22] VÁZQUEZ A, PASTOR-SATORRAS R, VESPIGNANI A. Large-scale topological and dynamical properties of the internet[J]. Physical Review E, 2002, 65(6): 066130.

[23] PASTOR-SATORRAS R,RUBI M. Statistical Mechanics of Complex Networks[M]. Berlin: Springer, 2003

[24] BARABÁSI A L,ALBERT R.Emergence of scaling in random networks[J]. Science, 1999, 286(5439): 509-512.

[25] AMARAL L A N, OTTINO J M. Complex networks: Augmenting the framework for the study of complex systems[J].Physics of Condensed Matter, 2004, 38(2): 147-162.

[26] HUANG L,PARK K,LAI Y C.Information propagation on modular networks[J]. Physical Review E, 2006, 73(3): 035103.

[27] LUDING S.Granular media:Information propagation[J]. Nature, 2005, 435(7039): 159-160.

[28] DODDS P S, WATTS D J, SABEL C F.Information exchange and the robustness of organizational networks[J]. Proceedings of the National Academy of Science, 2003, 100(21): 12516-12521.

[29] VERSPAGEN B, DUYSTERS G. The small worlds of strategic technology alliances[J]. Technovation, 2004, 24(7): 563-571.

第 2 章　社团定义及相关基础

实证研究表明，许多实际网络具有一个共同特点，即具有社团结构。本章首先通过实例验证网络社团结构存在的普遍性，其次从多个角度对社团的定义和社团结构的内部特征进行描述，最后介绍分析算法时常用的两种基准网络及相关内容。

2.1　网络的社团特性

大量实证研究发现，大多数网络是异构的，即不是由大批性质相同的节点随机、平均连接而成，而是具有一定组织特性的结构，如小世界性、聚集性和节点度分布的不均匀性等。节点度分布的不均匀性说明大多数实际网络中的节点只和少数节点直接连接，同时网络中存在少数具有大量连接的节点，这种结构特性反映了网络边分布的全局不均匀性。然而，实际网络中的边分布不仅在全局上是不均匀的，在局部上也是不均匀的：在某些节点集合内，节点之间有边相连的概率较大，而集合内的节点很少与集合外的节点有边连接。这种边分布的不均匀性体现了网络的社团结构。直观上讲，社团是指由网络节点组成的节点集合，集合内部节点之间连接稠密，集合之间的连接则较稀疏。

本节首先通过几个典型例子介绍在实际网络中广泛存在社团结构，其次从多个角度对社团的定义进行详细描述，最后简单描述社团结构的内部特征。

2.1.1　网络社团的普遍性

在实际网络中，社团代表着特定对象的集合，一定程度上反映了真实系统的拓扑关系，这些社团结构常常与系统的功能、性质有很强的对应关系。例如，人际关系网中的社团是根据兴趣或背景而形成的真实社会团体；引文网络中的社团是针对同一主题的相关论文[1]；万维网中的社团是讨论相关主题的若干网站[2,3]；生物化学网络或者电子电路网络中的社团是某一类功能单元。揭示网络中的社团结构，有助于人们更加有效地分析复杂网络的拓扑结构，理解复杂网络的功能，发现复杂网络的规律和预测复杂网络的变化。因此，社团结构研究具有较大的理论和应用价值。

1. 社会网络中的社团结构

社会网络是指社会行动者及其之间关系的集合，即一个社会网络是由多个点(社会行动者)和各点之间的边(行动者之间的关系)组成的集合。可采用点和边形式化表示社会网络。社会网络强调以下事实：每个行动者都与其他行动者有着或多或少的社会关系。这种关系可以表现为多种形式，如人与人之间的朋友关系、上下级关系、科研合作关系、组织成员之间的沟通关系和国家之间的贸易关系等。

社会网络分析中用以描述个体的"点"是各个社会行动者。在社会网络研究领域，任何一个社会单位或者社会实体都可以看成是"点"，或者行动者、个体，如个人、学校、组织和社区等。社会网络中的"边"是基于这些"点"之间的种种关系，取决于研究者的研究对象和研究内容。

1) 科学家合作网

著名的跨学科研究机构圣达菲研究所(the Santa Fe Institute，SFI)中的科学家合作关系网[4]，如图 2-1 所示。整个网络由 118 个节点构成，网络中的节点代表的是 SFI 中的科学家，边表示两个科学家在同一时期有过合作发表文章或合作研究项目。图 2-1 中的划分结果是采用 Girvan 和 Newman 提出的算法[5]得到的，该网络划分为 4 个社团(由不同形状节点表示)，分别对应不同的研究小组。进一步可分为 6 个社团(由不同形状和深度颜色的节点表示)，分别对应较小的研究小组。可以看出，在各研究组中，科研人员之间的合作频繁，而各研究组之间的合作则较少。

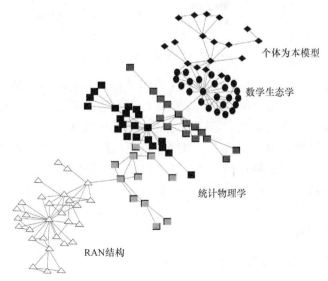

图 2-1　圣达菲研究所中的科学家合作关系网示意图[4]

对科学家合作关系网进行社团结构分析，可以发现研究热点和学科的演变，并且有助于发现即将出现的交叉学科，从而推动科学研究的进一步发展。

2) 《悲惨世界》主要人物关系网

《悲惨世界》主要人物关系网[6]是由 Knuth 根据法国著名作家 Victor Hugo 的小说《悲惨世界》中主要人物共同出现的情况构造而成。如图 2-2 所示，该网络由 77 个节点和 508 条边构成。网络中的节点表示小说中的角色，边表示两个角色同时出现在一幕或多幕中。根据 Newman 和 Grivan 提出的算法[6]，该网络可划分为 11 个社团(由不同深度颜色表示)。

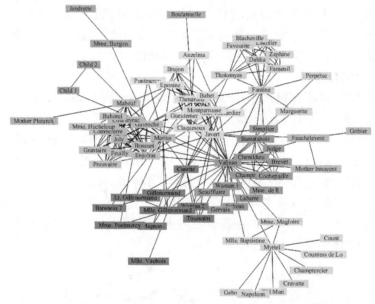

图 2-2　　《悲惨世界》主要人物关系网示意图[7]

当今社会流行的交友网站中也存在社团结构，如各高校的贴吧、论坛内，网络的社团结构或是按年级划分的学生集体，或是按不同兴趣小组划分的学生集体，也可能是按不同学院、不同专业划分的学生集体。

在公司或高校的邮件网络中，网络节点表示邮件的发送者和接收者，网络的边表示成员之间的邮件通信关系。通过对这些网络的分析发现，其存在的社团结构或是按部门划分的成员集体，或是基于某项目的项目组成员集体，或是某个课题的讨论组成员集体，各个集体内部的通信联系频繁，而集体之间的成员通信联系则相对较少。

2. 生物网络中的社团结构

在生物细胞中，存在着可用网络表达的各种复杂生物化学过程。通常，这些生物化学网络是生物细胞中生物分子层次的相互作用模式和控制机制的反映。常见的生物网络包括蛋白质-蛋白质相互作用(protein-protein interaction，PPI)网络、代谢网络、基因调控网络、捕食网络和神经网络等，下面重点介绍前两种网络。

1) 蛋白质-蛋白质相互作用网络

一个生命有机体内所有蛋白质之间相互作用组成的网络称为蛋白质-蛋白质相互作用网络[8]，简称蛋白质网络[9]。

在后基因组时代，作为蛋白质行使功能的重要方式，蛋白质与蛋白质的相互作用越发成为生物学和生物信息学的重要课题。可以说，几乎所有的生物过程都是通过蛋白质-蛋白质相互作用来精确执行的。从遗传物质的复制、基因的表达调控到细胞的代谢过程、细胞的信号传导，以及细胞与细胞之间的信号通信、生物体的形态形成、病原微生物的致病机制、宿主对病原微生物的免疫等，蛋白质间的相互作用都在其中扮演着重要角色[10]。因此，要对生命的复杂活动有全面深入的认识，不仅要对蛋白质本身的结构和功能进行研究，还要在网络层次上对蛋白质及其之间的相互作用进行研究。

图 2-3 是老鼠体内癌细胞的 PPI 网络示意图，图中每个节点表示一个蛋白质，每条边表示一对蛋白质节点之间的相互作用，划分结果由 Palla 等[11]构造的算法得到。如图 2-3 所示，当蛋白质属于同一转移型的癌细胞(和正常细胞相比，这类细胞具有高的运动性和扩散性)时，它们之间的相互作用非常频繁；当蛋白质不属于同一转移型的癌细胞时，它们之间的相互作用非常稀疏。这种"频繁""稀疏"形成了图 2-3 中明显的社团划分。蛋白质相互作用网络中的社团一般对应于系统的功能模块(functional module)，即组内的蛋白质具有相同或类似的功能，这种功能模块可相对独立地执行细胞系统中的对应功能[12]。可以这样理解：蛋白质网络的社团结构是由不同的蛋白质为了达成一个共同功能而相互组合构成的。

对 PPI 网络的社团结构进行分析，不仅可以得到反映生物功能的模块，还能通过生物分子在功能模块结构中的位置，推断生物分子在生化过程中所起的作用。分析生物网络得到的社团是潜在细胞内的功能模块，通过建立社团与功能模块之间的对应关系，可以预测这些功能模块的功能和行为。如果已知一个功能模块内部很多节点的功能，但部分节点的功能未知，可以用社团结构的分析结果预测这些节点的功能。

2) 代谢网络

代谢处于生命活动调控的末端，是驱动生命过程的化学引擎，产生能量来驱动各种细胞过程，可降解和合成许多不同的分子。

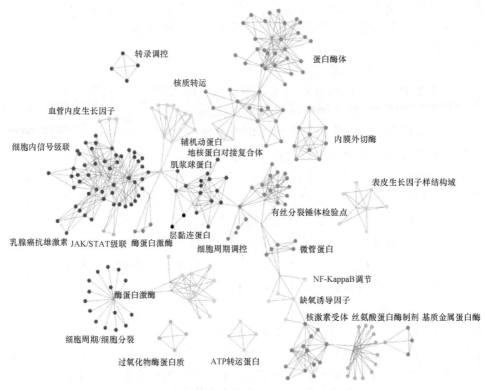

图 2-3　老鼠体内癌细胞的 PPI 网络示意图[4]

　　代谢网络是把细胞内所有生化反应表示为一个网络，反映了所有参与代谢过程的化合物之间和所有催化酶之间的相互作用，是对细胞代谢的抽象表达[13]。网络中的节点表示生物化学反应中的化学物质(代谢物)，连边(代谢通路)表示代谢物之间的反应，即细胞中代谢物质在酶的作用下转化为新的代谢物质过程中发生的一系列生物化学反应。

　　图 2-4 是一个简化的大肠杆菌代谢网络示意图。如图所示，网络存在明显的社团结构(由不同形状节点表示)，每个节点按照其功能不同被赋予不同的灰度。在代谢网络中，网络的社团结构通常是指代谢过程或代谢通道，如 DNA 复制过程和磷酸转移过程等。

　　研究代谢网络的结构特征，能帮助人们认识代谢网络的形成演化机理，从而更好地理解生命进化过程。同时，代谢网络研究在解释细胞生理特性上具有重要的科学意义。在应用上，研究代谢网络能帮助人们更好地认识和利用细胞代谢过程，从而促进发酵工程、制药工业等产业的发展。

图 2-4　简化的大肠杆菌代谢网络示意图[14]

此外，在基因关联网络(related genes network)中，网络的节点表示基因，网络的边表示两个基因在一篇文章中被共同报道过(基因可以因物理性质相似、结构相似或其他关系出现在同一篇科研文献中)[15]。基因关联网络中的社团结构反映了基因之间的功能相关性。社团内部具有功能相关的基因之间边的连接多，而社团之间基因由于功能的不相关性而边的连接很少，即使有些基因因其他某种关系而产生关联，但它们的相邻基因之间不太可能有边相连。

3. 信息网络中的社团结构

1) 万维网

万维网，即人们熟知的 WWW[4, 15]。WWW 提供了丰富的文本、图形、音频、视频等多媒体信息，并将这些内容组合在一起，且提供导航功能，使得用户可以方便地在各个页面之间进行浏览。

图 2-5 是一个简单的 WWW 示意图，图中每个节点表示一个网页，每条边表示网页之间的超链接。注意，超链接是有向的，图中用箭头表示。这种有向性体现在通过点击网页 A 中的超链接，用户可以从网页 A 跳转到网页 B，但很少能够在网页 B 中找到跳转回网页 A 的超链接，这是由于在实际网络中很少存在双向的超链接。图 2-5 中的划分结果是在忽略边方向的前提下，采用 Girvan 等[5]提出的算法得到。在该网络图中，具有相似主题的网页形成社团(在图中由不同灰度节点表示)。

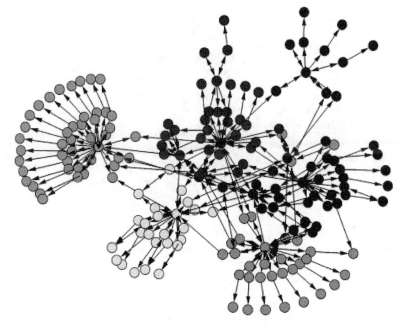

图 2-5　简单的 WWW 示意图[4]

　　通过对 WWW 的社团结构进行分析，人们可以在不知道网页文本内容的情况下得到相关或相似主题的页面。这有助于进一步提高网络搜索的快速性和准确性，使得互联网的信息聚类更为显现。在网页数量呈爆炸式增长的趋势下能够进行信息过滤，从而快速得到有用的相关信息。同时，通过探究网络话题的生成与大规模传播及话题内涵演化的各种规律，可以实现信息过滤、热点话题跟踪和网络情报分析。

　　2) 单词联想网络

　　在很多实际网络中，某些节点可能属于多个社团，将这种情况称为"重叠社团"(关于重叠社团将在第 6 章中做详细介绍)。图 2-6 为一个从单词"Bright"开始进行联想的单词扩展网络示意图[4]。网络中的节点代表单词，边代表人们会从单词 A 联想到单词 B。图 2-6 中的划分结果采用 Palla 等[11]构造的算法得到。由图可知，网络图很明显地划分为 4 个社团(由不同形状节点表示)，即 Intelligence、Astronomy、Color 和 Light 4 个社团。可以看出，单词"Bright"同时属于 4 个社团，而"Dark"同时属于 Color 与 Light 两个社团。

　　此外，在引文网络中也广泛存在社团结构，引文网络是由文献间引用和被引用的关系构成的集合。文献包括科技期刊、专利文献、会议论文集、科技报告和学位论文等多种形式，其较好地描述了科学领域中各发展学科间的关系。

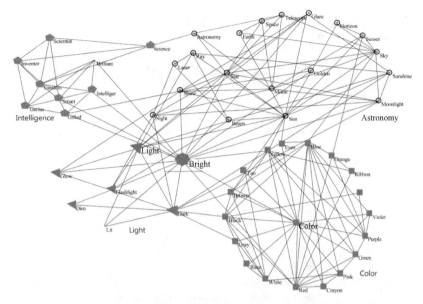

图 2-6　从单词"Bright"开始进行联想的单词扩展网络示意图

由于引文网络包含了多个领域的研究成果，代表学术研究中重要的知识宝库，已经成为学术研究的重要介质。

引文网络被认为是社会网络的变形，该网络中的节点是文献，边代表文献间的引用关系。通过对引文网络社团的分析，能够确定特定领域中某些文献的权威性和可参考性，改善科技文献评价的客观性、公正性和有效性。同时，可以更好地对研究领域进行分类，统计特定研究领域中已有的科研成果，并对未来的研究方向进行预测，使得科研成果的管理更加高效灵活。

4. 二分网络中的社团结构

在上述例子中，所有节点都属于同一种类型，但随着复杂网络应用的不断深入，实际网络已不再局限于单一的网络结构，可能会呈现出二分结构，即网络由两种类型的节点构成，边只在不同类型的节点间存在，将这样的网络称为二分网络(bipartite network)，也称为 2-Mode 网络[4]。例如，听众和音乐组别[16]、足球队和队员[17]、科学家和论文[18]等。二分网络中的社团性质表现为社团内的异类节点之间连接较为紧密，而社团间的异类节点少有连接。可以看出，与普通单分网络中的社团性质并没有太大区别，唯一区别在于其社团内部节点的类型不同。图 2-7 是一个典型的二分网络中的社团结构，可以看出该网络中有两种类型的节点，分别用圆形和方形来表示，其中只有异类节点之间才会有边相连。图 2-7 中三个社团内的边连接都较为紧密，边密度较高，而社团之间少有边穿过，该示例中社团之间只有 4 条边连接。

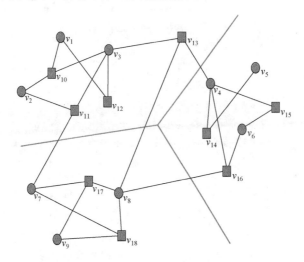

图 2-7　典型的二分网络中的社团结构

研究社团结构对分析复杂网络拓扑结构、理解其功能、发现其隐含模式和预测其行为都具有十分重要的理论意义。首先，通过认识网络中不同社团之间的关系能够更好地理解、优化网络的整体结构；其次，通过网络中已知功能的节点可以推断与其属于相同社团的未知节点的功能；最后，通过分析网络中社团各自的功能可以推断出网络整体的功能。

2.1.2　社团定义

"社团"一词最初出现于 1887 年德国社会学家 Tonnies 所著的 *Gemeinschaft and Gesellchaft*(《社区与社会》)中，"gemeinschaft" 也译为集体、共同体、社区等，代表具有协作关系的群体，体现人与人之间的紧密关系和共同的精神信念，以及个体对于社团的认同感和归属感。在 20 世纪初期，随着工业化和城市化的快速发展，西方世界一些国家不可避免地出现了人口大量流动的现象。与此同时，社会中的个体重新寻求自身的定位。社会学家们对社团逐渐产生了研究兴趣。"gemeinschaft" 在这一时期被翻译为 "community"，后成为美国社会学研究的重要概念。

由 2.1.1 小节可知，社团结构表面是个很直观的概念，但无法采用一个统计量或者分布函数来定义。虽然社团结构受到了广泛关注并且得到了大量研究，但是仍缺乏一个标准统一的定量定义。事实上，没有一种定义可广泛适用于所有模型，定义社团结构往往会根据不同的研究背景和应用场景而变。

　　直观上，可以按照节点的属性把整个网络划分成若干个"群"，"群"内部节点的属性相同或相近，它们之间的连接比较紧密，而不同类型的节点之间，即不同"群"之间的连接则相对比较稀疏，这些"群"称为"社团"。如图 2-8 所示，图中的网络包含 3 个社团，分别对应图中 3 个虚线圆圈包围的部分。在这些社团内部，节点之间的联系非常紧密，而社团之间的联系比较稀疏。

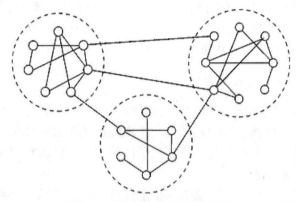

图 2-8　社团结构网络示意图[19]

　　直观定义是大多数网络社团满足的基础。事实上，在大多数情况下，社团是由算法定义的，即它们仅仅是算法的最终结果，没有一个准确的先验定义[4]。

　　社会网络学家从节点度的角度，总结出很多关于社团的定义[19,20]，许多计算机学家和物理学家也给出了社团的多种定义方式。本小节首先从直观角度来描述社团的基本定义，其次分别从网络的局部拓扑属性、全局拓扑属性和节点属性三个方面对其定义进行介绍。

1. 基本定义

　　根据上述关于社团的直观定义可知，最简单的方法是考虑社团的密度，即从连边数入手。假设在图 G 中存在一个子图 C，图 G 和子图 C 的节点数目分别为 n 和 n_C。可以定义子图 C 的内密度 $\delta_{int}(C)$ 为 C 内部连边数与 C 内部所有可能的连边数的比值：

$$\delta_{int}(C) = \frac{\text{internal edges of } C}{n_C(n_C-1)/2} \tag{2-1}$$

　　类似地，子图外密度 $\delta_{ext}(C)$ 可以定义为子图内节点和子图外节点相连的边数与所有可能的子图内外相连边数的比值：

$$\delta_{\text{ext}}(C) = \frac{\text{external edges of } C}{n_C(n - n_C)} \tag{2-2}$$

图 G 的密度为

$$\delta(G) = \frac{\text{edges of } G}{n(n-1)/2} \tag{2-3}$$

如要使 C 成为一个社团，需要期望子图 C 的内密度 $\delta_{\text{int}}(C)$ 明显大于图 G 的密度 $\delta(G)$，并且子图 C 的外密度 $\delta_{\text{ext}}(C)$ 必须明显小于图 G 的密度 $\delta(G)$。在更大的 $\delta_{\text{int}}(C)$ 和更小的 $\delta_{\text{ext}}(C)$ 之间寻找一个最佳的权衡，是许多网络社团发现算法的目标。一个简单的方法是最大化网络中社团的 $\delta_{\text{int}}(C)$ 与 $\delta_{\text{ext}}(C)$ 之差。

2. 基于局部拓展属性的社团定义

社团可以看作是网络的一部分，在某种程度上，它们可以被认为是具有自主性的单独实体。因此，将它们作为一个网络外的单独整体去研究很有意义。基于此，局部定义主要集中关注所研究子图的节点，以及它们的邻居节点，而不考虑网络的其他节点。

在严格定义下，社团可以视为一个全连接的极大子图，即可以看作是一些互相连通的"小的全耦合网络"集合。这些"小的全耦合网络"称为"派系"(clique)[21]，即子集内节点均彼此相邻。三角形是最简单的派系，经常出现在真实网络中，但是稍大规模派系出现的概率明显下降，这是由于派系的定义太过严格，其要求所有节点均需互连的条件在现实中很难满足。除此之外，派系中的节点绝对对称，节点之间的地位相同，无任何区别。然而，在许多实例中，一个社团内的所有节点有明显的层次性，即核心节点与次要节点共存，而不是对称存在。

为此，可以通过弱化派系的连接条件对社团的定义进行拓展，形成 n 派系[22,23]，在其对应的子图中，节点之间最短路径的最大值不大于 n。显然，$n=1$ 时该定义与派系定义相同。在 2 派系的子图中，所有节点相互之间不需要直接可达，但是它们最多通过一个中间节点就可以相互到达。在 3 派系中，所有节点对最多通过两个中间节点就可以相互到达，依此类推。由上可知，这种定义放宽了路径长度，随着 n 值的增加，n 派系的要求越来越弱。该定义允许社团间在某种程度上存在重叠部分，即社团的重叠性，是指单个节点可以同时为多个社团所共享。

虽然上述定义较派系的定义更为灵活，但也有很多局限性，如可能导致子图内两个节点之间的通达路径经过子图外的节点，这可能造成以下两种结果：

(1) 即使子图内的节点之间最短路径小于 n，但子图的直径可能超过 n，这与追求凝聚力的网络社团定义相背离。

(2) 子图可能是非连通的，这不符合社团结构的定义。

为避免这些问题，Mokken[24]提出了其他两种派系扩展定义：n-clan 和 n-club。n-clan 是指社团内每两个节点之间的距离小于等于 n，但社团内两个节点之间最短路径上的节点仅限于社团成员；n-club 是指社团的直径小于等于 n。

除了通过弱化连接条件外，还可以通过弱化子图内节点的邻接性对其进行扩展，即社团内的节点与社团内其他节点的连接数大于某个阈值即可。Seidman 等[25,26]根据上述想法，提出了两个互补的定义：k-plex 和 k-core。在一个包含 n 个节点的子图中，k-plex 是指子图中的每个节点必须与子图中其他至少 $n-k$ 个节点相连；k-core 是指子图中的每个节点必须与子图中其他至少 k 个节点相连。

社团的直观定义要求社团内部节点连接紧密而社团间的节点连接松散。上述各种定义仅考虑了社团的内部属性，这是远远不够的。例如，如果网络中的子图具有高内聚性，与网络其他部分也有高聚合性，这样的子图便不能称为社团。因此将子图的内在连接和外在连接相比较，才能给出网络社团的定义。这也是当前主流的网络社团定义所遵循的原则。

在此基础上，Radicchi 等[27]给出了社团强弱的两种定义。

假设用 G 代表一个复杂网络，其节点的邻接矩阵为 $A=\left[a_{ij}\right]$，节点 i 的度为 $k_i = \sum_j a_{ij}$。如果一个节点 i 属于子图 $V (V \subset G)$，将节点 i 的度区分为内部连接和外部连接两种：$k_i(V) = k_i^{\text{in}}(V) + k_i^{\text{out}}(V)$。其中，$k_i^{\text{in}}(V) = \sum_{j \in V} a_{ij}$ 表示节点 i 连接子网络 V 中其他节点的边数；$k_i^{\text{out}}(V) = \sum_{j \notin V} a_{ij}$ 表示节点 i 连接子网络 V 外其他节点的边数。以此为基础得到社团的强定义和弱定义如下。

强社团(strong community)定义，如果满足：

$$k_i^{\text{in}}(V) > k_i^{\text{out}}(V), \quad \forall i \in V \tag{2-4}$$

那么称 V 满足强社团定义，即社团内任何一个节点与该社团内部其他所有节点的连接比与该社团外部所有节点的连接更紧密。

如图 2-9 所示，社团 A 为强社团，强社团定义要求社团内的每个节点都拥有较多的内连边，往往只有社团结构非常清晰的网络才能达到。现实世界中许多网络中的社团结构并不十分清晰。因此，可以放宽条件，引入弱社团定义。

弱社团(weak community)定义，如果满足：

$$\sum_{i \in V} k_i^{\text{in}}(V) > \sum_{i \in V} k_i^{\text{out}}(V) \qquad (2\text{-}5)$$

那么称V满足弱社团定义，即社团内部节点间的相互连接比这些节点与社团外部节点的连接更加紧密，社团中所有节点与内部节点的连接数之和大于与社团外部节点的连接数之和。

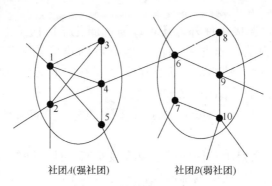

社团A(强社团)　　　　　　社团B(弱社团)

图 2-9　强弱社团示意图

如图 2-9 所示，社团 B 为弱社团。可以看出，弱社团定义并不要求社团中所有节点都具有较多的内连边，只要求社团内部节点之间的连边之和大于内部节点和外部节点的连边之和。显然满足强社团定义的社团也一定满足弱社团定义的社团，反之则不然。

此外，还有比强社团更为严格的社团定义——LS集[27]。LS 集是一个由节点构成的集合 S，对于它的任何真子集 L，集合 L 内的节点和集合 $S \setminus L$ 内节点之间的连边数大于集合 L 和集合 S 以外节点的连边数。通过比较一个集合的任何真子集的连边情况，来确定该集合的连接是否紧密。LS 集由 Luccio、Lawler 和 Seidman 等学者在研究社会网络的社团结构时提出，详细定义如下。

给定一个图 G，由节点集合 V 和边集 E 组成。考虑一个非空集合 $V_S \subseteq V$，V_S 集合以外的节点可以用 $V \setminus V_S$ 表示。如果 V_S 是一个 LS 集，那么应满足 V_S 的任何真子集 L 的所有连边中，指向 V_S 中其他节点(即集合 $V_S \setminus L$)的连边数多于指向集合 V_S 以外节点(即集合 $V \setminus V_S$)的连边数，即集合 V_S 的任何真子集与该集合内部的连边数都比与该集合外部的连边数多。

除此之外，Hu 等[28]从一对节点的边连接性(edge connectivity，一对节点的边连接性是指这对节点失去连通性最少需要删除边的数目)的角度给出社团定义，社团内任意一对节点的边连接性都比跨社团的任意一对节点的边连接性大。

　　网络社团也可以采用一些适当性度量指标来定义，即将网络社团定义为满足某个与内聚性相关指标的子图。度量指标可用来衡量网络社团的社团特性，度量指标值越大，社团特性越明显。与前几个定义的不同之处在于，它不是将网络社团简单地定义为某种结构，而是采用一个与社团有明显性紧密相关的函数来监督网络社团的生成。这符合网络社团结构复杂的特点，而且度量指标可以与其他社团定义结合，形成较为成熟的定义。

3. 基于全局拓扑属性的社团定义

　　局部社团的定义往往是将网络看作是互不关联的各个部分，认为网络社团只与其周围的部分网络相关，与网络其余部分无关。与这种观点相对，可以将网络看作一个整体，在该前提下定义社团结构。很多情况下，社团是网络的必要组成部分，若将社团从网络中移除，整个网络的功能便会受到很大影响。在这种情况下，需要提出某些全局指标来定义社团。

　　基于全局拓扑属性的社团定义的思想：从一个空模型(null model)开始，将原始图中子图的连接性与相对应空模型中子图的连接性进行比较，当子图中边数超过空模型中所预测的边数时，这些节点的子集构成了一个社团[29]。

　　空模型的建立经常以随机图的形式出现，因为随机图中任何两个节点的连接可能性相同，所以它不具有社团结构。按照空模型，可以构造一个与原图对应的随机图，其每个节点的连边被随机化，但是每个节点的期望度值和原图中对应节点的度值相同。换句话说，该模型符合原网络的一些原始特性，但以随机图的形式出现。

　　需要考虑的是，原模型与空模型比较的标准是什么？为此，可以构建一个全局社团定义——模块度[6]。模块度可以用来衡量网络的某个部分成为社团的适当性。其既是一个定义社团的全局标准，又能作为评价函数，是当前许多社团发现方法的关键要素。在模块度的标准定义中，一个子图是社团的条件是子图内部连边数大于此图对应空模型的内部连边数。

　　社团模块度 Q 是由 Newman 等提出的。假设网络已划分出社团结构，c_i 为节点 i 所属的社团，则网络中社团内部连边数所占比例可以表示为

$$\frac{\sum\limits_{ij} A_{ij}\delta(c_i,c_j)}{\sum\limits_{ij} A_{ij}} = \frac{1}{2m}\sum_{ij} A_{ij}\delta(c_i,c_j) \tag{2-6}$$

其中，A_{ij} 为网络邻接矩阵中的元素，如果节点 i 和节点 j 有边相连，则 $A_{ij}=1$，

否则等于 0；$\delta(c_i,c_j)$ 为 δ 函数，如果节点 i 和节点 j 属于同一社团，则 $\delta(c_i,c_j)=1$，否则等于 0；$m=\dfrac{1}{2}\sum_{ij}A_{ij}$ 为网络中边的数目。设 P_{ij} 表示边在随机连接情况下节点 i 和节点 j 之间的边数，则模块度 Q 可表示为

$$Q=\frac{1}{2m}\sum_{ij}(A_{ij}-P_{ij})\,\delta(c_i,c_j) \tag{2-7}$$

P_{ij} 的方案有很多种选择，如可以令图保持与原图相同的边数，且任何两个节点之间有边的概率相等，即 $P_{ij}=p=2m/n(n-1)$。由于节点的度分布对实际网络的结构和功能有重要的影响，可以将空模型设计为具有与原图相同的度分布。模块度的标准空模型假设期望的度序列与原图的实际度序列一致，该条件比仅仅要求度分布一致严格得多。假设节点 i 与节点 j 相连的概率为 $p_i=k_i/2m$，同样，节点 j 与节点 i 相连的概率为 $p_j=k_j/2m$，这样节点 i 和节点 j 之间存在边的概率为 $k_ik_j/4m^2$，则边数的期望 P_{ij} 为 $2mp_ip_j$，即 $k_ik_j/2m$。这样 Q 可以表示为[30]

$$Q=\frac{1}{2m}\sum_{ij}\left(A_{ij}-\frac{k_ik_j}{2m}\right)\delta(c_i,c_j) \tag{2-8}$$

由于只有两个节点属于同一社团，才对模块度的值有贡献，即 Q 只与每个社团内部的节点有关。事实上，可以将模块度定义改写为[31]

$$Q=\sum_{C=1}^{n_C}\left[\frac{l_C}{m}-\left(\frac{d_C}{2m}\right)^2\right] \tag{2-9}$$

其中，n_C 是网络中的社团数量；l_C 是社团 C 中的边数之和；d_C 是社团 C 中所有节点的度数之和。式(2-9)中，等号右边的第 1 项是社团中的边数和整个网络的边数之比，第 2 项是假设图的每个节点期望度与原图相同随机图的边数之比。

由此可以看出，当所有节点都属于同一个社团，或者所有节点都属于不同社团时，网络的模块性最差，此时 $Q=0$。Q 越接近 1，网络模块性越好，即认为社团发现结果越好。Newman 等认为，一般社团发现结果在 (0.3,0.7) 都可以接受。在实际的算法中，每个人会根据自己的需要寻找 Q，因此 Q 的定义并不唯一。这里引用模块度 Q 是为了本节讨论方便，关于模块度的更详细定义及优化将在第 3 章中介绍。

2.1.3　社团内部结构

本小节从层次性、重叠性、中心点和离群点描述社团结构的内部特征，并介绍这些特征的物理意义。

1. 层次性

真实网络常常存在不同层次的组织结构，如大的社团内部可能包含较小规模的社团，而小的社团可能还包含其他更小规模的社团，以此类推。在这种情况下，称该网络具有层次性[32]。例如，足球和篮球俱乐部同属于球类俱乐部，围棋和桥牌俱乐部同属于棋牌俱乐部，而球类和棋牌俱乐部又属于体育俱乐部。

体现网络层次性结构的方法是画出该网络所对应的系统树状图，如图 2-10 所示。图中显示了 12 个节点的层次性划分。在最底层，每一个节点都可看作一个社团，节点不断聚合从而形成较大规模的社团，最顶层表示将整个网络看作一个大的社团。每一个低层次的社团都完全包含在高层次的社团当中。

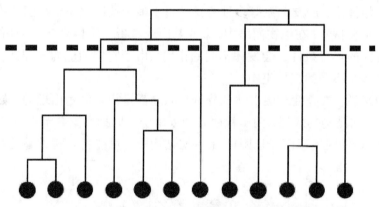

图 2-10　体现网络层次性结构的系统树状图[29]

发现网络的层次结构，能够了解不同尺度下的网络结构和网络结构之间的关系，从而更为充分地反映系统的真实情况，便于进行系统分析。

2. 重叠性

社团结构的另一个重要特征是重叠性[11]，是指网络中存在的一些"骑墙节点"，它们同时属于多个社团，这些节点与各相关社团内部的关系都相对紧密，重叠节点经常作为网络中的关键"桥梁"而备受重视。图 2-11 是具有重叠现象的四个社团，其中五角形节点代表重叠节点，可同时属于不同社团。

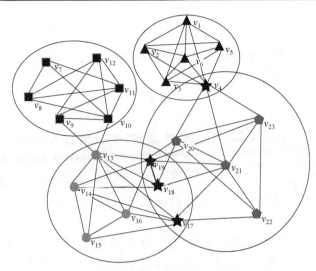

图 2-11　具有重叠现象的四个社团

在科研合作网络中，一个学者可能在多个领域与他人合作；在社会网络中，根据人与人之间的交际关系可以划分出许多社团，而每个人可以同时具有家庭成员、工作伙伴、朋友关系等多种身份，属于多个社团组织，社团结构表现出了明显的重叠特性；在生物网络中，某些基因或者蛋白质也具有多种功能特性，它们在不同的环境条件下会发挥不同的作用，由于它们功能的多样性，可以同时被划入多个不同的工作组中。

一般来说，重叠性与层次性及分辨率问题都是相互伴随出现的。如图 2-12 所示，在层次结构的底层，两个社团 a 和 b 由于共同拥有重叠节点 v_0 而存在重叠(即节点 v_0 同时属于两个社团)。上一层结构中，可能将互相重叠的两个社团

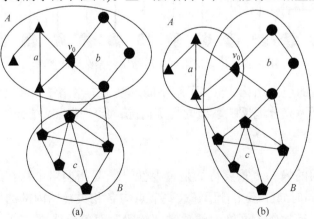

(a)　　　　　　　　　　　　　　　(b)

图 2-12　不同网络层次结构对重叠节点的影响

a、b 划分到同一个社团 A 之中。在此分辨率下观察节点 v_0 只属于社团 A，不为重叠节点，如图 2-12(a)所示。如果将 a、b 划分到不同的两个社团 A、B 之中，则在该分辨率下 v_0 为 A 和 B 的重叠节点，如图 2-12(b)所示。注意，此层次中，如果 a、b 中的节点不为社团 A、B 的重叠节点，则认为 A 和 B 不是重叠社团。图 2-12 的例子体现了不同的网络层次结构会有不同的重叠发现结果。

通过分析，能够得到各个层次社团间的结构和节点间的重叠情况。而且可以通过某一层及其下的层次结构，得到不同分辨率下网络中的社团结构和节点间的重叠情况。结合整个层次结构，可以描述整个网络全局的层次重叠社团结构。图 2-13 展示了一个网络两层的发现结果和第二层分辨率下的网络结构。从图 2-13 中可以看到，在第一层的重叠社团发现中，标识为五边形的社团，与圆形和三角形社团的联系并不非常强，因此本层中没有发现五边形社团中的重叠节点。但在第二层发现中，当圆形和三角形社团被划分到一个更大的三角形社团中后，五边形社团与三角形社团的联系为原来与两个子社团的联系，达到了一个较强的程度，从而该社团节点被识别为重叠节点。因而，在该分辨率下，将第一层中五边形社团与圆形、三角形社团有联系的节点识别为重叠节点。图 2-13 的例子体现了不同层次下的重叠，可以发现一些潜在的重叠关系。在不需要发现这种重叠关系时，可以只在底层进行重叠。

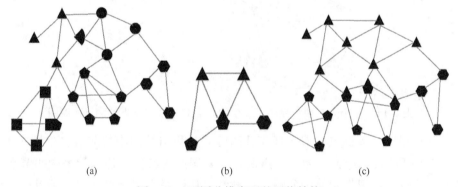

图 2-13　不同分辨率下的网络结构

由上可知，通过对网络中层次重叠社团的分析，可以充分而完整地描述网络各个层面的结构及关系，更好地反映真实系统的拓扑结构，加深对网络的理解，便于分析人员做出判断和决策。

目前，能够寻找到社团间层次重叠节点的算法并不多，大多数算法只能进行标准划分，即将重叠节点划分到某个社团中，或直接将其舍弃，这使得网络中隐藏的信息不能完全展示，降低了社团质量。第 6、7 章中将重点介绍有关挖掘重叠社团的算法。

　　3. 中心点和离群点

　　复杂网络中节点的角色是多样的，除了具有由紧密相连节点组成的网络社团外，往往还有一些其他类型的节点。它们不属于任何社团，但是对于网络的结构和功能却起到非常重要的作用，这也是复杂网络分析不可忽略的内容，即中心点和离群点[33]。

　　中心点是指连接了两个社团，但却很难明确地归为某个社团的节点，如图 2-14 所示，节点 7 为一个中心点。中心点在真实复杂网络中往往扮演着非常特殊和重要的角色。例如，WWW 的中心网页可用于改善网页排序并提高搜索性能，虚拟市场的疫病传播网络中的中心节点对于散播观点和疾病起到了重要作用[34]。

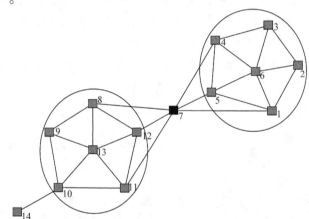

图 2-14　一个含有两个社团、一个中心点和一个离群点的网络示意图

　　与此相反，离群点不属于任何社团，并且只与社团中的节点有少量连接。如图 2-14 所示，节点 14 为一个离群点。离群点的特性往往和社团中的节点截然不同，应该被视作网络中的噪声或异常。从网络中去除离群点，可以避免将离群点归入某个社团，导致社团质量下降。

　　根据上述内容，给出有关中心点和离群点的定义，节点属于中心点当且仅当满足以下条件：

　　(1) 不是任何社团中的成员；

　　(2) 连接不同的社团。

　　不属于任何社团的非中心点称为离群点。

　　事实上，中心点和离群点的定义可以更灵活。既然两者均被划定为孤立点，可以把中心点看成一种特殊的离群点，离群点连接的邻居节点越多，越可能成为连接多个社团的中心点。在检测网络社团的同时检测出中心点和离群点，有助于准确地分析网络的结构与功能。

2.2 基准网络及其社团结构

近年来，涌现出了大量寻找社团的算法，同时带来一些问题：这些算法好不好？其结果能否反映网络中真实的社团结构？当处理某一个网络数据时，选择哪一个算法更好？为此，需要一些已知其社团结构的基准图(benchmark graphs)用于检验和比较算法的性能。通常可以采用两种方法对算法进行检验，一种是已知社团结构和分布的计算机生成网络；另一种是社团结构已知的真实网络。

本节首先介绍两种基准网络及其社团结构，其次围绕基准网络模型，论述两种社团划分比较方法及相应算法的计算复杂度。

2.2.1 计算机生成的基准网络

计算机生成的基准网络是依据一定的基准(benchmark)并建立在社团结构研究上而生成的网络，其形成依据了真实网络中小世界、幂律分布等特点。由于人造网的结构可以人为给定，在分析之前就拥有较多的已知信息，从而可以用来检验划分方法的有效性和正确率。另外，人造网的参数能够调控，可以研究划分方法的适用范围，以及划分正确率与参数的联系，有助于对社团算法进行更全面的测试，挖掘出其他数据集无法发现的潜在问题[35]。

最著名的社团发现基准是由 Girvan 和 Newman 于 1999 年提出的 GN 基准(GN benchmark)网络[5]。该网络由 128 个节点构成，这些节点被平均分成 4 份，形成 4 个社团，每个社团包含 32 个节点，节点之间相互独立地随机连边。如果两节点属于同一个社团，则以概率 p_{in} 相连；如果两节点属于不同的社团，则以概率 p_{out} 相连。p_{in} 和 p_{out} 的取值，需保证每个节点度的期望值为 16。记 z_{in} 为节点与社团内部节点连边数的期望值，z_{out} 为节点与社团外节点连边数的期望值，从而 $z_{in} + z_{out} = 16$。z_{out} 越小，说明节点与社团外节点的连边越少，网络的社团结构越明显；z_{out} 越大，说明节点与社团外节点的连边越多，网络越混乱，社团结构越不明显。对大的 z_{out} 值网络进行社团划分的方法，适用范围更广，价值更大。实践表明，当 z_{out} 的取值在一定范围内时，其值对节点划分正确率没有影响，并且正确率都保持在 100%。然而，当 z_{out} 的取值超过临界值后，网络中节点划分正确率开始大幅度下降，即 z_{out} 越大，节点被正确划分的比例越低。随着 z_{out} 从 0 开始逐步增大，这些网络的社团之间的界限变得越来越模糊(图 2-15)，因而网络的社团也越来越难识别。不同的算法应用到这些网络将会出现不同的结果，这些结果正好反映出算法在社团探测中的性能。因为这些网络的真实社团结构已知，所以社团探测算法的精度可以通过测量被算法正确识别的节点比例等方法来评价。

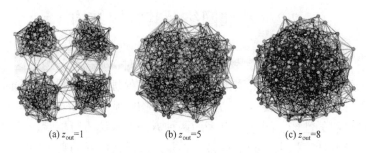

(a) z_{out}=1　　　　　(b) z_{out}=5　　　　　(c) z_{out}=8

图 2-15　计算机产生的网络[4]

分析上述由 GN 基准构造的人工网络，发现有如下特点：

(1) 网络中所有节点的度值相同；

(2) 社团规模相同，且网络很小。

在实际网络中，节点的度分布不均匀，即绝大部分节点的度相对很低，只存在少量度相对很高的节点。研究表明，许多实际网络的度分布可以用幂律形式描述[36]。同时，假定所有的社团规模相同也不妥，实际网络中社团的规模不同，分布很广。基于此，Lancichinetti 等[36]结合实际网络的特点，在 GN 基准研究工作基础上提出了一种新的人工合成网络：LFR 基准(Lancichinetti-Fortunato-Radicchi benchmark)网络。该网络能够反映出网络的随机特性，体现出节点度数分布和社团规模的不均匀性。

LFR 基准网络生成算法根据输入的参数生成尽可能符合真实网络特征的人工网络，各参数如下：N 是网络的节点数；k 是平均度数；$k_{\max}$ 是最大度数；$s_{\min}$ 是最小社团的节点数；$s_{\max}$ 是最大社团的节点数；γ 是节点度值幂律分布的指数(通常取值为 2~3)；β 是社团大小幂律分布的指数(通常取值为 1~2)；μ 是混合参数(通常取值为 0~1)，其值越大表示网络的社团结构越不明显。LFR 基准网络构造步骤如下[37]。

(1) 每一个节点给定一个度值，保证节点度分布服从指数为 γ 的幂律分布，选定节点度分布的两个极值 $k_{\min}$ 和 $k_{\max}$，从而保证整个网络的节点平均度数为 k。

(2) 每一个节点以概率 μ 与所在社团中的其他节点相连，以概率 $1-\mu$ 与其他社团中的节点相连。

(3) 社团节点数服从指数为 β 的幂律分布，且所有社团节点数的总和等于图中节点数 N，选定社团的最大规模和最小规模以满足社团定义中的约束：

$s_{\min} > k_{\min}$ 和 $s_{\max} > k_{\max}$ ，从而保证任何一种度值的节点都可被至少一个社团包含。

(4) 开始时，节点都是孤立的，不属于任何社团。一个节点加入一个随机选择的社团中，若该社团大小超过了节点的度，则该节点确定加入该社团，否则不加入。反复迭代，不断将孤立节点放入一个随机选择的社团中，直到没有孤立节点为止。

(5) 为了加强混合参数 μ 对内部邻居节点的影响，进行随机重连，即保证所有节点的度不变，仅改变社团内部和外部的度值。

通过改变上述参数可以控制网络的规模、边密度、社团重叠程度等，从而对各个社团发现算法进行直观的比较，包括社团结果质量和运行效率。通过 LFR 基准网络步骤生成人工网络的同时也会生成相应的社团结构。

数值实验表明，该程序的算法复杂度为 $O(m)$ [4]，是一种线性复杂度的程序，其中 m 是网络中的连边数。因此，LFR 基准网络生成算法可以被用来创建大小跨越多个数量级的网络图。图 2-16 为一个拥有 500 个节点的 LFR 基准网络示意图。由图可知，节点度分布和社团节点数都符合幂律分布，该网络比 GN 基准网络更符合实际网络结构。

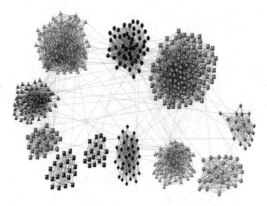

图 2-16　一个拥有 500 个节点的 LFR 基准网络示意图[5]

2.2.2　实际基准网络

一定程度上，对计算机生成网络的检验反映了划分方法的有效性，但是人们更感兴趣的是对实际网络的研究。那么，作为可以用作检验的实际网络，应该具备何种条件？首先保证构建网络的数据是公开的、方便易得的；其次保证网络具有实际意义，从而可以判断社团划分的结果是否具有可解释性；最后为了方便划分方法的比较，宜采用已被广泛使用的实际网络。广泛使用的已知社团结构的实际网络包括 Zachary 空手道俱乐部网络[38](包括 34 个节点、78 条边)、全美大学体育协会(National Collegiate Athletic Association, NCAA)大学橄榄球赛网络[5](包括 115 个节点、616 条边)和海豚家族关系网络[39](包括 62 个节点、159 条边)等。下面分别介绍上述 3 种网络的来历、构成及其社团结构。

　　1. Zachary 空手道俱乐部网络

　　Zachary 空手道俱乐部网络是一个社会学的人际关系网络,反映了该俱乐部内部管理者与管理者、管理者与学员和学员与学员之间的相互人际关系。该空手道俱乐部属于 20 世纪 70 年代初期美国的一所大学,社会学家 Zachary 花费了两年时间观察其内部关系并构造了该俱乐部成员之间的关系网,如图 2-17 所示,该网络包含 34 个表示俱乐部成员的节点和 78 条表示各成员之间社会关系的边。在 Zachary 研究该俱乐部成员社会关系期间,该俱乐部的主管(节点 33)与校长(节点 1)就是否提高俱乐部收费标准的问题产生了分歧,从而导致该俱乐部内部经营分化,形成了两家独立的小俱乐部,一个是包含 16 个成员的社团(即节点 1~8,11~14,17,18,20,22),另一个是包含其余节点的社团。图 2-17 中圆形和方形的节点分别代表分化后的小俱乐部中的各个成员。

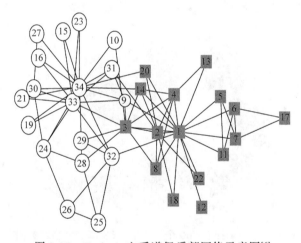

图 2-17　Zachary 空手道俱乐部网络示意图[6]

　　2. NCAA 大学橄榄球赛网络

　　NCAA 大学橄榄球赛网络实际是美国大学美式足球赛网络,该网络由 Girvan 和 Newman 根据 2000 年秋季美国大学橄榄球 A 级比赛赛程构造而成。如图 2-18 所示,该网络包含 115 个表示 115 支足球队的节点和 616 条表示这些足球队之间有比赛的边。该网络节点比较多,且社团结构相对比较复杂。这些球队被分为 12 个小组进行比赛,依次为 Atlantic Coast(9 支球队)、Conference USA(10 支球队)、Pac 10(10 支球队)、Big East(8 支球队)、IA

Independents(5 支球队)、SEC(12 支球队)、Big 10(12 支球队)、Big 12(12 支球队)、Mid American(12 支球队)、Mountain West(8 支球队)、Sunbelt(7 支球队)、Western Athletic(10 支球队)。平均每支球队打 7 场组内比赛,4 场不同分组的比赛,即小组内部的球队进行比赛的概率比不同小组之间的比赛概率大。

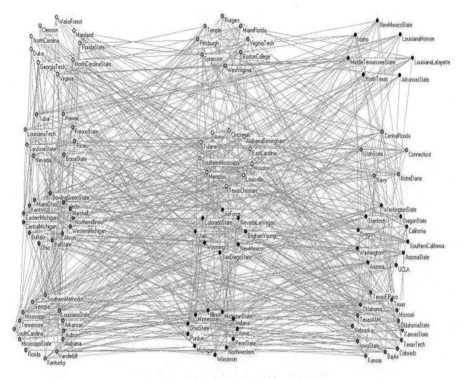

图 2-18 NCAA 大学橄榄球赛网络示意图

有些文献中认为该网络包含 11 个小组,是由于 IA Independents 的 5 支球队(Utah State、Navy、Notre Dame、Connecticut 和 Central Florida)与其他联盟球队的比赛多于与本联盟内球队的比赛,可将这 5 支球队视为独立的球队,划分到其他 11 个小组内。

3. 海豚家族关系网络

海豚家族关系网络是由 Lusseau 等对栖息在新西兰神奇峡湾(Doubtful Sound)的一个宽吻海豚(bottlenose dolphins)群体(该群体由 2 个家族共 62 只宽吻海豚组成)进行长达 7 年的观察所构造出的网络。如图 2-19 所示,该网络包含 62 个海豚节点和 159 条表示这些海豚之间有频繁接触的边。研究过程中,这群海豚由于族群中一只关键成员(标号"SN100")在某段时间的离开而自动分化为两个较小的族群，其中一个族群社团含有 42 个成员节点(由图中圆形节点表示)，另一个族群社团拥有 20 个成员节点(由图中方形节点表示)。

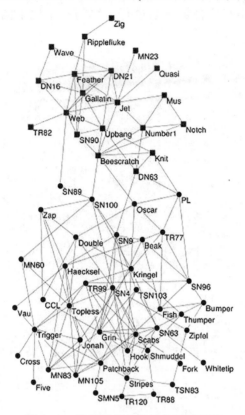

图 2-19　海豚家族关系网络示意图[4]

2.2.3　划分结果比较方法

不同的算法往往会将同一网络划分出不同的社团结构。对于社团结构已知的基准网络，将划分结果与网络真实社团进行比较便可以得到划分方法的准确性。下面简单论述两种适用于社团结构已知的划分结果比较方法，并介绍在分析算法时应考虑的计算复杂度。

1. 正确划分率比较法

正确划分率比较法的对象是划分得到的社团结构与网络真实社团结构[5]。具体方法是在划分得到的所有社团中，找到一个与真实社团结构包含共同节点数最多的社团。以此社团为标准社团，节点数超过标准社团中的节点都被视为错误划分，小于标准社团的，则只将不在真实社团中的节点视为错误划分。也就是说，社团结构划分的正确率为网络中划分正确的节点数与网络中节点总数的比值。

这种方法过于严格，会将一些人们主观认为被正确划分的节点归于错误划分。然而，由于这种方法比较直观，广泛用于经典网络的研究。

2. 互信息比较法

互信息比较法[40,41]是由 Danonl 等提出的，他们将归一化互信息度量(normalized mutual information measure，NMI)引入到社团结构比较中，并认为这种方法较正确划分率比较法更具判别力。具体过程：先定义一个混乱矩阵 N，矩阵 N 中的元素 N_{ij} 为既在真实社团 i 中出现，又在划分出的社团 j 中出现的节点数。根据信息论，两种社团结构 A、B 的相似程度为

$$I(A,B) = \frac{-2\sum_{i=1}^{c_A}\sum_{j=1}^{c_B} N_{ij} \ln\left(\frac{N_{ij}|N|}{N_{i.}N_{.j}}\right)}{\sum_{i=1}^{c_A} N_{i.} \ln\left(\frac{N_{i.}}{|N|}\right) + \sum_{j=1}^{c_B} N_{.j} \ln\left(\frac{N_{.j}}{|N|}\right)} \tag{2-10}$$

其中，$|N| = \sum_{i=1}^{c_A}\sum_{j=1}^{c_B} N_{ij}$；$N_{i.}$ 为 N 的第 i 行元素之和；$N_{.j}$ 为 N 的第 j 列元素之和；c_A 为真实社团的个数；c_B 为划分所得的社团个数。

互信息比较法所得结果的取值为 [0,1]，如果划分结果与真实社团结构完全一致，则 $I(A,B)$ 达到最大值 1；当划分结果与真实社团结构没有任何重叠时，$I(A,B)$ 达到最小值 0。可见，$I(A,B)$ 值越大，说明社团划分的准确性越高。

此外，常见的划分结果比较方法还有 D 函数比较法[42]、模块度 Q 比较法等。另外，也可以根据实际情况，自己定义划分标准。

除了参照基准网络对算法划分结果进行比较外，还需考虑该算法的计算复杂度。一个算法的计算复杂度[43]是对解决一个相关问题时所需时间的估计，包括所需计算步骤的数目和同时满足计算所需存储空间的大小，即时间复杂度和空间复杂度。由于各种社团探测算法在判断标准、搜索步骤和优化思路上有很大不同，每种算法都具有其自身的复杂度。算法的复杂度往往与被研究网络的节点数、层次数、边数和社团数有关。划分方法的复杂度越高，划分所需的时间越长。对于较小的网络，划分方法所需时间的长短不会产生本质的影响，会考虑正确率多一点。然而，由于计算机技术的制约，一种划分方法的复杂度决定了该划分方法能否用于大规模网络。可见，算法复杂度既是判断划分方法速度的标准，又是判断划分方法适用范围的标准。复杂度越小的划分方法，划分

的速度越快，适用的网络规模越大。因此，算法的复杂度也是构造算法时重要的考量之一。

参 考 文 献

[1] REDNER S. How popular is your paper? An empirical study of the citation distribution[J]. The European Physical Journal B, 1998, 4(2): 131-134.

[2] GIBSON D, KLEINBERG J, RAGHAVAN P. Inferring web communities from link topology[C]. Proceedings of the 9th ACM Conference on Hypertext and Hypermedia, Pittsburgh, 1998: 225-234.

[3] FLAKE G W, LAWRENCE S, GILES C L, et al. Self-organization and identification of web communities[J]. IEEE Computer, 2002, 35(3): 66-70.

[4] FORTUNATO S. Community detection in graphs[J]. Physics Reports, 2010, 486(3): 75-174.

[5] GIRVAN M, NEWMAN M E J. Community structure in social and biological networks[J]. Proceedings of the National Academy of Sciences of the United States of America, 2002, 99(12): 7821-7826.

[6] NEWMAN M E J, GIRVAN M. Finding and evaluating community structure in networks[J]. Physical Review E, 2004, 69(2): 026113.

[7] GLEISER P, DANON L. Community structure in jazz[J]. Advances in Complex Systems, 2003, 6(4): 565-573.

[8] ZHANG A. Protein Interaction Networks[M].Cambridge:Cambridge University Press, 2009.

[9] 关薇, 王建, 贺福初. 大规模蛋白质相互作用研究方法进展[J]. 生命科学, 2006, 18(5): 507-512.

[10] FIELDS S, SONG O. A novel genetic system to detect protein-protein interactions[J]. Nature, 1989, 340(6230): 245-246.

[11] PALLA G, FARKAS I, VICSEK T, et al. Uncovering the overlapping community structure of complex networks in nature and society[J]. Nature, 2005, 435(7043): 814-818.

[12] LEWIS A C F, JONES N S, PORTER M A, et al. The function of communities in protein interaction networks at multiple scales[J]. BMC Systems Biology, 2010, 4(1): 100-105.

[13] TANG H R,WANG Y L. Metabonomics: A revolution in progress[J]. Progress in Biochemistry and Biophysics, 2006, 33(5): 401-417.

[14] AlBERT R, JEONG H. Internet: Diameter of the world-wide web[J]. Nature, 1999, 401(6749): 130-131.

[15] WILKINSON D M, HUBERMAN B A. A method for finding communities of related genes[J]. Proceedings of the National Academy of Sciences of the United States of America, 2004, 101(1): 5241-5248.

[16] LAMBIOTTE R, AUSLOOS M. Uncovering collective listening habits and music genres in bipartite networks[J]. Physical Review E, 2005, 72(6): 066107.

[17] ROBERTO N O, CSATRODE P A. Complex network study of Brazilian soccer players[J]. Physical Review E, 2004, 70(3): 037103.

[18] NEWMAN M E J. Scientific collaboration networks[J]. Physical Review E, 2001, 64(1):

016131-016136.

[19] 张光卫, 康建初, 夏传良, 等. 复杂网络集团特征研究综述[J]. 计算机科学, 2006, 33: 1-4.

[20] WASSERMAN S, FAUST K. Social Network Analysis[M]. Cambridge: Cambridge University Press, 1994.

[21] SCOTT J. Social Network Analysis: A Handbook[M]. London: SAGE Publications, 2000.

[22] ALBA R D. A graph-theoretic definition of a sociometric clique[J]. Journal of Mathematical Sociology, 1973, 3(1): 113-126.

[23] LUCE R D. Connectivity and generalized cliques in sociometric group structure[J]. Psychometrika, 1950, 15(2): 169-190.

[24] MOKKEN R J. Cliques, clubs and clans[J]. Quality and Quantity, 1979, 13(2): 161-173.

[25] SEIDMAN S B, FORSTER B L. A graph-theoretic generalization of the clique concept[J]. Journal of Mathematical Sociology, 1978, 6(1): 139-154.

[26] SEIDMAN S B. Network structure and minimum degree[J]. Social Network, 1983, 53(3): 269-287.

[27] RADICCHI F, CASTELLANO C, CECCONI F, et al. Defining and identifying communities in networks[J]. Proceedings of the National Academy of Sciences of the United States of America, 2004, 101(9): 2658-2663.

[28] HU Y, CHEN H, ZHANG P, et al. Comparative definition of community and corresponding identifying algorithm[J]. Physical Review E, 2008, 78(2): 026121.

[29] GUIMERA R, SALES-PARDO M, AMARAL L A N. Modularity from fluctuations in random graphs and complex networks[J]. Physical Review E, 2004, 70(2): 025101.

[30] PARK J, NEWMAN M E J. The origin of degree correlations in the internet and other networks[J]. Physical Review E, 2003, 68(2): 026112.

[31] FORTUNATO S, BARTHELEMY M. Resolution limit in community detection[J]. Proceedings of the National Academy of Sciences of the United States of America, 2007, 104(1): 36-41.

[32] 刘亚光. 基于链接密度的网络社团发现方法研究与实现[D]. 西安: 西安电子科技大学, 2012.

[33] NEWMAN M E J. Fast algorithm for detecting community structure in networks[J]. Physical Review E, 2004, 69(6): 066133.

[34] BLONDEL V D, GUILLAUME J L, LAMBIOTTE R, et al. Fast unfolding of communities in large networks[J]. Journal of Statistical Mechanics: Theory and Experiment, 2008, 12(1): 10008.

[35] KREBS V E. Mapping networks of terrorist cells[J]. Connections, 2002, 24(3): 43-52.

[36] LANCICHINETTI B, FORUNATO S, RADICCHI F. Benchmark graphs for testing community detection algorithms[J]. Physical Review E, 2008, 78(2): 046110.

[37] 刘亚冰. 复杂网络中的社团结构特性研究[D]. 上海: 上海交通大学, 2010.

[38] ZACHARY W W. An information flow model for conflict and fission in small groups[J]. Journal of Anthropological Research, 1977, 33(4): 452-473.

[39] LUSSEAU D, SCHNEIDER K, HAASE P, et al. The bottlenose dolphin community of doubtful sound features a large proportion of long-lasting associations[J]. Behavioral Ecology Sociobiology, 2003, 54(4): 396-405.

[40] FRED A L N, JAIN A K. Robust data clustering[C]. Proceeding of IEEE Computer Society Conference on Computer Vision and Pattern Recognition, Madison, 2003, 2: 128-133.

[41] KUNCHEVA L I, HADJITODOROV S T. Using diversity in cluster ensembles[C]. IEEE International Conference on Systems, Hague, 2004: 1214-1219.

[42] ZHANG P, LI M H, WU J S, et al. analysis and dissimilarity comparison of community structure[J]. Physica A: Statistical Mechanics and its Applications, 2006, 367: 577-585.

[43] HARTMANIS J, STEARNS R E. On the computational complexity of algorithms[J]. Transactions of the American Mathematical Society, 1965, 117: 285-306.

第 3 章　社团定量刻画

本章对社团分割进行定量的讨论。首先给出社团分割的合理化指标；其次以 Girvan-Newman(GN)算法为例，介绍 Newman 模块度及其局限性；最后探讨基于信息论的社团分割算法(包括随机行走和基于编码的理论)及其合理性度量(模块度)。

3.1　社团分割的合理化指标

社团分割的目标是根据网络拓扑结构信息识别出给定网络中"自然存在"的社团，所得社团可能相互重叠，也可能具有层级关系。社团分割问题提出以来，就面临这样的质疑：社团分割和传统的聚类、图划分有什么区别和联系？社团分割是否有必要作为一个独立的问题而存在？这主要是由于三者在方法论上存在相似之处，即以"物以类聚，人以群分"为思想基础的人类认识世界的一般方法和手段。本节放弃方法论角度的争论，从应用背景、研究对象、研究目的等角度给出三者之间的区别与联系。

以下三个问题来源于不同的学科领域，是基于不同的背景和应用需求提出的。

(1) 图划分是图论中的一个经典问题。以并行计算中的任务分配为例，如何把计算任务合理地分配给计算机的各个处理器是一个典型的图划分问题。具体应用场景如下：多个处理器处理一些计算任务，各个处理器的计算能力几乎一样，各个计算任务所需要的处理时间也大致相同，各个计算任务之间可能需要相互通信。相对于单个处理器的运算时间开销而言，不同处理器之间的通信需要较大的时间开销。应用需求是如何把计算任务尽可能平均地分配给各个处理器，使各个处理器的运算负载均衡，同时保证处理器之间的通信量最小。这一问题通常抽象表示成一个网络——将各个计算任务视为节点，计算任务间的通信视为节点间的连边(无权或有权)，问题的目标是把网络的节点划分成给定个数(处理器个数) 、大小相同(负载均衡) 的节点集合，要求划分所切断的边数或边的权重(通信代价)最小。

(2) 聚类问题来源于数据分析和处理领域。应用场景如下：数据空间中的数据点分布会呈现局部聚集现象，即数据点自然形成一个个数据簇，同一簇内的数据点之间距离较小，不同簇的数据点之间距离较大。聚类的目标是分析和识别出数据中自然存在的各个簇。一般情况下，数据点可以使用一个高维向量表示，或者存在一个能够计算数据点之间距离(或相似度)的函数，聚类算法依据数据点之间的距离把数据点分成各个簇。聚类的最终目的是对数据进行分析、认识和处理，不同簇的数据点之间的距离尽可能大，至少保证簇内节点间的距离小于不同簇节点间的距离。

(3) 社团分割起源于复杂网络的研究，主要目标是识别出复杂网络中的社团结构。应用场景是寻找网络中的节点组，节点组内部连边的可能性高于不同节点组连边的可能性。社团结构作为真实世界复杂网络普遍具有的一种拓扑特性而存在，并被广泛研究，研究社团结构的目的是探索该结构与网络功能之间的关系。

图划分和社团分割的相似之处在于处理对象都是抽象的网络。图划分旨在将网络按指定条件进行切分，具体条件通常为划分分量的个数、每个划分分量的大小。社团分割旨在寻找网络中与内部连接紧密、与外部连接稀疏的子网络。当把社团结构看成网络的一个划分时，社团分割在于寻找网络固有的自然划分，而不是按指定条件进行划分。需要特别指出的是，不同社团之间通常可以相互重叠或嵌套。

聚类与社团分割在处理方式上存在更多的相似之处，聚类的各个类之间通常也允许相互重叠或嵌套，这使得在通常情况下，很多聚类算法可以直接用于网络社团结构的发现。但需要注意的是，二者处理的对象不同。聚类处理的是可以表示成高维向量的属性数据，数据通常存在于一个距离空间中，而社团分割处理的是可以表示成网络的关系数据，一般不存在相应的距离空间。当然，属性数据和关系数据之间可以通过变换和映射相互转变，从而使问题既可以使用聚类的手段，又可以使用社团分割的方法来解决。但是，自然界和人类社会存在的对象中，有些会天然表示成属性数据，有些则天然体现为关系数据，两类数据间的变换或映射会改变对象间固有的关系。在这种情况下，聚类和社团分割不可以互相替代。

社团分割的首要问题是给社团结构一个定量的描述，目前为止还没有一个定义被普遍接受。事实上，对社团的定义，往往是根据连接紧密程度定义的。

3.2　Newman 模块度

本节介绍 Newman 模块度的定义，具体介绍其在社团分割中的作用和使用方法。围绕 Newman 模块度的某些局限性进行分析，并提出一些改进方法。

3.2.1　配置模型

区别于 ER 随机图中节点连接是完全随机的，广义随机网络可以用于构造具有任意指定度分布的随机网络，故有时也称为配置模型(configuration model)。对于给定原网络的度序列$(d_1, d_2, \cdots, d_n)$，该配置网络的构造算法如下：

(1) 按照度序列给每个节点 i 分配 d_i 根辐条(spokes)，辐条从节点出发，尾端为空；

(2) 随机将所有辐条的尾端两两连接组成新的连边。

由于对任意网络 $G = (V, E)$，节点度的总和 $\sum d_i = 2 \times |E|$，可以保证所有辐条都能两两相连。

3.2.2　基于 Newman 模块度的 GN 算法

网络社团分解算法分为凝聚法和分裂法，可以采用树状图来阐述这两种方法。如图 3-1 所示，树状图底部的圆点代表网络中的节点，在该树状图的任何一个位置用虚线断开，则对应网络的一个社团划分。凝聚法的方向与分裂法的方向相反。凝聚法中，虚线从树的底端逐步上移，网络中的节点逐步聚合成为更大的社团。当虚线移至顶部，即表示整个网络成为一个社团。分裂法是从整个网络开始，当虚线移动至最底部，即表示每个节点均构成独立社团。

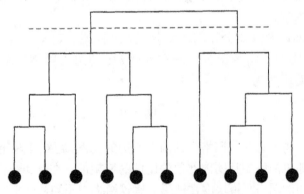

图 3-1　树状图表示凝聚法和分裂法

Girvan 和 Newman[1]提出一种基于边介数的分裂算法(GN 算法)分析网络的社团结构。该算法不需要指定社团大小，并且能够在 $O(n^3)$ 时间内找到相当精确的结果(n 代表网络中节点的数目)，被广泛用于各种网络社团结构的探测和分析，从而掀起了复杂网络中社团结构探测研究的热潮。

GN 算法的基本思想：由于社团之间连接稀疏，社团之间的联系通道很少，从一个社团到另一个社团至少要经过其中一条通道。如果能找到这些通道，并将其移除，那么网络社团结构会自然呈现出来。边介数定义为网络中经过一条边的最短路径的数目，社团间连边的边介数通常比较大，而社团内部边的边介数比较小。由此得到 GN 算法的基本流程如下：

(1) 计算网络中所有边的边介数；

(2) 找到边介数最高的边并将其从网络中移除；

(3) 重新计算网络中所有边(不包括移除边)的边介数；

(4) 重复(2)和(3)，直到网络中所有的边都被移除为止。

GN 算法中重复计算边介数的环节是十分必要的。这是由于当断开边介数最大的边后，网络结构发生了变化，原有数值不能代表断边后网络的结构，各条边的边介数需要重新计算。

每从网络中移除一条边，都要重复上述计算过程。网络中存在 m 条边，因此在最差的情况下，基于最短路径边介数的网络社团结构完整算法的复杂度为 $O(m^2n)$。对于稀疏网络，该算法复杂度为 $O(n^3)$。复杂度较高是 GN 算法的显著缺点。

在社团数目未知的情况下，GN 算法的分解过程要进行到哪一步终止呢？该问题可以利用 Newman 等[2]提出的模块度加以解决。模块度的基本思想：由于随机网络中每对节点存在连接的概率相等，可以认为随机网络不具有社团结构。因此，可以通过比较子图中实际的连接程度和不具有社团结构时期望的连接程度定义模块度。

给定一个网络及其划分，网络划分成 k 个社团。定义 e_{ii} 为社团 i 中的边占所有社团边的比例，a_i 为至少一端在社团 i 中的边占网络中总边数的比例。Newman 定义模块度为

$$Q = \sum_i (e_{ii} - a_i^2) \tag{3-1}$$

公式(3-1)的物理意义：网络中社团内部边的比例减去在具有相同度序列和社团划分条件下随机网络中社团内部边的比例的期望值。在社团结构研究中，对真实社团结构未知的网络，模块度常被用来比较网络中不同社团划分的质量——Q 值越大意味着社团划分越好。在社团结构的划分过程中，计算每一种划分所对应的 Q 值，并找出数值尖峰所对应的划分数(通常为 1 个或 2 个)，这就是最好或最接近期望的社团结构划分方式。

下面以示例说明如何应用 GN 算法。图 3-2 是一个包含 10 个节点和 18 条边的简单网络，采用 GN 算法对该网络进行分解，其结果如图 3-3 所示。

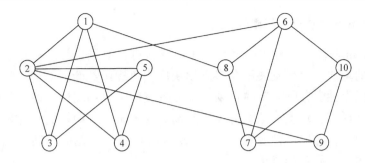

图 3-2   一个包含 10 个节点和 18 条边的简单网络

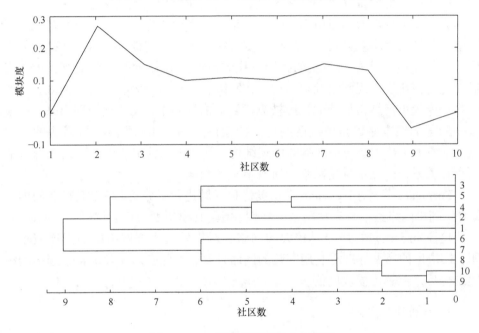

图 3-3   GN 算法对网络的分解结果

当沿着树状图从左向右逐步移动时，每移动一步，所截取位置对应该网络的一种社团分解结果，同时计算对应分解的模块度。采用 GN 算法分析一些社团结构已知的网络，Newman 等发现模块度峰值的位置与所期望的划分位置密切相关，峰值可作为该社团划分算法的强度判断标准。一般认为，大的模块度值对应的分解结果较好。因此通过 GN 算法发现社团时，要找到 Q 的局部峰值，该峰值对应社团分解比较好的截取位置。通常这样的局部峰值仅有 1 个或 2 个。图 3-3 的模块度峰值为 0.2717，该模块度对应的分解结果为{1，2，3，4，5}和{6，7，8，9，10}。

3.2.3　Newman 模块度的局限性

Newman 模块度自提出以来得到了广泛认可，不但完善了一些早期的探索社团结构的算法，而且发展了众多以模块度为目标函数的新算法。但是，模块度也存在局限性。有研究者注意到模块度依赖网络全局属性所造成的问题，并提出了一种局部模块度，试图解决该问题。Fortunato 等[3]系统地研究了模块度的分辨率问题，并把这种分辨率极限(resolution limit)问题推广到更具一般意义的度量社团划分质量的函数中。

使用模块度度量社团的划分不适于社团大小差异较大的情形，而对于各个社团大小相近的情形，使用模块度可以得到合理的结果。然而，绝大多数实际网络中的社团大小差异很大，用模块度可能达不到预期效果。模块度存在的本质问题是分辨率(即较小规模的社团不能够被检测出来)问题。该问题指出，当通过优化模块度发现网络社团结构时，网络会存在一个固有分辨率极限，导致一些规模较小但结构显著的社团被淹没到大的社团中，无法被识别出来。造成这一问题的根本原因是模块度的定义依赖网络的全局属性——网络边的总权重。本质上，社团结构是网络的中观结构，社团内部的节点仅与网络中部分节点存在关系，因此不应受网络中所有节点的影响。

Fortunato 等[3]对 Newman 模块度优化问题进行了分析，指出其存在的内在缺陷：随机网络虽不具有社团结构特性，但是其模块度值仍然比较大；Newman 模块度不利于衡量社团差异较大的网络，难以发现大型网络中的强连通小社团；模块度的衡量标准需利用完整的网络计算，因此必须在确定整个网络的社团划分后才能算出模块度值。

1. 社团强度定义

为了定量分析社团结构，可从社团的拓扑结构上给出关于社团的一个更加精确的定义，GN 算法涉及网络的整体拓扑结构。如果网络的整体情况未知，只知道网络的局部情况时，则无法定义 Newman 模块度。因此，提出一种新的衡量社团分解的标准，称为社团强度 S，假设网络被分为 m 个子图，定义社团强度：

$$S(C_j) = \sum_{i \in C_j} \frac{k_i^{in} - k_i^{out}}{2L(C_j)} \tag{3-2}$$

其中，$C_j(1 \leqslant j \leqslant m)$ 为网络的一个子图；$L(C_j) = \frac{1}{2} \sum_{i \in C_j} k_i$；$k_i = k_i^{in} + k_i^{out}$ 为节点 i 的度值，若 $k_i^{in} - k_i^{out} > 0$，对于 $\forall i \in C_j$，社团为强社团。由此定义强社团结构

的衡量标准为

$$Q_s = \sum_{j=1}^m S(C_j) = \sum_{j=1}^m \sum_{i \in C_j} \frac{k_i^{\text{in}} - k_i^{\text{out}}}{2L(C_j)} \qquad (3\text{-}3)$$

同理，当 $S(C_j) > 0$，对于 $\forall i \in C_j$，可以引进衡量弱社团结构的标准：

$$Q_w = \sum_{j=1}^m \sum_{i \in C_j} \frac{k_i^{\text{in}} - k_i^{\text{out}}}{2L(C_j)} \qquad (3\text{-}4)$$

Q_s 通常应用在网络分解成多个社团的情况下。Q_w 和 Q_s 的作用与模块度相同，可用来衡量社团分割效果，其值越大说明分割的效果越好，独立于任何社团分割算法。由于强社团经过分解能够得到弱社团，可以得到这样的结论，即一个网络经过分解所得到的强社团的社团数不大于弱社团的社团数。

2. 局限性的表现

根据 Newman 模块度的定义，模块度公式可以表示为

$$Q = \sum_{s=1}^m \left[\frac{l_s}{L} - \left(\frac{d_s}{2L} \right)^2 \right] \qquad (3\text{-}5)$$

其中，l_s 为子图 s 中内部连边的数目；d_s 为子图 s 中节点的总度值；L 为网络中的总边数。如果子图 s 是网络中一个合理的社团，则

$$\frac{l_s}{L} - \left(\frac{d_s}{2L} \right)^2 > 0 \qquad (3\text{-}6)$$

现引入参数 a，将子图 s 内节点的连接数和子图 s 以外的节点的连接数 l_s^{out} 联系起来。假设 $l_s^{\text{out}} = al_s$，$a \geqslant 0$，则 $d_s = 2l_s + l_s^{\text{out}} = (a+2)l_s$，式(3-6)可以改写为

$$\frac{l_s}{L} - \left[\frac{(a+2)l_s}{2L} \right]^2 > 0 \qquad (3\text{-}7)$$

简单变换后得

$$l_s < \frac{4L}{(a+2)^2} \qquad (3\text{-}8)$$

如果 $a = 0$，子图 s 内的节点不与社团外的任何节点相连，它是整个网络中孤立的一部分，只要 $l_s < L$ 成立，可以认为子图 s 是整个网络中一个合理的社团。如果 $a > 0$，子图 s 的内部连边数 l_s 将有一个上限，这说明根据 Newman 模

块度判断社团分解具有合理性，所得社团的大小受限于整个网络的大小。从弱社团的定义来看，只有 $a<2$ 才可认为子图 s 是合理的，此时有 $2l_s>l^{\text{out}}$，即子图 s 所有节点的内部度值之和大于外部度值之和。当 $a<2$ 时，$l_s\in[L/4,L]$，因此根据 Newman 模块度分割社团，所得社团内部边的数目必须在 $[L/4,L]$，即社团大小受到限制。但是在实际网络中往往会遇到 $l_s<L/4$ 的情况，当网络中社团大小差异较大或者网络中存在较多的强连通小社团时，用 Newman 模块度将得不到合理的结果。

3. 强社团结构网络

模块度最优化是在真实网络中发现社团的有效方法，但是最大的模块度通常并不易得到。当网络有 N 个节点、L 条边时，可以分两步求其最大的模块度。

(1) 对于确定社团数目 m，计算其最大的模块度 $Q_{\max}(m,L)$；

(2) 将社团数目 m 看作变量 m^*，计算最大的模块度 $Q_{\max}(m^*,L)$。

为了保持网络的连接性，社团之间的连接最少为 $m-1$，可简化为 m，则

$$Q=\sum_{s=1}^{m}\left[\frac{l_s}{L}-\left(\frac{2l_s+2}{2L}\right)^2\right] \tag{3-9}$$

假设每个社团内部连边数相同，即 $l_s=l=\dfrac{L}{m}-1$ 时，可得到最大的模块度：

$$Q_{\max}(m,L)=m\left[\frac{L/m-1}{L}-\left(\frac{L/m}{L}\right)^2\right]=1-\frac{m}{L}-\frac{1}{m} \tag{3-10}$$

当 m 为变量时，对式(3-10)取微分可得

$$\frac{\mathrm{d}Q_{\max}(m,L)}{\mathrm{d}m}=-\frac{1}{L}-\frac{1}{m^2} \tag{3-11}$$

故当 $m=m^*=\sqrt{L}$ 时，可得到最大的模块度 $Q_{\max}(m^*,L)=1-\dfrac{2}{\sqrt{L}}$。在上述分析中，假设每个模块的连边数相同 $(l=\sqrt{L}-1)$，但是节点数不一定相同。只要网络满足拓扑约束条件，社团内部节点的连接分布并不会影响 Q。因此每个社团内部的节点数 n 只要满足条件 $n\leqslant l+1=\sqrt{L}$ 即可。对于给定节点数和连边数的网络，可构造出的社团数多于 $\sqrt{L}$ 个，但是模块度会相应减小，这就是当网络存在连边数少的社团时，不能通过模块度最优化得到合理分割的原因。

如图 3-4 所示，假设包含 L 条边的网络至少被分为 3 个社团，并且每个社团内的连边数满足条件 $l_s<4L/(a+2)^2$，模块 M_1 与 M_2 内部的连边数分别为 l_1 与

l_2，它们之间的连边数为 l_{int}，与模块 M_0 的连边数分别为 $l_1{}^{\mathrm{out}}$ 和 $l_2{}^{\mathrm{out}}$。设 $l_{\mathrm{int}} = a_1 l_1 = a_2 l_2$，$l_1{}^{\mathrm{out}} = b_1 l_1$，$l_2{}^{\mathrm{out}} = b_2 l_2$，（$0 \leqslant a_1, a_2, b_1, b_2 \leqslant 2$）。因为 M_1 与 M_2 满足社团结构，故有 $a_1 + b_1 \leqslant 2$，$a_2 + b_2 \leqslant 2$，$l_1 \leqslant L/4$，$l_2 \leqslant L/4$。

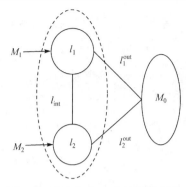

图 3-4　至少包含 3 个社团的网络

假设网络有两种分割。

分割 A：M_1 与 M_2 分为两个社团。此时的模块度值为

$$Q_{\mathrm{A}} = Q_0 + \frac{l_1}{L} - \left[\frac{(a_1 + b_1 + 2)l_1}{2L}\right]^2 + \frac{l_2}{L} - \left[\frac{(a_2 + b_2 + 2)l_2}{2L}\right]^2 \tag{3-12}$$

分割 B：M_1 与 M_2 合并为一个社团，此时的模块度值为

$$Q_{\mathrm{B}} = Q_0 + \frac{l_1 + l_2 + a_1 l_1}{L} - \left[\frac{(2a_1 + b_1 + 2)l_1 + (b_2 + 2)l_2}{2L}\right]^2 \tag{3-13}$$

两种分割的模块度差值为

$$\Delta Q = Q_{\mathrm{B}} - Q_{\mathrm{A}} = \frac{2La_1 l_1 - (a_1 + b_1 + 2)(a_2 + b_2 + 2)l_1 l_2}{2L^2} \tag{3-14}$$

因为 M_1 与 M_2 满足社团结构，所以分割 A 优于分割 B，即 $\Delta Q < 0$。此时有

$$l_2 > \frac{2La_1}{(a_1 + b_1 + 2)(a_2 + b_2 + 2)} \tag{3-15}$$

如果 M_1 与 M_2 之间无连边，即 $a_1 = a_2 = 0$，则式(3-13)得到满足。但是当 M_1 与 M_2 之间有连边时，一定会存在不满足式(3-15)的 l_2，此时将 M_1 与 M_2 合并为一个社团的模块度值较大。如果根据最大模块度的算法发现社团，那么较小的模块会被忽略。

假设 l_1 和 l_2 都不满足以上条件，设 $l_1 = l_2 = l$，为了寻找出无法发现社团时 l 的变化范围，考虑以下两种极端情况：

(1) $a_1 + b_1 = 2$，$a_2 + b_2 = 2$，M_1 与 M_2 之间的连边数很大，处于是否为社团的边缘，当 $a_1 = a_2 = 2$，$b_1 \approx 0$，$b_2 \approx 0$，$l < l^{\mathrm{max}} < L/4$ 时，l 不满足式(3-15)；

(2) $a_1 = a_2 = 2 = b_1 = b_2 = 1/l$，$M_1$ 与 M_2 之间的连边数最小，$l < l^{\mathrm{min}} < \sqrt{L/2}$，$l$ 不满足式(3-15)。

通过上述分析可知，两个模块内部的连边数相等，并且相互连接，如果内部的连接 $l < l^{\mathrm{min}} < l^{\mathrm{max}}$，那么通过最大模块度将不能发现这样的社团。同时，

如果模块与其他模块的连接较紧密时，也存在不能发现这样社团的可能性。下面通过例子来说明。

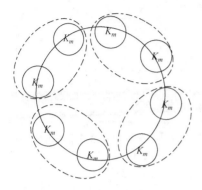

图 3-5　环状网络模型

图 3-5 所示的网络由 n 个模块组成环状模型。每个模块 K_m 是由 m 个节点组成的完全图，故总的节点数 $N = nm$，总连边数 $L = nm(m-1)/2 + n$。这样的网络具有明显的社团结构，并且每个模块都应为一个社团，模块度值为

$$Q_{\text{single}} = 1 - \frac{2}{m(m-1)+2} - \frac{1}{n} \tag{3-16}$$

如果将每对模块合并为一个社团，模块度值为

$$Q_{\text{pairs}} = 1 - \frac{1}{m(m-1)+2} - \frac{2}{n} \tag{3-17}$$

只有当 $m(m-1)+2 > n$ 时，才有 $Q_{\text{single}} > Q_{\text{pairs}}$。从上述分析可知，$m$ 和 n 的大小相关。但在此例中，m 和 n 的大小相互独立。因此，如果 m 和 n 不满足 $m(m-1)+2>n$，通过最大模块度的社团算法会得到不合理的分割。例如，当 $m = 5$，$n = 30$ 时，$Q_{\text{single}} = 0.876$，$Q_{\text{pairs}} = 0.888$，$Q_{\text{single}} < Q_{\text{pairs}}$。

图 3-6 与图 3-5 类似，区别在于所有模块内的节点数不一定相同。若要满足 $Q_{\text{single}} > Q_{\text{pairs}}$，则模块内的节点数必定相关。假设 $m = 20$，$p = 5$ 时，$Q_{\text{single}} = 0.5442$，$Q_{\text{pairs}} = 0.5452$。此时通过最大模块度的社团算法也得到不合理的分割。

通过上述分析可知，任何相互连接的两个模块，如果模块内的连边数不超过 $l^{\min}$，在使

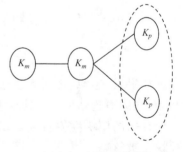

图 3-6　社团节点数不相同的网络

用最大模块度算法发现社团时，这样的两个模块将趋于合并为一个社团。合并后社团内部的最大连边数至少是 $2l^{\min}$。通过最大模块度发现社团时，社团 s 可能是由两个或多个模块合并而成，这些小社团内部的连边数 $l < 2l^{\min} = \sqrt{2L}$。

总之，在最大化模块度 Q 的过程中，若社团内部连边数小于 $\sqrt{2L}$（L 为网络中的总边数），即使社团间的连接十分稀疏，它们也会被合并成一个大社团。因此，根据模块度 Q 最大值所确定的社团，可能是多个满足模块化社团定义的小社团的结合，即基于模块度的优化方法并不能检测出小于一定规模的小社

团，而这个规模的阈值取决于整个网络的规模和社团内部的节点总度值。

针对现实世界中大量社会网络、生物网络的测试结果表明，模块度优化算法不能发现很多实际存在的社团，会遗失一些小社团。这种分辨率极限问题并不取决于特定的网络结构，而是模块度定义中将相互连接社团间的连边数和整个网络的总连边数进行比较造成的。同样，表达式类似于模块度指标的其他评判指标，本质上也可能具有这种分辨率障碍。

4. 随机网络

下面分析随机网络是否如 Newman 等设想的不具有社团结构特性。

一个包含 m 个节点的网络，每个节点只与其相邻的两个节点相连。该网络分割后每个社团只包含相邻的节点，因此网络的边数 $L = m$，社团之间的连边数等于社团数 r。假设每个社团的连边数 l 相等，则 $l = m/r$，当网络分割为 r 个社团时的模块度 $Q(m,r) = (m-r)/m - 1/r$，因此 Q 值依赖社团数 r，当 $r^*(m) = \sqrt{m}$ 时可使 Q 最大，即 $Q_{\max} = 1 - 2/\sqrt{m}$。对于每对节点以概率 p 相连，包含 $m(m \gg 1)$ 个节点的随机网络，社团总的边数为 $m^2 p/2$。假定当社团分割为 r 个社团时的 Q 值最大，每个社团的节点数 n 相同，即 $n = m/r$，每个社团内的连边数 k_i 与社团间的连边数 k_o 相等，则

$$k_o(m,p;r,k) = m^2 p/r - 2k_i \tag{3-18}$$

因为 $m \gg 1$，所以随机网络的模块度可以简化为

$$Q_{ER} = 2rk_i/m^2 p - 1/r \tag{3-19}$$

在此基础上，寻找随机网络最大模块度的问题可转换为寻找包含以下 3 个特征的社团：

(1) 随机网络存在分割；

(2) 每个社团内的连边数都为 k_i；

(3) 具有最大模块度的分割与其他分割相关。

通过分析与计算，可得包含 m 个节点，每对节点以概率 p 相连的随机网络的模块度：

$$Q_{ER}(m,p) = (1 - 2/\sqrt{m})(2/pm)^{2/3} \tag{3-20}$$

如果社团内部的连边概率 p_i 大于社团之间的连边概率 p_o，可以认为该网络具有社团结构。通过上述分析，可以得到结论：随机网络虽然不具有明显的社团结构，但是它的模块度值可以很大，甚至与具有社团结构网络的模块度值相当。例如，$m = 200$，$p = 0.02$ 的随机网络的模块度与 $m = 200$，$r = 7$，$p_i = 0.09$，

$p_0 = 0.04$ 的具有社团结构网络的模块度相等。

对于一个以概率 p 连接而成的随机网络,虽然 p 值固定,但是连接而成的网络并不一定是均匀的网络,即每个节点的度值不一定相等,度值的分布有一定波动,这种波动决定了某一个(或几个)子图的连接比较紧密,这样的结构类似于网络的社团特性。因此只有网络的模块度值大于相同大小的随机网络的模块度值时,才可以通过最大模块度判断网络是否具有社团结构。

为了解决该问题,在寻找网络的最大模块度 $Q_{\max}$ 时,可以通过很多空模型计算出最大模块度,并计算出这些空模型最大模块度的平均值 $\langle Q \rangle_{\mathrm{AM}}$ 和标准差 σ_Q^{AM}。将 $Q_{\max}$ 与 $\langle Q \rangle_{\mathrm{AM}}$ 的差值与标准差的商记为 z:

$$z = \frac{Q_{\max} - \langle Q \rangle_{\mathrm{AM}}}{\sigma_Q^{\mathrm{AM}}} \tag{3-21}$$

如果 $z \gg 1$,则表明网络具有强的社团结构,一般 $2 \leqslant z \leqslant 3$。但是这样的方法也存在一定的局限性,即有些网络并不具有社团结构却具有较大的 z 值。而且,有些网络具有较强的社团结构但其 z 值较小。

5. 尺度问题

模块度的优化仅能获得单一尺度的网络划分,而实证研究表明真实网络往往具有多尺度的社团结构,这开启了另一问题的研究——多尺度社团发现。

为解决该问题,可以通过给模块度引入可以调节的参数,给出更加泛化的模块度。典型的方法:通过给每个节点引入自环(self-loop)的方法和对空模型(null model)网络进行调节的方法。采用这样的方法,模块度可被应用于发现多个分辨率的社团结构,但是上述解决办法并不是发现网络多尺度社团结构的有效手段。

6. 异质问题

异质问题主要关注网络节点度分布的异质性(体现为节点度幂律分布)对社团发现问题的影响,这里主要讨论对模块度社团发现方法的影响。

为了讨论方便,改写模块度的定义:

$$Q = \frac{1}{2m} \sum_{ij} \left[A_{ij} - \frac{k_i k_j}{2m} \right] \delta(C_i, C_j) \tag{3-22}$$

其中,m 为网络中总的边数;A_{ij} 为网络的邻接矩阵的元素;k_i 为节点 i 的度(或强度);C_i 为节点 i 所属的社团,当节点 i 和节点 j 属于同一个社团时,δ 函数取值为 1, 否则为 0。

模块度定义本身已经考虑了节点度的影响, 通过网络配置模型来实现。具体地说, 两个度较大的节点间出现连边是在预料之中, 而两个度较小的节点之间的连边很重要。模块度试图基于此来剔除节点度分布的异质性对社团发现造成的影响。初步看来, 模块度似乎成功避免了异质问题。

2006 年, Newman 提出模块度矩阵, 其元素定义为

$$B_{ij} = A_{ij} - \frac{k_i k_j}{2m} \tag{3-23}$$

以模块度矩阵为基础, Newman 提出模块度的优化可以通过研究模块度矩阵的谱完成。这不仅揭示了模块度和谱分析算法的关系, 更重要的意义在于模块度的性质可以通过分析模块度矩阵加以揭示。

模块度矩阵是一种网络的协方差矩阵, 基于模块度矩阵做模块度优化时仅考虑了平移和旋转两种变换, 而忽视了另外一种重要的变换——伸缩变换。这导致了模块度会不可避免地受到节点度分布异质性的影响, 从而面临异质问题。为解决这一问题, 可以进一步引入伸缩变换, 得到关联矩阵(correlation matrix), 从而克服节点度分布的异质性对社团发现特别是多尺度社团发现的影响。

7. 基于模块度优化的社团发现算法

基于模块度优化的社团发现算法是目前研究最多的一类算法, 基本思想是将社团发现问题转化为优化问题, 再搜索目标值最优的社团结构。由 Newman 等提出的模块度 Q 值是目前使用最广泛的优化目标, 该指标通过比较真实网络中各社团的边密度和随机网络中对应子图的边密度之间的差异度量社团结构的合理性。

2004 年, Newman 提出了第一个基于模块度优化的社团发现算法——fast Newman(FN)算法。该算法的搜索策略为选择并合并两个现有的社团。初始化时, 每个社团仅包含一个节点; 每次迭代时, FN 算法选择使 Q 值增加最大(或减少最小)的社团对其进行合并; 当进行到只有一个社团时算法结束。通过这种自底向上的层次聚类过程, FN 算法输出树状图, 将对应 Q 值最大的社团划分作为最终聚类结果。该算法的复杂度为 $O(mn)$。

2005 年, Guimera 和 Amaral 提出了基于模拟退火(simulated annealing, SA)的模块度优化算法。该算法先随机生成一个初始解; 每次迭代时, 在当前解的基础上产生一个新的候选解, 根据 Q 值判断其优劣, 并采用模拟退火策略中的 Metropolis 准则决定是否接受该候选解。SA 算法产生新候选解的策略是将节点移

动到其他社团、交换不同社团的节点、分解社团或合并社团。该算法具有非常好的聚类质量，但其缺点是运行效率低。据报道，在普通配置的计算机上采用 SA 算法处理包含 3885 个节点、7260 条边的酵母菌蛋白质交互网络需要 3 天时间。

2006 年，Newman 将谱图理论引入模块度优化中，并证明了模块度矩阵的第二大特征值的特征向量的正负二分结果，正好对应模块度优化的二分结果。在此基础上，提出了一种优化模块度 Q 的谱算法。该算法具有很高的聚类质量，但其算法复杂度仍然偏高，在 $O(n^2 \ln n)$ 和 $O(n \ln n)$ 之间。

2008 年，Blondel 等[4]提出了快速模块度优化算法(fast unfolding algorithm, FUA)。该算法结合了局部优化与多层次聚类技术。首先使每个节点在其邻居区域内局部优化模块度 Q，获得一个社团划分结果；其次将得到的每个社团作为一个超级节点，社团间的连接作为加权边，构建一个上层网络；最后不断迭代上述两步，直到 Q 值不再增加为止。该算法对于稀疏网络具有线性算法复杂度 $O(m)$，同时可获得非常高的聚类质量，被著名社团挖掘专家 Fortunato 认为是当前性能最佳的模块度优化算法之一。

2011 年，金弟等[5]针对复杂网络的规模越来越庞大且呈天然分布式特性的特点，从局部观点出发，提出了快速社团聚类算法 (fast network clustering algorithm, FNCA)。基于对模块度 Q 的分析，他们提出一个针对单个节点的局部目标函数 f，并证明了 Q 会随网络中任一节点的函数 f 呈单调递增特性；进而提出一个基于局部优化的近似线性的社团发现算法。该算法中，每个节点只利用网络局部社团结构信息优化自身的目标函数 f，所有节点通过相互协同实现整个网络的聚类。该算法不仅有相当高的运行效率和聚类质量，而且适用于分布式网络社团发现。

如上所述，尽管模块度 Q 已被广泛接受，但仍然存在不足。Blondel 等[4]认为，设计多层次、多粒度社团发现算法可缓解分辨率极限问题。Khadivi 等[6]认为，在应用社团发现算法之前采用链接加权的预处理机制，可缓解模块度 Q 的分辨率限制问题和极端退化现象。目前，如何有效解决上述两个问题仍然是模块度优化社团发现方法所面临的挑战之一。

3.3　基于信息论的社团分割合理性度量

本节介绍基于信息论的社团分割算法及其合理性度量问题。首先简要介绍网络中的随机行走理论，并推导基于随机行走理论的模块度。其次给出基于编码的算法理论，分析其模块度并做进一步分析。

3.3.1 网络中的随机行走理论

1. 随机行走理论

网络搜索或者网络上的传播过程可以看作是网络中的一个行走过程，能够根据特定目的定义行走策略，也可以毫无目的。随机行走属于无目的的行走过程，即访问者随机选择所在节点的某个邻居节点进行访问。这种对网络最简单的无目的的访问方式在足够长的时间后便有可能遍历网络中的每一个节点。

随机行走理论由 Hughes[7] 提出，主要思想是从某个节点出发，下一个节点的选择随机。随机行走理论可用于社团发现中，是由于社团内部连边分布相对紧密，从而随机行走的路径能更多地处在社团内部。因此可以用随机行走理论发现社团。

网络中的随机行走有许多问题值得研究，但对于本节的研究目的而言，只关心在足够长的过程后，网络中各个节点被访问的概率如何。

2. 基于随机行走的蚁群算法

基于马尔可夫随机行走理论的启发式求解策略被广泛应用于网络聚类问题。这方面的研究主要包括：2000 年，Van Dongen[8] 提出了马尔可夫聚类算法 (the Markov cluster algorithm, MCA)，该算法通过在马尔可夫矩阵上施加简单的代数操作，实现了对网络的自然划分；2005 年，Pons 等[9] 提出了一种基于随机行走的网络节点间相似性的度量方法，进而给出一个面向大规模网络的凝聚聚类算法；2008 年，Weinan 等[10] 依据对马尔可夫链的优化预测，提出了一种网络优化划分策略；2007 年，Yang 等[11] 针对符号网络聚类问题(包括正负权值的网络)，提出了基于马尔可夫随机行走模型的启发式符号网络聚类 (the finding and extracting community, FEC)算法；2008 年，Yang 等[12] 分析了复杂网络社团结构和马尔可夫随机行走模型动力学特性的内在联系，进而基于大偏差理论提出了分析网络社团结构的谱方法。基于随机行走的蚁群(ant colony optimization based on random walk, RWACO)算法是一种全新的网络聚类算法，该算法将蚁群算法的框架作为 RWACO 的基本框架，对于每一代，以马尔可夫随机行走模型作为启发式规则；基于集成学习思想，将蚂蚁的局部解融合为全局解，并用其更新信息素矩阵。通过"强化社团内连接，弱化社团间连接"的进化策略，使网络社团结构逐渐呈现出来。

假设一个 agent 沿网络 N 上的边随机行走，它要根据转移概率选择下一步要到达的位置。假使该 agent 当前位于节点 i，下一步到达邻居节点 j 的转移概率为 p_{ij}，若网络 N 的邻接矩阵为 $A = \left(a_{ij}\right)_{n \times n}$，则

$$p_{ij} = \frac{a_{ij}}{\sum_k a_{ik}} \tag{3-24}$$

设 $D = \mathrm{diag}(d_1, \cdots, d_n)$，其中，$d_i = \sum_j a_{ij}$ 表示节点 i 的度，则转移概率矩阵 $P = (p_{ij})_{n \times n}$ 可以表示为

$$P = D^{-1} A \tag{3-25}$$

当复杂网络具有社团结构特性时，假使一个 agent 从任意节点出发随机行走，如果步数适当，那么它当前位于社团内任一节点的概率都应大于位于社团外节点的概率，因此在 RWACO 算法中，蚂蚁以随机行走的转移概率作为启发式规则。换言之，每只蚂蚁都是在转移概率和信息素的双重指导之下寻找自己的解。尽管在每次迭代中，每只蚂蚁找到的解只代表了该蚂蚁的局部观点，但通过集成方法将所有蚂蚁的解叠加到一起，会形成一个全局意义上的解；进而利用其更新信息素矩阵，使得信息素矩阵逐步进化并趋于收敛。最终，收敛后的信息素矩阵代表了所有蚂蚁信息融合的结果，对其进行简单分析即可实现对复杂网络的聚类。

为清晰揭示上述基本思想，给出一个直观描述：设网络 N 具有社团结构，假设若干蚂蚁在该网络上沿其边随机爬行。蚂蚁具有生命周期，当所有蚂蚁生命结束后会产生新的下一代蚂蚁群体。初始阶段，当网络 N 上没有信息素，或者信息素很淡时，由于受网络社团结构的约束，蚂蚁在社团内逗留的概率大于走出该社团的概率，这时蚂蚁和随机行走的 agent 没有区别；随着蚂蚁信息素的积累及挥发，网络社团内连接边上的信息素越来越浓，而社团之间连接边上的信息素越来越淡，蚂蚁变得越来越聪明，它们"在社团内游走而不是离开该社团"的趋势也越来越明显；最终，当信息素矩阵收敛时，就得到了网络 N 的聚类结果。总体来讲，RWACO 算法是通过"强化社团内连接，弱化社团间连接"，使网络社团结构逐渐呈现出来。

此外，由于 RWACO 算法将随机行走的转移概率作为蚂蚁的启发式规则，该算法不仅仅局限于无向、无权网络，对于有向、加权网络也同样适用。

RWACO 算法可分为探测阶段和分裂阶段两部分。探测阶段通过蚁群算法的执行，收敛后得到其信息素矩阵；分裂阶段通过对该信息素矩阵进行分析，产生网络的最终聚类结果。

算法参数设置：RWACO 算法包含 5 个参数，即迭代次数 T、蚁群规模 S、信息素矩阵更新率 ρ、矩阵分割界限值 ε 和蚂蚁爬行的步数 l。其中，前 3 个参数容易确定。由于在探测阶段蚁群算法(信息素矩阵)收敛，参数 ε 只需取一个较小的正数即可实现对信息素矩阵的分割。然而，对参数 l 的设置非常困难。

与起始节点 s 在同一社团内的节点应尽可能排在最前面。研究发现，当节点序列 ix 收敛时(不再发生变化)，它能很好地满足上述要求。因此，可通过判断节点序列 ix 的收敛情况确定参数 l 的取值，即节点序列 ix 不再发生变化时蚂蚁爬行结束。

设网络中的节点数为 n，边数为 m。下面对 RWACO 算法的复杂度进行分析。一只蚂蚁生成解的复杂度应为 $O(n\ln n + lm)$。RWACO 算法的复杂度为 $O(n^2 \ln n)$。

为了定量地分析 RWACO 算法的性能，利用计算机生成的网络和真实世界网络对该算法进行测试，并给出参数分析。

1) 计算机生成的网络

用于测试的随机网络取为 $\mathrm{RN}(C, s, d, Z_{\mathrm{out}})$，其中 C 表示网络社团的个数；s 表示每个社团包含的节点个数；d 表示网络中每个节点的度；Z_{out} 表示每个节点与社团外节点的连边数。可以看出，随着 Z_{out} 的增大，网络社团结构越来越模糊。当 $Z_{\mathrm{out}} > 8$ 时，认为该随机网络不具有社团结构。由于不同算法得到的社团数不同，未必等于网络的真实社团数。有的算法倾向将真实的网络社团进一步细分，有的算法会将若干真实网络社团分为一类。采用基于信息论的社团合理化指标——标准化互信息(normalized mutual information, NMI)进行评估。将 RWACO 算法与一些具有代表性的优秀算法，如 GN、FN、FEC、MCL、标签传播算法(lable propagation algorithm, LPA)、极值优化(extremal optimization，EO)算法和快速替换算法(fast update algorithm, FUA)进行比较。图 3-7(a) 给出了实验结果，这里采用的随机网络是基准随机网络 $\mathrm{RN}(4, 32, 16, Z_{\mathrm{out}})$。图中纵坐标表示聚类精度，横坐标表示 Z_{out}，曲线上每个数据点是采用不同算法聚类 50 个随机网络得到的平均准确率。可以看出，RWACO 算法的聚类精度稍逊于 EO 算法和 FUA，而优于其他 5 种算法。

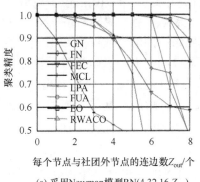

(a) 采用 Newman 模型 $\mathrm{RN}(4, 32, 16, Z_{\mathrm{out}})$

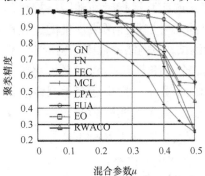

(b) 采用新的异质网络模型 $\mathrm{HRN}(200, 15, 2, 1, \mu)$

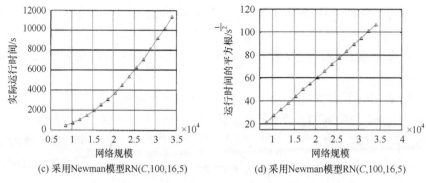

(c) 采用Newman模型RN(*C*,100,16,5)   (d) 采用Newman模型RN(*C*,100,16,5)

图 3-7　采用随机网络测试 RWACO 算法的性能

为了进一步测试 RWACO 算法的性能，采用一种更加新颖的网络模型[13]，该模型可以产生异质网络结构，同时也能够比 Newman 模型更好地验证分辨率极限问题。该网络模型定义为 $HRN(n,k,\gamma,\beta,\mu)$，其中，$n$ 表示网络中的节点数；k 表示节点的平均度；γ 表示节点度的幂律分布系数；β 表示社区规模的幂律分布系数；μ 表示任一节点和社团外节点的连边数占该节点度值的百分比(也称为混合参数)。可以看出，随着 μ 的增大，网络社团结构越来越模糊。当 $\mu > 0.5$ 时，认为该随机网络不具有社团结构。图 3-7(b)给出了实验结果，采用的随机网络为 $HRN(200,15,2,1,\mu)$。图中纵坐标表示聚类精度，横坐标表示 μ，曲线上的每个数据点是采用不同算法聚类 50 个随机网络得到的平均准确率。可以看出，新的异质网络模型较经典的 Newman 模型更加难以聚类，RWACO算法在该异质网络上的聚类精度与 GN、FN 等算法相当，但逊于基于优化的 EO 算法和 FUA。

计算速度是另一个评价聚类算法性能的重要指标。由上可知，RWACO 算法的复杂度为 $O(n^2 \lg n)$，本小节从实验角度评价该算法的运行效率。图 3-7(c)给出了该算法的实际运行时间随网络规模的变化趋势，图 3-7(d)给出了该算法实际运行时间的平方根随网络规模的变化趋势。实验采用了随机网络 RN(*C*, 100, 16, 5)进行测试，该网络的社团结构确定，但其网络社团的个数可由 *C* 值调节，共包括 100*C* 个网络节点，800*C* 条网络连边。图 3-7(d)中，纵坐标表示算法实际运行时间的平方根，横坐标表示网络规模(节点数+连边数)。可以看出，由于 $\lg n$ 对算法运行效率的实际影响较小，该算法的运行时间与网络规模的平方近似成正比，进一步验证了 RWACO 算法的复杂度为 $O(n^2 \lg n)$ 的正确性。

2) 真实世界网络

本小节采用 3 个已知社团结构的真实网络进一步测试 RWACO 算法的性能。RWACO 算法属于确定性的聚类算法，相同初始条件下每次运行结果均相同，因此可以对每个网络只进行一次实验。表 3-1 给出了 RWACO 算法与 GN、FN、FEC、MCL、LPA、EO 和 FUA 进行比较的实验结果。表 3-1 中除使用 NMI 作为精度度量标准外，还使用了 Newman 等经常采用的节点正确识别率 (fraction of vertices identified correctly, FVIC)作为辅助精度度量标准。这是由于部分算法可能会对网络的真实社团结构进行细分，而 FVIC 标准将算法在每个真实网络社团中找到的最大模块视为正确划分，对网络真实社团结构的细化也看作正确分类。

表 3-1　RWACO 算法与 GN、FN、FEC、MCL、LPA、EO 和 FUA 比较的实验结果

算法	Zachary 空手道俱乐部网络			海豚家族关系网络			NCAA 大学橄榄球赛网络		
	NMI/%	FVIC/%	聚类数	NMI/%	FVIC/%	聚类数	NMI/%	FVIC/%	聚类数
GN	57.98	97.06	5	44.17	98.39	13	87.89	83.48	10
FN	69.25	97.06	3	50.89	96.77	5	75.71	63.48	7
FEC	69.49	97.06	3	52.93	96.77	4	80.27	77.39	9
RWACO	100	100	2	88.88	98.39	2	92.69	93.04	12
MCL	100	100	2	42.39	100	13	93.45	95.65	16
LPA	67.75	96.47	3.78	52.29	97.06	6.5	89.20	87.51	11.22
FUA	58.66	97.06	4	63.63	100	4	89.03	86.96	10
EO	58.66	97.06	4	57.92	98.39	4	88.49	86.26	10

　　Zachary 空手道俱乐部网络：由表 3-1 和图 3-8(a)可以看出，RWACO 算法与 MCL 将该网络分为两类，而其他 6 种算法会对该网络进行不合理的细分。即使不考虑细分带来的影响(使用 FVIC 作为精度度量标准)，其他算法仍然无法对该网络进行完全正确的分类。

　　海豚家族关系网络：由表 3-1 和图 3-8(b)可以看出，RWACO 算法得到的 NMI 精度最高，其近乎完美地将这些海豚分为两类，而仅错分了一只标号为"SN89"的海豚，这或许是由于该海豚和两个社团都仅有一条边连接。其他 7 种算法均将该网络分为了更多的社团(>2)，尤其是 GN 算法和 MCL，都将该网络分为了 13 类。即便不考虑细分带来的影响(使用 FVIC 作为精度度量标准)，RWACO 算法的聚类精度也仅略低于 MCL 和 FUA。

　　NCAA 大学橄榄球赛网络：由表 3-1 和图 3-8(c)可以看出，RWACO 算法将该网络分为了 12 类，除 Sunbelt 和 IA Independents 外，其他 10 个小组中的球队几乎完全被正确分类。Sunbelt 中，7 支球队被分为两类，Newman 认为这是合理的划分。IA Independents 中，5 支球队被分布在 3 个社团中，主要是由于这些球队是独立球队，它们与其他小组中球队的比赛比与小组内球队的比赛多。无论采用 NMI 还是 FVIC 作为度量标准，RWACO 算法的聚类精度都仅稍逊于 MCL，而优于其他 6 种算法。图 3-8 中，相同灰度级且相同形状的节点属于同一个真实社团，而每一个节点堆是 RWACO 算法得到的一个社团。

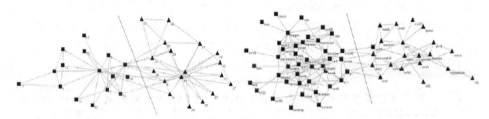

(a) RWACO算法对Zachary空手道俱乐部网络的聚类结果　　(b) RWACO算法对海豚家族关系网络的聚类结果

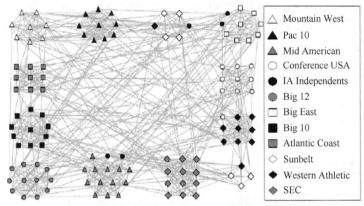

(c) RWACO算法对NCAA大学橄榄球赛网络的聚类结果

图 3-8　RWACO 对不同数据集的划分结果

　　整体来看，针对这 3 个已知社区结构的真实网络，RWACO 算法与 MCL 得到的聚类精度相当，均优于其他 6 种算法。另外，RWACO 算法还可以较准确地获得网络的真实社团数。

　　再以模块度 Q 作为评价标准，采用 5 个真实网络作为测试数据集，将 RWACO 算法与其他 7 种算法进行比较。5 个真实网络中除上述 3 个网络之外，还包含两个社团结构未知的网络。其中，polbooks 网络是由 Krebs 建立的，网络中的节点代表亚马逊网上书店售出的有关美国政治的图书，网络中的边代表将购买者经常一起购买的书连接起来，该网络包含 105 个节点和 441 条边；爵士音乐家网络(jazz musicians network)是由 Gleiser 和 Danon 根据一个爵士乐唱片的数据库建立的，网络包含 198 个乐队，每个乐队用一个节点表示。如果两个乐队共用一个或多个乐师，则在两个乐队之间连一条边，网络中共有 5484 条边。表 3-2 给出了实验结果。可以看出，以模块度 Q 作为目标函数的 FUA、

EO 算法所获得的 Q 值明显优于启发式网络聚类 RWACO 算法、MCL、FEC 算法和 LPA 所获得的 Q 值。

表 3-2 模块度 Q 作为度量标准，5 个真实网络 RWACO 算法与
GN、FN、FEC、MCL、LPA、EO 和 FUA 的比较

算法	Zachary 空手道俱乐部网络	海豚家族关系网络	polbooks 网络	NCAA 大学橄榄球赛网络	爵士音乐家网络
GN	0.4013	0.4706	0.5168	0.5996	0.4051
FN	0.2528	0.3715	0.5020	0.4549	0.4030
FEC	0.3744	0.4976	0.4904	0.5697	0.4440
RWACO	0.3715	0.3774	0.4569	0.6010	0.4133
MCL	0.3715	0.4390	0.5089	0.5828	0
LPA	0.3705	0.4806	0.5042	0.5884	0.3684
FUA	0.4188	0.5268	0.4986	0.6046	0.4431
EO	0.4188	0.5269	0.5262	0.6015	0.4367

RWACO 算法中的每只蚂蚁以随机行走模型作为启发式规则，在信息素的指导下寻找其所在社团。基于集成学习思想将所有蚂蚁找到的局部解融合为全局解，并用其更新信息素矩阵，使信息素矩阵具有更好的指导作用。随着蚁群算法迭代次数的增加，网络社团内边上的信息素越来越浓，社团间边上的信息素越来越淡，算法收敛后可得到网络聚类结果。实验结果说明，RWACO 算法具有较高的聚类精度。另外，该算法的运行效率不高，因而仅适用于对聚类精度要求较高的中小型网络。对于包含细粒度社区的网络，该算法倾向发现较大的社团，而无法得到更细微的社团划分结构。

3.3.2 基于随机行走理论的模块度

随机行走算法建立在层次算法之上，特别之处在于其采用随机行走粒子的跃迁行为定义节点间的距离[14]。假设网络有一个可以任意跳跃至其邻居位置的粒子，每一步跳跃只与其当时所处位置有关，而与之前的状态无关，即一系列跳跃构成了马尔可夫链。每一步中，由节点 i 跳跃到其邻居节点 j 的概率为 $M_{ij} = A_{ij} / d(i)$，其中 A_{ij} 为邻接矩阵中的元素；$d(i)$ 为节点 i 的度。由此得到节点间的一步转移概率矩阵 M。由一步转移概率矩阵容易得到 t 步转移概率矩阵 M^t，其中元素 M_{ij}^t 为节点 i 通过 t 步转移到节点 j 的概率。

Delvenne 等[15]提出随机行走可以导入一个通用的模块度，用来表示社团划分的最佳时间。对于一个社团，如果行走粒子在 t 步之前逃离社团的概率很

低，那么随机行走经过 t 步后该社团依然保持稳定。此概率可以通过社团自协方差矩阵 R_t 进行计算，对于一个含有 c 个社团的划分：

$$R_t = H^{\mathrm{T}} \left(\Pi M^t - \pi^{\mathrm{T}} \pi \right) H \tag{3-26}$$

其中，H 是一个 $n \times c$ 的隶属度矩阵，如果节点 i 在社团 j 内，则它的元素 H_{ij} 等于 1，否则为 0；M 是随机行走的转移矩阵；Π 是对角矩阵，它的元素为随机行走的平稳概率，如 $\Pi_{ii} = k_i / 2m$，k_i 是节点 i 的度；π 是 Π 的对角元素组成的向量。元素 $(R_t)_{ij}$ 表示随机行走从社团 i 开始经过 t 步到达社团 j 结束的概率，减去在社团 i 和 j 内部两个独立随机行走的平稳概率。这样，社团 i 的稳定性与对角元素 $(R_t)_{ii}$ 有关。Delvenne 等定义社团的稳定度为

$$r(t;H) = \min_{0 \leqslant s \leqslant t} \sum_{i=1}^{c} (R_s)_{ii} = \min_{0 \leqslant s \leqslant t} \mathrm{trace}(R_s) \tag{3-27}$$

社团划分的目标是对于给定的时间 t，找到 $r(t;H)$ 达到最大值时的划分方式。$t=0$ 时，最稳定的划分方式是所有节点各自为一个社团；$t=1$ 时，最大化的稳定度等同于最大化的 Newman 模块度；在 $t \to \infty$ 的极限情况下，最稳定的划分方式与 Fiedler 划分[16]一致。随着 t 的增加，所得社团的大小也在增加，时间可以看成分辨率参数。

3.3.3 基于编码的模块度

当把网络表述成互联的模块时，可以重点关注模块的结构，而滤除相对琐碎的细节。从信息论的角度出发，Rosvall 等[17]把网络的模块化描述看作对网络拓扑结构的一种有损压缩，从而将社团发现问题转换为信息论中的一个基础问题：寻找拓扑结构的有效压缩方式。

如图 3-9 所示，可以通过发送端了解实际网络结构，并在有限容量的信道内传送网络尽可能多的信号到接收端，图中举例说明网络被压缩成 3 个模块，i 分别用圆形、方形、星形表示。其中模块内有 n_i 个节点和 l_{ii} 条边，模块之间有 l_{ij} 条边相连。接收端可以解码信息，并建立原始网络可能的候选集，候选集越小，发送端传递的信息越多。它将原本通过模块结构来描述一个复杂网络的过程，描述为一个通信过程。原拓扑结构 X 通过编码器产生模块描述 Y，解码器对 Y 进行解码，推测出原结构 Z。

用 Y 表述网络 X 的方法很多，那么何种模块描述 Y 是最优的？信息论对此问题给出了一个比较有效的答案，给出了一些 Y_i 的候选集，能使互信息 $I(X;Y)$ 的值最大。

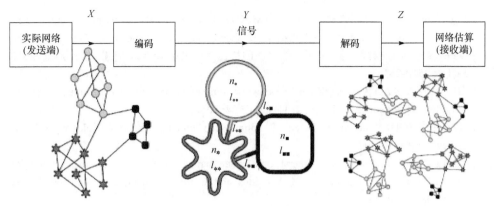

图 3-9　基于通信过程的社团检测过程框架图

给定一个具有 n 个节点、l 条边的无权无向网络 X，m 个模块可以表示为

$$Y = \left\{ a = \begin{pmatrix} a_1 \\ \vdots \\ a_n \end{pmatrix}, M = \begin{pmatrix} l_{11} \cdots l_{1m} \\ \vdots \qquad \vdots \\ l_{m1} \cdots l_{mm} \end{pmatrix} \right\} \qquad (3\text{-}28)$$

其中，a 是模块分配向量；$a_i \in \{1, 2, \cdots, n\}$；$M$ 是模块矩阵，表示具有 n_i 个节点的模块 i 通过 l_{ij} 条边与模块 j 相连。

节点分成 m 个模块，所有可能的分配公式如式(3-38)所示，为了寻找最佳的分配 a^*，可把它所表示的互信息最大化：

$$a^* = \underset{a}{\arg\max} \, I(X; Y) \qquad (3\text{-}29)$$

由定义可知，互信息 $I(X; Y) = H(X) - H(X \mid Y) = H(X) - H(Z)$，其中 $H(X)$ 是描述 X 的必要信息，条件信息 $H(X \mid Y) = H(Z)$ 是在给定 Y 的条件下，描述 X 的必要信息。因此，需最小化 $H(Z)$。

Rosvall 等[17]给出了条件信息的量化表示并运用模拟退火优化算法进行求解，可实现上千个节点的网络社团发现。测试表明，对于社团大小和边密度不一的社团发现问题，该发现算法明显优于基于模块度优化的社团发现算法。

参 考 文 献

[1] GIRVAN M, NEWMAN M E J. Community structure in social and biological networks[J]. Proceedings of the National Academy of Sciences, 2002, 99(12): 7821-7826.

[2] NEWMAN M E J, GIRVAN M. Finding and evaluating community structure in networks[J]. Physical Review E, 2004, 69(2): 026113.

[3] FORTUNATO S, BARTHELEMY M. Resolution limit in community detection[J]. Proceedings of National Academy of Sciences, 2007, 104(1): 36-41.

[4] BLONDEL V D, UILLAUME G J L, LAMBIOTTE R, et al. Fast unfolding of communities in large networks[J]. Journal of Statistical Mechanics Theory & Experiment, 2008(1): 34-38.

[5] 金弟, 刘大有, 杨博, 等. 基于局部探测的快速复杂网络聚类算法[J]. 电子学报, 2011, 39(11): 2540-2546.

[6] KHADIVI A, RAD A A, HASLER M. Network community-detection enhancement by proper weighting[J]. Physical Review E, 2011, 83(4): 046104.

[7] HUGHES B D. Random Walks and Random Environments: Random Walks[M]. Oxford: Clarendon Press, 1995.

[8] VAN DONGEN S. Performance criteria for graph clustering and Markov cluster experiments[R]. National Research Institute for Mathematics and Computer Science in the Netherlands, Amsterdam, 2000.

[9] PONS P, LATAPY M. Computing communities in large networks using random walks[J]. Journal of Graph Algorithms and Applications, 2005, 10(2): 284-293.

[10] WEINAN L, LI T, VANDEN-EIJNDEN E. Optimal partition and effective dynamics of complex networks[J]. Proceedings of National Academy of Science, 2008, 105(23): 7907-7912.

[11] YANG B, CHEUNG W K, LIU J M. Community mining from signed social networks[J]. IEEE Transactions on Knowledge and Data Engineering, 2007, 19(10): 1333-1348.

[12] YANG B, LIU J, FENG J, et al. On modularity of social network communities: The spectral characterization[C]//2008 IEEE/WIC/ACM International Conference on Web Intelligence and Intelligent Agent Technology, Sydney, 2008: 127-133.

[13] LANCICHINETTI A, FORTUNATO S, RADICCHI F. Benchmark graphs for testing community detection algorithms[J]. Physical Review E, 2008, 78(4): 046110.

[14] ZHOU H J. Network landscape from a Brownian particle's perspective[J]. Physical Review E, 2003, 67(4): 041908.

[15] DELVENNE J C, YALIRAKI S N,BARAHONA M. Stability of graph communities across time scales[J]. Proceedings of the National Academy of Sciences, 2010, 107(29): 12755-12760.

[16] FIEDLER M. A property of eigenvectors of nonnegative symmetric matrices and its application to graph theory[J]. Czechoslovak Mathematical Journal, 1975, 25(4): 619-633.

[17] ROSVALL M, BERGSTROM C T. An information-theoretic framework for resolving community structure in complex networks[J]. Proceedings of the National Academy of Sciences, 2007, 104(18): 7327-7331.

第4章 基于寻优的社团发现方法

模块度作为迄今为止使用最广泛的优化目标函数，通过比较真实网络中各社团的边密度和随机网络中对应子图边密度的差异，度量社团结构的显著性。假设模块度值越大，社团划分越好，那么模块度达到最大值时所对应的划分应当是最好的。实现模块度的绝对优化已经被证实为一个 NP 难题[1]，本章介绍几种能在合理时间内找到相对接近模块度最大化的次优算法。

4.1 贪 婪 算 法

贪婪算法是指在求解问题时，总是做出在当前看来最好的选择。贪婪算法不是对所有问题都能得到整体最优解，但对范围相当广泛的许多问题能够产生整体最优解或者整体最优解的近似解。

本节主要从利用 Newman 模块度寻优和编码模块度寻优两方面介绍贪婪算法，主要包括 Newman 快速算法[2]、Clauset Newman Moore(CNM)算法[3]。为了避免 Newman 快速算法倾向形成大社团而以牺牲小社团为代价，Danon 等[4]提出了 Newman 快速算法的修正算法。另外，借助信息论的思想，通过编码将网络中社团划分的问题转化为寻找网络拓扑的有效压缩，利用贪婪算法得到社团的划分，使编码码长最短的结构为网络的最优社团划分。

4.1.1 基于 Newman 模块度的寻优方法

2004 年，Newman 利用贪婪算法的思想，在 GN 算法的基础上提出了一种快速算法，称为 Newman 快速算法。算法的优化目标是极大化 Newman 和 Girvan 在同年提出的模块度 Q。这种快速算法实际是基于贪婪算法思想的一种凝聚算法。和传统的 GN 算法相比较，算法的复杂度小，不再局限于研究中等规模的复杂网络，还可以分析大型网络。在该算法中，模块度 $Q^{[5]}$ 的定义为

$$Q = \sum_i (e_{ii} - a_i^2) = \mathrm{Tr}\,e - \left\| e^2 \right\| \tag{4-1}$$

模块度 Q 的另一种计算形式为

$$Q = \sum_{s=1}^{K} \left[\frac{m_s}{m} - \left(\frac{d_s}{2m} \right)^2 \right] \tag{4-2}$$

其中，K 表示网络社团的个数；m 表示网络中边的总数；m_s 表示社团 s 中边的总数；d_s 表示网络社团 s 中节点的度数和。

合理的网络社团结构划分对应较大的 Q 值。该算法选择且合并两个现有的社团，初始时每个社团仅包含一个节点，在每次迭代中，该算法执行使 ΔQ 值最大化的合并操作，直到网络合并为一个社团，其具体过程如下。

步骤 1：初始化为 n 个社团(每个社团只包含一个节点)。e_{ij} 和 a_i 满足：

$$e_{ij} = \begin{cases} 1/2m, & \text{节点} i \text{和} j \text{之间有边相连} \\ 0, & \text{否则} \end{cases} \tag{4-3}$$

$$a_i = k_i / 2m \tag{4-4}$$

其中，k_i 为节点 i 的度；m 为网络中总的边数。

步骤 2：依次合并有边相连的社团对，并计算合并后的模块度增量，即

$$\Delta Q = e_{ij} + e_{ji} - 2a_i a_j = 2(e_{ij} - a_i a_j) \tag{4-5}$$

根据贪婪算法的原理，每次合并都沿着使 Q 增大最多或者减小最少的方向进行。每次合并后都更新相应的元素 e_{ij}，并将与 i 和 j 社团相关的行和列相加。

步骤 3：重复执行步骤 2，不断地合并社团，直到整个网络合并成一个社团，最多要执行 $n-1$ 次合并。

该算法步骤 2 总的计算复杂度为 $O(m+n)$，整个算法总的计算复杂度为 $O((m+n)n)$，对于稀疏网络则为 $O(n^2)$。整个算法完成后得到一个社团的分解树状图，在不同位置切断可得到不同的网络社团结构。在这些社团结构中，局部最大 Q 值对应的社团结构是最好的网络社团结构。利用 Newman 快速算法分析 Zachary 空手道俱乐部网络，所得结果如图 4-1 所示。

在 Zachary 空手道俱乐部网络中，当网络划分为两个社团时，Q 达到最大值 $Q_{max}=0.381$，此时只有节点 10 未被正确划分。在 GN 算法中，节点 3 没有被正确归类。因此，该算法划分的准确性和 GN 算法相当，但在计算时间上比 GN 算法有很大的改善。Newman 等利用它成功地分析了包含超过 50000 个节点的科研合作网络。

在 Newman 快速算法的基础上，Clauset 等采用堆的数据结构计算和更新网络的模块度，称为 CNM 算法。两种算法不同的是，Newman 快速算法通过初始的连接矩阵计算模块度的增量 ΔQ_{ij}，而 CNM 算法是直接构造一个模块度

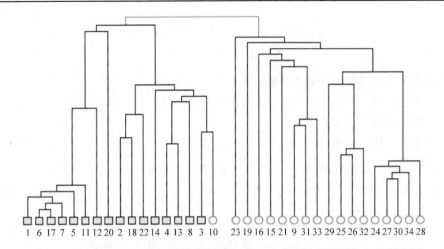

图 4-1　利用 Newman 快速算法分析 Zachary 空手道俱乐部网络所得树状图

增量矩阵 ΔQ_{ij} ，然后通过对其元素更新得到最大的一种社团结构。CNM 算法只需存储有边相连的社团 i 和 j 相应的元素 ΔQ_{ij} ，这是由于合并不相连的社团时，模块度 Q 值不变。

CNM 算法用到的三种数据结构如下。

(1) 模块度增量矩阵 ΔQ_{ij} ：与网络的连接矩阵一样也是稀疏矩阵。将其每一行都存为一个平衡二叉树(这样可以在 $O(\ln n)$ 时间内找到需要的某元素和一个最大堆，从而在最短时间内找到每一行的最大元素)。

(2) 最大堆 H ：该堆中包含了模块度增量矩阵 ΔQ_{ij} 中每一行的最大元素，同时包括该元素相应的两个社团编号 i 和 j 。

(3) 辅助向量 a_i 。

CNM 算法的具体流程如下。

步骤 1：初始化。与 Newman 快速算法相同，对于无权网络，视网络中的每个节点为一个社团，显然初始的模块度 $Q=0$ 。

初始 e_{ij} 和 a_i 满足：

$$e_{ij} = \begin{cases} 1/2m, & \text{节点}i\text{和}j\text{相连} \\ 0, & \text{否则} \end{cases} \tag{4-6}$$

$$a_i = k_i / 2m \tag{4-7}$$

其中，k_i 为节点 i 的度；m 为网络中总的边数。

初始模块度增量矩阵的元素满足：

$$\Delta Q_{ij} = \begin{cases} 1/2m - k_i k_j / (2m)^2, & \text{节点} i \text{和节点} j \text{相连} \\ 0, & \text{否则} \end{cases} \tag{4-8}$$

由此得到初始化模块度增量矩阵。

步骤 2：由初始化的模块度增量矩阵得到它每一行的最大元素，从而得到这些元素构成的最大堆 H。

步骤 3：从最大堆 H 中选择最大的 ΔQ_{ij}，合并相应的社团 i 和 j，合并后的社团标号为 j；更新矩阵 ΔQ_{ij}、最大堆 H 和辅助向量 a_i。具体操作如下。

(1) 对于矩阵 ΔQ_{ij} 的更新，删除第 i 行第 i 列的元素，更新第 j 行第 j 列的元素：

$$\Delta Q'_{ij} = \begin{cases} \Delta Q_{ik} + \Delta Q_{jk}, & \text{社团} k \text{同时与社团} i \text{和社团} j \text{相连} \\ \Delta Q_{ik} - 2a_j a_k, & \text{社团} k \text{与社团} i \text{相连，不与社团} j \text{相连} \\ \Delta Q_{jk} - 2a_i a_k, & \text{社团} k \text{与社团} j \text{相连，不与社团} i \text{相连} \end{cases} \tag{4-9}$$

(2) 更新最大堆 H：根据更新后的 ΔQ_{ij}，更新最大堆中相应行和列的最大元素。

(3) 更新辅助向量 a_i：

$$a'_j = a_i + a_j; \quad a'_i = 0 \tag{4-10}$$

同时记录合并以后的模块度值 $Q + \Delta Q_{ij}$。

步骤 4：重复步骤 2 和步骤 3，直到网络中的所有节点都归于一个社团。

当模块度增量矩阵中所有元素都为负值时，Q 值一直下降。因此，当模块度增量矩阵中最大元素由正变负时，停止合并，此时模块度会出现最大值。此时的社团结构就是网络的社团结构。

采用堆数据结构，与 Newman 快速算法相比，计算速度有所提高，计算复杂度得到了降低。

在 Newman 快速算法中，模块度的贪婪优化倾向快速形成大社团，以牺牲小社团为代价，这样产生的模块度最大值通常较差。为了支持小的集群，可以考虑在 CNM 算法中平等看待不同大小的社团。研究发现和原始算法相比，在社团大小相等的自组网络中，社团的表现几乎相同。但对于真实网络，CNM 算法得到了更好的效果，并且无额外的计算开销。

CNM 算法的思想为考虑一个已经用任意方法划分的网络，合并两个相邻的社团 i 和 j，模块度会产生改变：

$$dQ_{ij} = 2(e_{ij} - \frac{a_i a_j}{2L_{\text{total}}}) \tag{4-11}$$

式(4-11)表示社团 i 和 j 的密切关系，可用于寻找两个很相似的社团(有最高的 dQ)。开始时，网络中每个节点在自己所在的社团，合并可以得到最高 dQ 的社团。该过程可持续重复进行直到整个网络包含在一个社团中。正如文献[2]中所述，这和聚类层次算法非常相似，只不过该算法的"距离"测量(单链接或者完全链接)由 dQ 替代。但仍然区别于聚类层次算法，并不是所有的集群对都可以比较。

以 Zachary 空手道俱乐部网络[图 4-2(a)]为例，分析算法的具体运行过程。图 4-2(c)展示了用 Newman 快速算法产生的树状图，用不同的曲线描绘了模块度达到最高值 $Q_{\text{max}}=0.3807$ 时的划分。算法第一步中，a_i 是节点 i 的度，e_{ij} 对于任何节点对都是 1。因此，首先被连接的节点是有最小度乘积的节点对。Zachary 空手道俱乐部网络中，节点 6 和 17 的度分别为 4 和 2。值得注意的是，一旦社团和另外一个社团相结合，得到的社团倾向再次结合，由于式(4-11)中的 e_{ij} 往往是通过邻居社团的结合而增加，尤其在高聚类的网络中。节点 6 和 7 的簇吸取了它们的共同邻居节点 17。更大的簇对于它们的共同邻居存在一个更大的 e_{ij}，在接下来的步骤中吸收节点 1、5 和 11，直到没有公共邻居节点存在。该过程以类似的方式发生在节点 24、27、28、30 和 34 上。可以发现当选择社团对合并时，大的社团更受青睐。为了平等对待大小社团，通过式(4-12)规范化 dQ，即

$$dQ'_{ij} = \frac{dQ_{ij}}{a_i} = \frac{2}{a_i}(e_{ij} - \frac{a_i a_j}{2l_{\text{total}}}) \tag{4-12}$$

与式(4-11)相比，规范化处理后的 dQ 不对称，即 $dQ'_{ij} \neq dQ'_{ji}$。

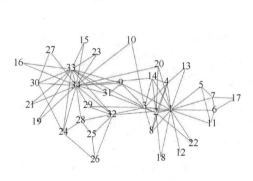

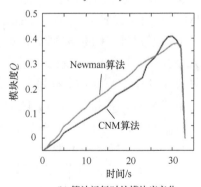

(a) Zachary空手道俱乐部网络　　　　　　　(b) 算法运行时的模块度变化

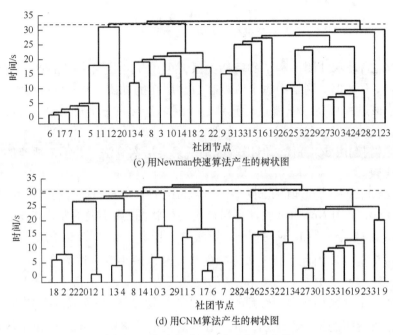

(c) 用Newman快速算法产生的树状图

(d) 用CNM算法产生的树状图

图 4-2　快速算法和 CNM 算法比较

　　规范化确保了有较少连接的簇对有最大的 dQ' 值，因此较早被合并。仍然以 Zachary 空手道俱乐部网络为例，容易看出，周围节点中度值最小的最先被合并，从而确保仅有一个连接的节点在运行的最开始就被合并，如节点 12[图 4-2(d)]。包含单个节点的划分会对 Q 值产生负贡献，即使节点的度是 1。例如，假设用某种方法产生了一个划分，其模块度为 Q=0.412，并且节点 12 是该划分的一个单独社团。相同的划分，仅将节点 12 包含在它的邻居社团中，Q=0.418。因而，Newman 快速算法同样可以确保单个节点划分不会出现在最终的划分中，而 CNM 算法更早地消除了单节点社团。

　　下面通过计算机生成网络和真实网络检验 CNM 算法。先考察具有 4 个相等大小社团的情形。假设已知网络存在社团结构，共 21 个社团，其中 1 个社团具有 128 个节点，4 个社团各具有 32 个节点，16 个社团各具有 8 个节点。符合幂律分布，幂指数为-1。随着 z_{out}/k 的增加，原先定义划分的模块度 Q = 3/4-z_{out}/k 减少。图 4-3 中展示了 Newman 快速算法和 CNM 算法之间的差异。对于较小的 z_{out}/k，所有算法均可以发现达到期望 Q 值的预设社团结构；对于较大的 z_{out}/k，算法所发现的社团偏离预设的社团结构；对于分布较为均匀的划分，两种算法没有差异。当社团大小分布不均匀时，CNM 算法将表现优异。

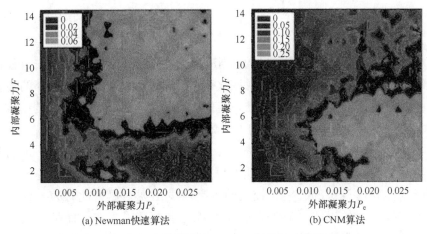

图 4-3　Newman 快速算法和 CNM 算法之间的差异

图 4-3(a)为 Q 值提高的比例，图 4-3(b)为互信息 $I(X, Y)$ 提高的比例。CNM 算法在参数空间的所有部分均表现得更好，一些区域比原始算法提高多达 25%。提高最多的区域是社团模糊的地方，即具有较高外部凝聚力 P_e 和较低内部凝聚力 F 的地方。

4.1.2　基于编码模块度的寻优方法

当描述的网络为互相连接的模块时，可以突出网络结构的某些规律，而过滤掉相对不重要的细节。网络模块化的描述可以看作网络拓扑的有损压缩。社团发现问题则转换为信息论中的一个基础问题：寻找拓扑结构的有效压缩方式。Rosvall 等[6]提出了一个用信息论方法进行社团挖掘的框架，设想将对模块结构的简单总结看作基本的通信过程。由该框架可知，原拓扑结构 X 通过编码器产生模块描述 Y，解码器对 Y 进行解码，推测出原网络结构 Z。按照信息论的观点，互信息 $I(X, Y)$ 最大时最能反映原始结构 X 的 Y 是最优的。另外，Rosvall 等[7]提出网络中的随机行走编码理论，利用地图描述网络中交叉链接的动态性。局部链接能够引起系统范围内的信息流，这些信息流可以描述整个网络的行为。为了理解网络结构和系统行为之间的关系，先要理解网络中的信息流。通过粗粒化描述网络中信息的流动，以识别出构成网络的模块。其中，信息流是一个编码或压缩的问题。重要的是，数据流可以被一个编码压缩，该编码需利用信息流过程中的规律。采用随机行走代替信息流，随机行走会利用网络中的所有信息。因此，可通过编码问题寻找网络中的社团结构。其中编码和网络图之间的关系：假设采用加权有向网络结构，选择一个编码允许人们有效地描述网络上的路径，这源自用语言描述随机行走过程能反映潜在的网络社团结构。可是，此编码该如何选择？

如果最大化的压缩是唯一目的，则应以达到或接近相关马尔可夫过程的熵率来编码该路径。香农表示要实现该比率，可通过给每个节点在向外的转换上安排一个唯一码字。但压缩不是唯一目的，希望通过语言反映网络的结构，香农的方法没有实现这一点，是由于每个码字所在的地方有不同的意义。因此，需寻求一种描述或者编码随机行走过程，使得重要的结构能够保持唯一的名字。

给每个节点命名的直接方式是霍夫曼编码，可节省时间，通过给共同的事件或物体安排最短的码字，较长的码字较少出现。尽管此时为了说明性，给节点安排实际的码字，通常人们并不对码字本身感兴趣，而是理论性的限制能更精确地说明该路径。调用香农原编码理论，当使用 n 个码字以概率 p_i 来描述随机变量 X 的 n 个状态，码字的平均长度不小于随机变量 X 本身的熵率：$H(X) = -\sum_{i=1}^{n} p_i \ln p_i$。该理论提供了一个必要的条件，霍夫曼编码中，在随机行走描述一个单步的比特数的平均值要低于熵率 $H(P)$，P 是网络中节点访问频率的分布。定义一个编码长度的下限 L，若编码长度和码字频率相匹配，则会给节点一个有效码字。给每个节点设置合适长度的名字，在简化或者突出潜在结构方面并没有明显的作用。例如，制作一个地图，需要从琐碎的细节中提取重要的结构。将网络划分成两层进行描述，对于大尺度的目标保留唯一的名字，簇或模块在网络内定义，重复使用与细节有关的名字，单个节点在每个模块内。这与地图上安排目标名字的方法相似：大部分美国城市有唯一的名字，街道的名字会重复使用每个城市的名字，街道名字的重复利用很少引起困惑，是由于大部分线路都在单个城市内。与单层的描述相比，两层的描述允许用较少的比特描述路径。利用网络的结构，给每个簇一个唯一的名字，但可使用不同的霍夫曼编码命名每个簇内的节点。一个特殊的码字中，退出码字作为簇内霍夫曼编码的一部分。退出码字总跟在"名字"或者新模块的模块编码后面。因此，在粗粒度结构中使用唯一的名字，而在细化细节时可以重复使用名字，如图 4-4 所示。

图 4-4 利用信息压缩的方法探索网络中的社团，图 4-4(a)所示网络中随机行走的路径使得重要的结构都有唯一的名字，曲线展现了相同的路径。图 4-4(b)给网络中每个节点一个唯一的名字，这样的方式便是霍夫曼编码。从 1111100 在左上角第一个节点开始，1100 为第二个节点，最终以节点 00011 结束。图 4-4(c)展现了随机行走的两层描述，主要的簇使用唯一的名字，簇内部节点的名字重复使

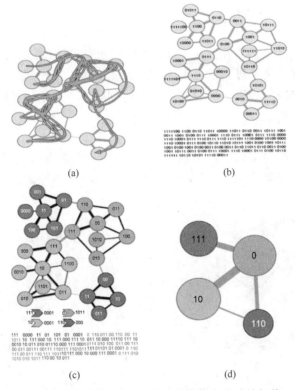

图 4-4　用编码的方式探索网络中信息流动的规律

用，该编码方式使用的比特数比图 4-4(a)压缩方式少平均 32%。表达进入和退出模块的码字分别位于箭头两端，如第一个箭头左端 111 表示在 111 所表示的模块中开始行走的码字，0000 码字表示行走中遇到的第一个节点，0001 码字表示离开 111 所表示的模块。图 4-4(d)表示模块唯一的名字，不仅定位在模块内部，而且提供了一个粗粒化的网络。

　　由上述可知，寻找网络中社团结构和编码问题的二元性在于寻找一个有效编码，以及将 n 个节点划分成 m 个模块的模块划分 M，可最小化随机行走的期望描述长度。通过使用模块划分 M，单步的平均描述长度为

$$L(M) = qH(L) + \sum_{i=1}^{m} p^i H(p^i) \tag{4-13}$$

　　式(4-13)由两部分组成，第一部分是模块之间移动的熵率；第二部分是模块内部移动的熵率(离开模块也可看作一种移动)。其中，q 是随机行走在模块间转换的概率；$H(L)$是模块名字的熵率；$H(p^i)$ 是在模块内部移动的熵率，包括模块 i 的退出码字。权值 p^i 为出现随机行走发生在模块 i 内部的概率加上其

离开模块 i 的概率，即 $\sum\limits_{i=1}^{m} p^i = 1 + q$ 。

　　除了最小的网络，采用式(4-13)遍历检查所有可能的划分，寻找能够最小化描述长度的划分是不可行的。因此使用计算搜索，先计算每个节点使用幂方法被随机行走访问的频率；然后使用这些访问频率，探索可能的划分空间。本小节介绍贪婪算法。

　　贪婪算法的思想如下。

　　(1) 先每个节点 $\alpha = 1, 2, \cdots, n$ 划分到一个唯一的模块 $i = 1, 2, \cdots, m$ ，然后计算遍历节点的访问频率，图 4-5 展示了贪婪算法寻找更短编码的实例。

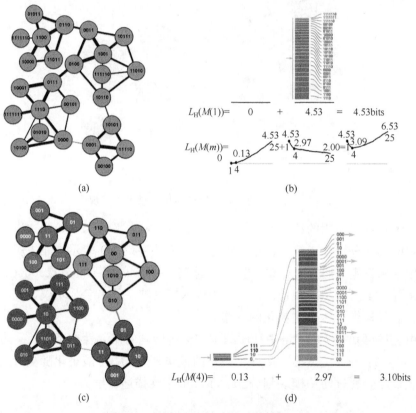

图 4-5　贪婪算法寻找更短编码的实例

　　遍历节点的访问频率计算如下：使用幂方法计算每个节点稳定状态的访问频率。为了保障有向网络唯一的稳定状态分布，先介绍随机行走中的一个小传递概率 τ ，它以正概率连接每个节点到其他节点，将随机行走转换为随机冲浪。随机冲浪运动可以被描述为一个不可约的非周期马尔可夫链，由

Perron-Frobineous 定理可以得到一个唯一稳定状态。为了得到遍历节点的访问频率，从每个节点 α 开始以 $p_\alpha = 1/n$ 的分布进行随机冲浪。该冲浪运动的方式如下：在每一步中，随机冲浪以概率 $1-\tau$ 沿着从当前占据节点 α 流出的一个链接运动，该概率正比于流出链接从 α 到 β 的权重 $w_{\alpha\beta}$，为了方便，设 $\sum_\beta w_{\alpha\beta} = 1$。剩余的概率为 τ 或者为 1，如果节点没有任何流出的链接，随机冲浪"瞬间移动"以一个统一概率至系统中任何的随机节点。

(2) 计算退出概率。给定遍历节点的访问概率 p_α，$\alpha = 1, 2, \cdots, n$ 和一个初始的网络划分，很容易计算模块 i 的遍历模块的访问频率 $\sum_{\alpha \in i} p_\alpha$ 和退出概率，考虑"传送"则

$$q_i = \tau \frac{n - n_i}{n - 1} \sum_{\alpha \in i} p_\alpha + (1 - \tau) \sum_{\alpha \in i} \sum_{\beta \notin i} p_\alpha w_{\alpha\beta} \tag{4-14}$$

其中，n_i 是模块 i 中的节点数。

(3) 采用映射方程计算描述长度，重复合并两个社团可使得到的描述长度最大程度的减少，直到进一步的合并得到更长的描述。

在图 4-5 中，利用单模块码如图 4-5(a)，不能得到网络的高阶结构，随机行走的每步描述长度为 4.53bits。图 4-5(b) 中的波形图说明模块转换、模块内部行走及二者和的描述是如何依赖从 1 到 25 变化的模块数 m(图中明显包含 1 个或者 4 个模块的划分，以及每个节点为 1 个模块，即 25 个模块的划分)。随着模块数量的减少，在模块间转换的描述长度单调增加，模块内部行走的描述长度单调减少。这两者的和为整体描述长度 $L_H(M(m))$，下标 H 代表霍夫曼编码。用 1 个索引码本和 4 个模块码本(底部)，可以将描述长度压缩至每步长度平均为 3.09bits。采用此方法对网络进行优化划分，4 个模块的码本与更小的节点集和更短的码字有关，但是仍要坚持更长的时间和较少的模块间的行走。这补偿了模块间转换和访问索引码本的额外成本。

为了说明模块划分和编码之间的关系，根据当前划分的编码结构，如图 4-5(b) 和 (d) 堆叠的盒子中，每个盒子的高度与每步码字使用的比率有关。左侧的堆栈代表模块之间移动的码字。每个盒子的高度等于相关模块 i 的退出概率 q_i，盒子根据它们的高度进行排序。命名模块的码字是通过概率 q_i / q 计算的霍夫曼编码，其中 $q = \sum_{i=1}^{m} q_i$ 是左侧栈的总高度。命名模块 i 的码字长度近似为 $-\ln(q_i / q)$，映射了公式 (4-13) 中的香农极限。图 4-5 中，在模块之间随机行走运动的每一步的描述长度为它们使用的码字加权长度和，该长度低于限制 $-\sum_{i=1}^{m} q_i \ln(q_i / q)$。

右侧的堆栈和模块内部的运动有关。在模块 i 中，每个盒子的高度等于遍历节点的访问概率 $p_{\alpha\in i}$ 或退出概率 q_i。收集与同一个盒子相关的模块并且根据它们的权重排序；随后，模块根据其总权重 $p^i = q_i + \sum_{\alpha\in i} p_\alpha$ 进行排序。命名节点的码字，在每个模块 i 中退出的码字是通过概率 $p_{\alpha\in i} / p^i$ (节点)和 q_i / p^i (退出)计算得到的霍夫曼编码。命名节点的码字长度近似于 $\alpha\in i$ 的码字长度，即近似于 $-\ln(p_{\alpha\in i} / p^i)$，从模块 i 中退出的码字长度近似于 $-\ln(q_i / p^i)$。图 4-5 中，在模块内随机行走运动的每一步的描述长度是加权码字的长度和，该长度低于门限值 $-\sum_{i=1}^{m}\left[q_i \ln(q_i / p^i) + \sum_{\alpha\in i} p_\alpha \ln(p_\alpha / p^i)\right]$。网络中模块划分 M 的总描述长度 $L(M)$ 是模块之间和模块内部运动的贡献和。

4.2　蚁群算法

　　蚁群算法也是一种新型的模拟进化算法，是由意大利学者 Dorigo 等[8]在观察蚂蚁的觅食习性时发现的。蚂蚁总能找到巢穴与食物源之间的最短路径，蚂蚁群体间的协作功能是通过一种遗留在其来往路径上称作信息素 (pheromone)[9,10]的挥发性化学物质进行信息传递的，蚂蚁在运动过程中感知到这种物质，并以此指导自己的运动方向。整个蚁群通过这种信息素进行相互协作，形成正反馈，从而使多个路径上的蚂蚁都逐渐聚集到最短的路径上。

　　图 4-6 为蚁群觅食模拟图。设 A 点是蚁巢，D 点是食物源，蚂蚁可以选择 $A\to E\to D$ 或者 $A\to F\to D$ 两种路线，反方向从 D 到 A 时也可选择这两种路线，如图 4-6(a)所示。假设每个时间单位内都有两组蚂蚁，每组 30 只，它们分别选择了 $A\to E\to D$ 和 $A\to F\to D$ 两种路线，蚂蚁经过后留下的信息素量为 1。初始时刻，蚂蚁以相同的概率选择路径，如图 4-6(b)所示。经过一段时间后，路径 $B\to F\to C$ 上的信息素是路径 $B\to E\to C$ 上的 2 倍。又经过一段时间，有 20 只蚂蚁由 B、F、C 到达 D 点，如图 4-6(c)所示。蚂蚁选择路径 $B\to F\to C$ 的概率越来越大，并且最终找到从蚁穴到达食物源的最短路径。

　　由于按照信息素选择路径行走本身是动态的，蚁群能够适应环境的变化。一旦障碍物出现在蚁群的运动路径上时，蚂蚁的行动也不会因此受到影响，原因在于它们能很快地根据同样的正反馈机制重新找到最优路径。然而，并不是所有蚂蚁都会选择信息素浓度最高的路径，有很小比例的蚂蚁会选择其他路径，这可以解释为一种"路径探索"行为。这种行为也为蚂蚁提供了一定程度的纠错能力。

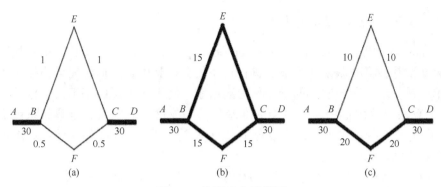

图 4-6　蚁群觅食模拟图

蚁群算法充分反映了生物蚁群个体间的信息传递，采用蚁群在搜索食物源的过程中体现出的寻优能力可解决一系列离散系统优化中困难的问题。

模拟蚂蚁群体行为的蚁群算法是一种新的计算智能模式，该算法基于如下基本假设[11]。

(1) 蚂蚁之间通过信息素与环境进行通信。蚂蚁能够根据自身周围的局部环境做出反应，也能对其周围的局部环境产生影响。

(2) 蚂蚁对环境的反应由其内部模式决定。由于蚂蚁是基因生物，蚂蚁的行为实际是其基因适应性的表现，即蚂蚁是反应型适应性主体。

(3) 从个体角度，每只蚂蚁可根据环境做出独立选择；从群体角度，虽然每只蚂蚁的行为随机，蚁群却可以通过自组织过程自动形成高度有序的群体行为。

从上述的假定和分析可知，蚁群算法的寻优过程包含两个基本阶段：适应阶段和协作阶段。在适应阶段，各候选解根据积累的信息不断调整自身结构，路径上所经过的蚂蚁越多，信息素越大，那么该路径越容易被选择；然而随着时间增长，信息素变小[12,13]；在协作阶段，候选解之间会产生信息交流，以期望生成性能更好的解，该过程类似于学习自动机的学习机制。

在蚁群算法中，每个人工蚂蚁都应该被看作一个智能体，该类智能体能够完成自己领域内问题的求解过程。尽管每个智能体的构造简单，其求解过程也非常简单，但是当无数个小智能体组合在一起，可构建成一个系统，并通过某种通信手段互相影响，能够完成一些复杂问题的求解。很明显每个智能体在系统中只贡献了非常小的一部分，但是所有智能体整合在一起可用来求解非常复杂的最优化问题。通过这种机制，简单智能体互相影响并互相协作，以完成复杂的任务。

4.2.1　基于 Newman 模块度的寻优方法

Sadi 等[14]提出了蚁群优化(ant colony optimization, ACO)算法来寻找网络中的准派系, 将准派系作为节点进行社团划分。其中, 图形中完全连接的子图称作派系, 几乎完全连接的子图称为准派系, 使用改进版的基于最大派系搜索 ACO 算法寻找图形中所有可能的准派系。完成这些步骤后, 重叠派系就更正了。产生的这些派系可以认作变化的节点(称为派系-节点), 用于将原始图形转化为更小的。

ACO 算法基于真实蚂蚁的行为, 是最常用的蚁群智能算法之一。ACO 算法的迭代包含方案的建立阶段和信息素的更新阶段。每次迭代中, 每只蚂蚁建立一个完整的方案。蚂蚁从一个随机节点开始, 每一步通过访问它的邻居节点在图形上移动, 如蚂蚁 k 以概率 q_0 访问它的邻居。否则, 下一个访问节点需通过随机局部决定策略决定, 即基于当前的信息素水平 τ_{ij} 和当前节点与邻居节点的启发式信息 η_{ij}, 以一定概率 p_{ij}^k 来确定:

$$p_{ij}^k = \frac{\left[\tau_{ij}\right]^\alpha \left[\eta_{ij}\right]^\beta}{\sum_{l \in N_i^k} \left[\tau_{il}\right]^\alpha \left[\eta_{il}\right]^\beta}, \quad j \in N_i^k \tag{4-15}$$

当所有蚂蚁建立一个方案后, 信息素路径被修复。首先, 所有边上信息素值以一个常数因子蒸发。其次, 在方案的建立期间, 蚂蚁访问过的边上的信息素值增加。信息素的蒸发与更新如下:

$$\tau_{ij} \leftarrow (1-\rho)\tau_{ij} \tag{4-16}$$

$$\tau_{ij} \leftarrow \tau_{ij} + \sum_{k=1}^m \Delta\tau_{ij}^k \tag{4-17}$$

其中, $0 \leqslant \rho \leqslant 1$; $\Delta\tau_{ij}^k$ 是蚂蚁 k 存放的信息素量。

利用 ACO 算法探测社团结构的方法主要包括以下四步。

(1) 利用 ACO 算法寻找给定图形中的派系。修复 ACO 算法可用于解决最大派系的问题, 寻找有最大节点数的派系。其原始版本是由 Fenet 等[15]提出的, 最大最小蚁群算法(max-min ant system, MMAS)可用于最大化派系搜索。在该算法中, 蚂蚁仍然在每一步寻找最大的可能派系, 但是这样的派系找到后, 它们会继续在图形中爬行寻找其他派系。当没有符合条件的邻居节点添加到当前派系时, 蚂蚁开始寻找一个新的派系。意味着若没有邻居节点和其他节点相连时, 当前的派系就产生了。为了实现这一点, 每个蚂蚁会对访问过的节点和建立的派系创建一个禁忌列表。对于伪随机比例的运动选择规则, 蚂蚁使用当前节点的邻居节点的度作为启发式信息，并选择有最大度的节点。

在 MMAS 算法中，到目前为止最好的蚂蚁允许在路径上存储它的信息素。存放在路径上的信息素量可通过最好的蚂蚁收集的点计算。基于它们到目前为止发现的派系，采用评分系统评价蚂蚁实现的点数，如式(4-18)所示，一个蚂蚁收集的点数和等于发现的派系中节点数的平方和。

$$\text{points}(\text{ant}_k) = \sum_i [\text{vertices}(C_i)]^2, i = 1, 2, \cdots, \text{nbCliques} \tag{4-18}$$

信息素的更新公式如公式(4-19)和公式(4-20)，表达了信息素在目前最好的蚂蚁发现的派系边上的分布情况，基于蚂蚁实现的点数和节点的派系数，表示如下：

$$\Delta\tau(\text{ant}_k) = 1 - [\text{points}(\text{ant}_k)]^{-1} \tag{4-19}$$

$$\tau_{ij} \leftarrow \tau_{ij} + \left[\Delta\tau(\text{ant}_k) \cdot \frac{\text{vertices}(C_l)}{\text{max\_vertices}(\text{ant}_k)}\right], l = 1, 2, \cdots, \text{nbCliques} \tag{4-20}$$

信息素的初始化依赖主算法迭代开始前"受欢迎邻居"的旅行访问。"受欢迎邻居"是相关节点的连接节点列表，按照度的降序排列。图形中每个节点都有自己的"受欢迎邻居"列表，用于解释上述的启发式算法。信息素受限于 $\tau_{\min}$ 和 $\tau_{\max}$，所有边上的信息素水平设置为 $\tau_{\max}$，即

$$\tau_{\max} = \rho \cdot \text{pn\_tour}() \tag{4-21}$$

$$\tau_{\min} = \tau_{\max} \cdot (2n)^{-1} \tag{4-22}$$

其中，函数 pn_tour( )提供的总分数值，是通过侦查蚂蚁在访问计算初始化信息素水平时得到的；ρ 是蒸发率。

在这里使用的 MMAS 算法不同于原来的，由于蚂蚁会遍历所有节点寻找可能的派系，其在旅行中不可能困于任何点。当不能从当前节点移开时，蚂蚁返回到其禁忌列表中的另一个节点，选择一个没有被访问过的邻居节点继续。只有当所有节点都被访问过时，蚂蚁才会停止下来。因此，对于蚂蚁来说，依赖分期因素重新开始是不相关的。

(2) 确定重叠派系。在 ACO 算法中由蚂蚁产生的派系至少有一个节点和另一个派系共享。原因是当开始一个新的派系，蚂蚁返回到其禁忌列表中的另一个节点，而该节点已经被包含在当前的派系中。然后从该节点开始形成一个新的派系，这导致两个派系之间的节点共享。为了解决该问题，需要探测派系之间共享的节点，并重新分配这两个派系，把共享的节点分配到有最大节点数的派系，同时将它从另一个派系中删除。这样派系之间没有重叠节点。

(3) 生成派系节点。图形转换通过使用派系形成了中间节点，减少了原始图形的大小。派系变成中间节点，称为派系节点。当运行社会网络分析(social

network analysis, SNA)算法时，派系节点将会出现在同一个社团。对于简化的图形，基于不同派系节点之间的边和相同派系节点之间的边，新边将会在派系节点之间形成。用于计算派系节点之间边权重的公式为

$$e_{kl} = \frac{\sum\limits_{i \in C_k} \sum\limits_{j \in C_l} a_{ij}}{\min(\sum\limits_{m \in C_k} \sum\limits_{n \in C_k} b_{mn}, \sum\limits_{p \in C_l} \sum\limits_{r \in C_l} b_{pr})} \quad (4\text{-}23)$$

其中，a_{ij} 是派系节点之间边的相关值；b_{mn} 和 b_{pr} 是派系节点内部边的相关值。用两个派系节点之间边的权重和除以每个派系节点之间边的权重和的最小值，得到的结果表示两个派系节点之间新边 e_{kl} 的权重值，权重值越高意味着两个派系节点更有可能在同一个社团中。

(4) 利用 SNA 算法转换图形寻找社团。基于 SNA 算法的聚类算法通常用于在简化图中寻找社团，选择利用边的权重而不仅仅是"0"和"1"的方法，因为简化图存在权重，所以要表示它们之间关系的强度。然后利用 Clauset 等提出的贪婪算法计算模块度，从而实现社团划分。

4.2.2 基于编码模块度的寻优方法

2006 年，Gunes 等[16]将随机行走思想与 agent 方法相结合，采用 agent 方法通过随机行走的方式探测网络社团结构信息。2008 年，Rosvall 等[7]将网络中随机行走的概率流视为真实系统中的信息流，通过压缩概率流描述将网络分解成模块。具体过程为将蚁群算法和网络中的信息压缩相结合，利用蚁群的随机行走划分网络，借助压缩概率流描述网络划分的模块，通过寻找最短的编码码长得到网络的最优划分。

蚂蚁在觅食过程中倾向朝信息素浓度较高的地方前进，而在网络社区划分中，关联密切节点之间的路径往往是信息交互比较频繁的通道。在每个节点上都放置单只或多只蚂蚁，每一只蚂蚁具有往任意方向运动的能力，但每只蚂蚁的运动方向受到与它当前位置相连路径的信息素影响。每只蚂蚁在经过某一路径时会释放一定量的信息素，当后来的蚂蚁经过该路口时选择信息素浓度较高路径的概率会相对较大。这样就会形成正反馈，信息关联度较紧密节点之间路径上的信息素浓度越来越大，而其他路径上的信息素浓度随着时间而逐渐消减。经过蚂蚁多次选择、行进，即算法的多次迭代，当算法自动满足指定的收敛条件后，分析此时信息素的分布情况，信息素浓度较大的区域可作为一个社团。

假设一个 agent 沿网络 N 的边随机行走，每走一步之前都需根据转移概率选择下一步所要到达的位置。假使该 agent 当前位于节点 i，其下一步到达邻居节点 j 的转移概率为 p_{ij}，若网络 N 的邻接矩阵为 $A = (a_{ij})_{n \times n}$，则

$$p_{ij} = \frac{a_{ij}}{\sum\limits_k a_{ik}} \tag{4-24}$$

若使用矩阵表示，设 $D = \text{diag}(d_1, \cdots, d_n)$ ，其中 $d_i = \sum\limits_j a_{ij}$ 表示节点 i 的度，则转移概率矩阵 $p = (p_{ij})_{n \times n}$ 为

$$P = D^{-1}A \tag{4-25}$$

　　假使一个 agent 从任一节点出发进行若干步随机行走，如果步数适当，那么它当前位于社团内任一节点的概率都应大于位于社团外节点的概率。因此蚂蚁以随机行走的转移概率作为启发式规则，即每只蚂蚁都是在转移概率和信息素的双重指导之下寻找自己的解。尽管在每次迭代中，每只蚂蚁所找到的解只代表了该蚂蚁的局部观点，但通过集成方法将所有蚂蚁的解叠加到一起，就会形成一个全局意义上的解，进而利用其更新信息素矩阵，使得信息素矩阵逐步进化并趋于收敛。最终，收敛后的信息素矩阵代表了算法中所有代所有蚂蚁信息融合的结果，对其进行简单分析便可实现对复杂网络的聚类。

　　通过迭代求得算法收敛后的信息素矩阵，在此过程中每代将当前所有蚂蚁产生的局部解集成为一个全局解，并用其更新信息素矩阵，使信息素矩阵具有更好的指导作用，以生成更好的下一代蚂蚁群体。随着算法的运行，信息素矩阵逐渐进化，使得蚂蚁变得越来越聪明，它们在簇内爬行而不是离开该簇的趋势也越来越明显。最终，收敛后的信息素矩阵可以被看作是算法中所有代所有蚂蚁信息融合的结果。由于没有信息素的指导，该算法第一代中所有蚂蚁的解完全由马尔可夫随机行走方法产生，可以将其视为最初的待集成聚类结果。在蚁群算法框架下，算法每代都将当前待集成的聚类结果进行集成，然后用其更新信息素矩阵，使信息素矩阵具有更好的指导作用，而在新的信息素矩阵指导下又可以生成更好的下一代待集成的聚类结果，这是一个互相促进的过程。从该角度分析算法的执行过程是一个带有进化策略的聚类集成过程，它通过蚁群算法框架将不够精确的初始聚类结果逐步集成一个高精度的聚类结果。

　　蚁群的行走可以看作网络上信息的流动，利用映射公式可以准确地描述网络中的随机行走，从而通过上述方法得到网络的划分 M。通过计算网络不同划分的理论极限并且选择出最短路径，就能得到网络的最优划分。

　　首先，详细介绍映射公式，定义一个模块划分 M，将一组 n 个节点划分为 m 个模块，使得每个节点划分到唯一的模块中。映射公式 $L(M)$ 定义了用于描述网络划分中无限步随机行走的每一步所需的比特平均数：

$$L(M) = qH(Q) + \sum_{i=1}^{m} p^i H(p^i) \tag{4-26}$$

其次，定义并扩展这些术语。式(4-26)计算了对于两层编码网络中随机行走的最小描述长度，根据划分 M 将重要的结构从琐碎的细节中分离出来。两层编码使用唯一的码字命名由网络划分 M 指定的模块，但会重复使用码字以命名每个模块内部的单个节点。

为了有效地用两层编码描述网络中的随机行走，划分 M 的选择必须反映出网络内流动的形式，每个模块都对应一个集群的节点，随机行走花费长时间到达另一个模块。为了寻找最好的划分，需要寻找能够使得行走时间最小化的映射公式。随机行走在模块之间转换的概率为

$$q = \sum_{i=1}^{m} q_i \tag{4-27}$$

其中，q_i 是随机行走退出模块 i 每一步的概率，该概率依赖网络的划分。模块之间移动的熵率为

$$H(Q) = \sum_{i=1}^{m} \frac{q_i}{q} \ln\left(\frac{q_i}{q}\right) \tag{4-28}$$

式(4-28)是用于命名模块的码字平均长度的下限，使用香农原编码理论，将模块看作随机变量 X 以概率 $q_i / \sum_{j=1}^{m} q_j$ 出现的 m 个状态。结合式(4-27)和式(4-28)，式(4-26)中的第 1 项是随机行走在模块间移动的平均描述长度，模块 i 内部移动的熵率的加权形式计算如下：

$$p^i = q_i + \sum_{\alpha \in i} p_\alpha \tag{4-29}$$

其中，$\alpha \in i$ 意味着"遍历模块 i 中的所有节点 α"；p_α 是指在随机行走中遍历节点 α 的访问频率。使用退出码字将模块内部运动从模块之间的运动分离开。将退出模块 i 的概率 q_i 包括在模块 i 的模块内部移动的权重中。通过将退出码字和模块内部码字一起编码，适当调节退出码字的长度以适应它们使用的频率，这可确保有效编码。

最后，模块 i 内部运动的熵率为

$$H(P^i) = \frac{q_i}{q_i + \sum_{\beta \in i} p_\beta} \ln \frac{q_i}{q_i + \sum_{\beta \in i} p_\beta} + \sum_{\alpha \in i} \frac{p_\alpha}{q_i + \sum_{\beta \in i} p_\beta} \ln \frac{p_\alpha}{q_i + \sum_{\beta \in i} p_\beta} \tag{4-30}$$

$H(P^i)$ 是模块 i 中用于命名节点(退出节点包括在内)码字平均长度的下限。式(4-30)中的第 1 项是退出码字的贡献，第 2 项来自命名节点码字的贡献。结合式(4-29)和式(4-30)求所有模块的和，很容易识别式(4-26)中的第 2 项为随机

行走模块内每一步的平均描述长度。最终得到映射公式的表达式为

$$
\begin{aligned}
L(M) = & \left(\sum_{i=1}^{m} q_i\right) \ln\left(\sum_{i=1}^{m} q_i\right) - (1+1)\sum_{i=1}^{m} q_i \ln q_i - \sum_{\alpha=1}^{n} p_\alpha \ln p_\alpha \\
& + \sum_{i=1}^{m}\left(q_i + \sum_{\alpha\in i} p_\alpha\right) \ln\left(q_i + \sum_{\alpha\in i} p_\alpha\right)
\end{aligned}
\tag{4-31}
$$

值得注意的是，映射函数是遍历节点访问频率 p_α 的唯一函数，很容易被计算。更重要的是，因为 $\sum_{\alpha=1}^{n} p_\alpha \ln p_\alpha$ 是独立的划分，所以 p_α 展示了模块中所有节点的和，充分地跟踪优化算法中 q_i 和 $\sum_{\alpha\in i} p_\alpha$ 的变化。当使用遍历节点访问频率优化算法过程中每一步改变时，可以很容易推导出网络划分的更新。

4.3　模拟退火算法

模拟退火(SA)算法是一种用于求解大规模优化问题的启发式随机搜索算法，也是一种用于解决连续、有序离散和多模态优化问题的随机优化技术。SA 算法的思想由 Metropolis 在 1953 年提出[17]，以优化问题求解过程与物理系统退火过程(热力学中经典粒子系统的降温过程)之间的相似性为基础，求解规划划分问题。

当孤立粒子系统的温度以足够慢的速度下降时，系统近似处于热力学平衡状态，最后系统将达到本身的最低能量状态，即基态，这相当于能量函数的全局最小值。此过程中，优化的目标函数相当于金属的内能；优化问题的自变量组合状态空间相当于金属的内能状态；问题的求解过程便是寻找一个组合状态，使目标函数值最小。由于 SA 算法可以有效摆脱局部极小值，以任意接近 1 的概率达到全局最小值点，非常适合研究网络社团划分问题。

SA 算法应用于很多领域，它的基本思想是将解空间分为若干个状态，定义一个全局函数，通过状态的转换获得全局函数值的增量，或者负增量(也称为噪声)；若干步骤的转换后，全局函数会获得一个全局最优值，其中噪声的引入是为了避免全局函数只取得局部最优解。应用在社团发现中时，状态的转换分为局部转换和全局转换，局部转换是指将某个节点转移到另一个社团，全局转换是指两个社团的合并或者将一个社团分成多个社团，也可同时结合局部转换方法和全局转换方法。SA 算法的计算复杂度较高，但获得的社团划分结果较准确，适合规模较小的网络。

本节将介绍 SA 算法的基本思想及其如何用于复杂网络中以解决社团划分

问题。同时介绍 Metropolis 准则，以此判定是否接受候选解，并作为算法的收敛条件。

4.3.1　基于 Newman 模块度的寻优方法

Kirkpatrick 等[18]指出 SA 算法是一个用在不同领域与问题中的全局优化过程，可用于完成可能状态空间的探索，寻求函数 F 的全局优化，即最大值。如果增加 F 值，从一个状态到另一个状态的概率为 1；否则从一个状态到另一个状态的概率为 $\exp(\beta\Delta F)$，其中 ΔF 为函数的增加量，β 为随机噪声的指数。随机噪声是一种逆温度，每次迭代后会增加，但噪声减少了系统陷入局部优化的风险。在一些阶段，系统会聚合到一个稳定的状态，它是函数 F 最大值的任意近似，依赖探索的状态和 β 的变化速率。

Roger 等[19]将 SA 算法用于模块度优化，提出了基于模拟退火的模块度优化算法。该算法首先随机生成一个初始解，在每次迭代中，它在当前解的基础上产生一个新的候选解，由模块度 Q 判断其优劣；其次采用模拟退火策略中的 Metropolis 准则决定是否接受该候选解。SA 算法产生新候选解的策略：将节点移动到其他社区、交换不同社区的节点、分解社区或合并社区。该算法具有非常好的聚类质量，但其缺点是运行效率较低。SA 算法的基本步骤如下。

步骤 1：随机产生初始候选解，对网络进行随机划分。

步骤 2：通过下面三种策略产生新的候选解。

(1) 进行一定比例的节点移动；

(2) 将当前某些社区进行分解，递归调用 SA 子程序；

(3) 将当前某些社区进行合并。

步骤 3：通过模块度 Q 对新产生的候选解进行评估。

步骤 4：通过模拟退火的 Metropolis 准则判断是否接受该候选解。

步骤 5：如果达到最大迭代次数，算法结束；否则转步骤 2。

SA 算法结合了两种类型的"移动"：①局部移动，一个节点随机地从一个簇转移到另一个；②全局移动，包括合并和划分社团，划分社团可以通过不同的方式实现。要达到最好的性能，可通过优化簇的模块度实现。例如，模拟退火算法仅考虑单个节点的移动，直到温度减少至全局优化的运行值。全局移动能够减少陷入局部优化的风险，并且 Massen 等[20]证实了通过使用简单的局部移动能够得到更好的优化。在实际应用中，一次迭代通常结合 n^2 次局部移动和 n 次全局移动，能够非常接近真正的模块度最大值，但是很慢。实际复杂度并不能被准确估计，它主要依赖进行优化的参数(初始温度、降温因素)，不仅仅在于图形的大小。SA 算法主要用于小型网络，大约有 10^4 个节点。

SA 算法是一个随机算法，可以用马尔可夫链做数学描述。设 $X(1)$ 是随机变量，表示第 1 步的结果，则转移概率(将解 i 转换为解 j)$P_{ij}(t)$(t 为控制参数)的定义如下：

$$P_{ij}(t) = \begin{cases} G_{ij}(t)A_{ij}(t), & i \neq j \\ 1 - \sum_{k \in s, k \neq i} G_{ik}(t)A_{ik}(t), & i = j \end{cases} \quad (4\text{-}32)$$

其中，$G_{ij}(t)$ 是产生概率，即从解 i 的邻域 s_i 中产生解 j 的概率；$A_{ij}(t)$ 是接收概率，即解 i 接收解 j 的概率。$G_{ij}(t)$ 的选择可使其在邻域中均匀分布，即对解 i 的邻域 s_i 中的每一个解 j，从 i 产生 j 的概率都一样。$A_{ij}(t)$ 一般为

$$A_{ij}(t) = \begin{cases} 1, & f(j) \leqslant f(i) \\ \exp\left[-\dfrac{f(j) - f(i)}{t}\right], & f(j) > f(i) \end{cases} \quad (4\text{-}33)$$

式(4-33)通常称为 Metropolis 准则。可以证实，根据式(4-33)转换的马尔可夫链是不可约的和非周期的。因此，马尔可夫链异步紧缩到最佳解，其概率为 1：

$$\lim_{t \to 0} \lim_{l \to \infty} P_t\{X(l) \in \text{Sopt}\} = 1 \quad (4\text{-}34)$$

在实际应用中，$l \to \infty$ 等条件是达不到的，人们常采用有限长度的马尔可夫链实现，控制参数逐渐减小，这需要确定下列参数值：

(1) 控制参数初值 t_0；

(2) 控制参数 t 的减小函数；

(3) 在每个独立的马尔可夫链中的链长；

(4) 终止算法的规则。

以上参数集合可看作冷却过程，或冷却进度表。一般情况下，选取原则如下：t_0 由实验决定，使此时所有提出的转换都被接受。减小函数为 $t_{k+1} = \partial * t_k$，∂ 为小于 1 而又接近 1 的常数。在独立的马尔可夫链中，步数 L_k 也为常数。若经过若干马尔可夫链后系统状态一直无变化，则算法终止。

将 SA 算法用于社团划分中，其基本组成包括以下内容。

(1) 产生机制：以一定的概率选择一种解，该概率函数称为生成函数；

(2) 接受准则：以一定的概率接受代价函数值的偶然上升，该概率函数称为接受函数；

(3) 控制参数：以一定的冷却方式退火，实际上用控制参数 c 进行退火控制，以确定随机引入的随机扰动强度；

(4) 代价函数：也是目标函数，通过对代价函数的比较来决定当前解是否改变，同时该函数也可用来作为算法结束的判断条件。

SA 算法的具体过程如下。

(1) 初始化：初始温度 T(充分大)，初始解状态 S(随机划分为两个模块)，每个 T 值的迭代次数 L；

(2) 若 $T>0$，则继续第(3)步；

(3) 产生新解 S'：在每次迭代过程中进行 $n_i = fN^2$ 次的社团间的节点移动操作和 $n_c = fN$ 次的整体操作，其中 f 为 1；

(4) 计算增量 $\Delta t' = C(S') - C(S)$，其中 $C(S)$ 为评价函数。社团划分的目标是最大化模块度 Q，因此选取 $C=-Q$；

(5) 若 $\Delta t' < 0$，则接受 S' 作为新的当前解；否则，以概率 p 接受 S' 作为新的当前解。当 $C_f < C_i$ 时，$p=1$；当 $C_f > C_i$ 时，$p = \exp\left(-\dfrac{C_f - C_i}{T}\right)$。其中，$C_f$ 表示更新后的评价函数值，C_i 表示更新前的评价函数值；

(6) 如果满足终止条件，则输出当前解作为最优解，结束程序(终止条件通常为连续若干个新解都没有被接受)；

(7) 系统降温：$T = cT$，本小节选取 $c=0.9$，若 $T > 0$，则转(2)。

模拟退火算法依据 Metropolis 准则接受新解。因此，除接受优化解外，还在一定范围内接受恶化解，这正是模拟退火算法与局部搜索算法的本质区别。开始时 t 值大，可能接受较差的恶化解；随着 t 值减小，只能接受较好的恶化解；当 t 值趋于零时，不再接受任何恶化解了。模拟退火算法既可以从局部最优"陷阱"中跳出，更有可能求得组合优化问题的整体最优解，又不失简单性和通用性。因此，针对大多数组合优化问题，模拟退火算法优于局部搜索算法。另外，模拟退火算法比局部搜索算法搜索的解空间更大，更有可能达到整体最优解，即使达不到，所得近最优解的质量也比局部搜索算法好。从算法复杂度来看，局部搜索算法的平均算法复杂度以问题规模 n 的多项式为界，而最差情况下是未知的。由于冷却进度表的控制作用，模拟算法的算法复杂度是 $O(O(kL_m t(n)))$，其中 k 是迭代次数，L_m 是 k 个马尔可夫链中的最大长度，$t(n)$ 是问题规模 n 的多项式函数。总之，固体退火过程的物理图像和统计性质是模拟退火算法的物理背景，Metropolis 准则是算法跳出局部最优"陷阱"的策略方法，而冷却进度表的合理选择是算法应用的前提。

模拟退火算法的收敛速度很慢。据报道，在普通计算机上采用模拟退火算法探测仅包含 3885 个节点、7260 条边的酵母菌蛋白质互作用网络的社区结构大概需要 3 天。此外，SA 算法对初始解生成、候选解选择、退火机制等策略都非常敏感，不同的算法机制往往会产生差别较大的网络社区结构和算法运行时间。

4.3.2　基于编码模块度的寻优方法

贪婪算法的思想中，通过编码的方式寻找社团最优划分的结果可以使用模拟退火算法得到细化。从采用热浴(heat-bath)算法和贪婪算法得到的模块结构开始，以不同的温度启动热浴算法，选择能得到的最短描述。

热浴算法[21]是一个单独自旋翻转算法，对于寻找旋转的积极合适的状态更加有效。该算法的过程如下：首先，从晶格中随机选择一个旋转 k；其次，忽视旋转当前值，为其选择一个新的值 s_k 与玻尔兹曼权重成比例，该值来自"热浴"。换言之，给旋转的返回概率 p_n 定义一个值 n，位于 1~q：

$$p_n = \frac{e^{-\beta E_n}}{\sum\limits_{m=1}^{q} e^{-\beta E_m}} \tag{4-35}$$

其中，E_n 是当 $s_k = n$ 时系统的能量。p_n 已归一化为 1，每一步选择的旋转值，使其与旧值相同。显然该算法满足各态历经性，由于在 N 旋转的晶格上，像这样适当的一串单旋转移动，可以通过不超过 N 步的移动从任何状态转移至其他状态。因此，以正比于玻尔兹曼权重的概率选择状态。从状态 $s_k = n$ 到 $s_k = n'$ 的转移概率仅为 p'_n，返回概率为 p_n。值得注意的是，不同于 Metropolis 准则，这些概率不依赖初始状态，仅依赖最后一个状态。利用式(4-35)，向前向后的转移概率可准确地作为细节平衡的需要：

$$\frac{P(n \to n')}{P(n' \to n)} = \frac{p'_n}{p_n} = \frac{e^{-\beta E_{n'}}}{\sum\limits_{m=1}^{q} e^{-\beta E_m}} \times \frac{\sum\limits_{m=1}^{q} e^{-\beta E_m}}{e^{-\beta E_n}} = e^{-\beta(E_{n'} - E_n)} \tag{4-36}$$

对于较大的 q 值，热浴算法与 Metropolis 准则相比更有效，通常其会选择有最高玻尔兹曼权重的状态，可以在一次移动中找到它们，而不是在找到它们之前随机在大量不利的状态中徘徊。通过观察发现，一旦选择的旋转 k 改变，需将哈密顿公式分解为涉及 s_k 的项与不涉及 s_k 的项：

$$H = -J \sum_{\langle ij \rangle (i, j \neq k)} \delta_{s_i s_j} - J \sum \delta_{s_i s_k} \tag{4-37}$$

其中，第一项与 s_k 所有可能的 q 值相同。第二项仅有 z 项，z 是晶格协调数(考虑方形格子为 4 个)。仅通过计算这些项而不是评价整个哈密顿公式，能够更快地评价 p_n。

旋转 s_k 最多有 z 个状态，每个状态至少与它的一个邻居相似。这些是唯一的状态，旋转对哈密顿有贡献，其他的状态对哈密顿没有贡献。因此，评价式(4-36)中的玻尔兹曼因子 $e^{-\beta E_n}$ 需要计算至多 z 个指数，其他所有项仅为 1。

最后注意到，玻尔兹曼因子的可能值仅有一个小的谱，式(4-37)中第二项是$-J$的倍数，即$0\sim -zJ$。在 Ising 模型中，计算模拟开始所需指数的所有值，之后可以随时查询需要了解的值。就 CPU 时间而言，指数的计算非常耗时，该技巧极大地提高了算法的效率。

在图 4-7 中，使用热浴算法和 Metropolis 准则，以一个低的温度在 20×20 的方格上模拟比较 $q=10$ 的波特模型内能。在这种情况下，热浴算法花费大约 200 次扫描来达到平衡，而 Metropolis 准则需要 2000 次扫描。在速度上，热浴算法有大幅度提高。热浴算法较 Metropolis 准则是一个更加复杂的算法，蒙特卡罗过程在热浴算法中消耗的时间更多。因此，热浴算法达到平衡的时间是 Metropolis 算法的 30 多倍。

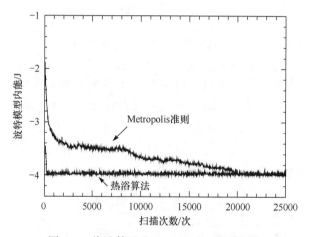

图 4-7　热浴算法和 Metropolis 准则比较

通过结合贪婪算法得到的模块划分，从几个不同的温度开始进行热浴算法，选择能得到的最短映射公式描述长度的划分，即最小的映射公式值。此时的网络结构就是最佳的划分结果，比贪婪算法提高好几个百分点。

参 考 文 献

[1] BRANDES U, DELLING D, GAERTLER M, et al. On modularity-np-completeness and beyond[R]. Karsrule: Universität Karlsruhe, 2006.

[2] NEWMAN M E J. Fast algorithm for detecting community structure in networks[J]. Physics Review E, 2003, 69(6): 066133.

[3] CLAUSET A, NEWMAN M E J, MOORE C. Finding community structure in very large networks[J]. Physical Review E, 2005, 70(6): 066111.

[4] DANON L, DUCH J. Comparing community structure identification[J]. Jonrnal of Statistical Mechanics, 2005, 2005(9): 09008.

[5] NEWMAN M E J,GIRVAN M.Finding and evaluating community structure in networks[J]. Physical Review E, 2004, 69(2): 026113.

[6] ROSVALL M, BERGSTROM C T. An information-theoretic framework for resolving community structure in complex networks[J]. Proceedings of the National Academy of Sciences, 2007, 104(18): 7327-7331.

[7] ROSVALL M, BERGSTROM C T. Maps of random walks on complex networks reveal community structure[J]. Proceedings of the National Academy of Sciences, 2008, 105(4): 1118-1123.

[8] DORIGO M, BONABEAU E, THERAULAZ G. Ant algorithms and stigmergy[J]. Future Generation Computer Systems, 2000, 16(8): 851-871.

[9] BONABEAU E, DORIGO M, THERAULAZ G. Inspiration for optimization from social insect behavior[J]. Nature, 2000, 206(6): 39-42.

[10] KACKSON D E, HOLCOMBE M, RATNIEKS F. Trail Geometry gives polarity to ant foraging networks[J]. Nature, 2004, 432(7019): 907-909.

[11] CHU S C, RODDICK J F, PAN J S. Ant colony system with communication strategies[J]. Information Sciences, 2004, 167(1): 63-76.

[12] DORIGO M. Ant colony optimization: A new meta-heuristic[C]//IEEE Congress on Evolutionary Computation, Washington D. C., 1999: 1470-1477.

[13] CHU S C, RODDICK J F, PAN J S, et al. Parallel ant colony systems[J]. Lecture Notes in Artificial Intelligence, 2003, 2871: 279-284.

[14] SADI S, ETANER-UYAR S, GUNDUZ-OGUDUCU Ş. Community detection using ant colony optimization techniques[C]//15th International Conference on Soft Computing, Brno, 2009: 206-213.

[15] FENET S, SOLNON C. Searching for maximum cliques with ant colony optimization[J]. Applications of Evolutionary Computing, 2003, 2611(22): 236-245.

[16] GUNES I, BINGOL H. Community detection in complex networks using agents[J]. arXiv e-prints, 2006: cs/0610129.

[17] METROPOLIS N, ROSENBLUTH A W, ROSENBLUTH M N, et al. Equation of state calculations by fast computing machines[J]. Journal of Chemical Physics, 2004: 21-28.

[18] KIRKPATRICK S, GELATTE C D, VECCHI M P. Optimization by simulated annealing[J]. Science, 1983, 220(4598): 671-680.

[19] ROGER G, LUIS A, NUNES A. Functional cartography of complex metabolic networks[J]. Nature, 2005(433): 895-900.

[20] MASSEN C P, DOYE J P K. Identifying communities within energy landscapes[J]. Physical Review E, 2005, 71(4): 046101.

[21] NEWMAN M E J, BARKEMAG T. Monte Carlo Methods in Statistical Physics[M]. Oxford: Oxford University Press, 1999.

第 5 章　基于直观概念的社团发现算法

基于直观概念发现复杂网络的社团结构，可以从两个方面刻画，一方面是根据社团的特性(即社团内部连接紧密，社团之间连接相对稀疏)，采用一定的算法对网络进行去边和增加边(相似性)，即网络分裂和网络合并最基本的原理；另一方面是将网络用数学方法刻画，如邻接矩阵、Laplace 矩阵等，进而用谱方法分析复杂网络的社团特性。

网络分裂和网络合并的过程都会产生一种树状图，在树状图的每一层对其进行切分都可得到网络的一种划分，网络社区结构可以使用某个或某些划分来刻画。层次聚类的关键问题有两个：如何选择合并或分裂的标准和如何选择合适的位置切分。第一个问题关系到如何度量两个节点或社区的拓扑距离和如何度量边对网络连通性的作用等问题。第二个问题则涉及如何度量一个网络划分的优劣，具体来讲，如何从所有可能的网络划分中选择最好的一个来刻画网络社区结构。采用谱方法研究复杂网络的社团特性，主要分析网络矩阵，如邻接矩阵对应的谱，即特征值和特征向量的特性。一般能够通过最大本征间隙识别社团个数，用特征向量在欧氏空间的投影划分网络社团。

5.1　分　裂　算　法

分裂算法采用自顶向下的过程，一般框架如下：首先将整个网络看作一个社区，其次依据某种标准逐个去掉边，直到所有边都被删掉。最典型的是 GN 算法[1]，在 GN 算法的基础上又提出了采集节点集的 GN 算法[2]和自包含 GN 算法[3]。本节将逐一介绍基于全局划分的局部社团划分分裂算法，以及边介数和点介数的概念，在此基础上，对使用边介数进行复杂网络社团划分的几种算法原理进行论述。

分裂算法是从研究的网络中寻找一些具有较低相似性的已连接的节点对，将这些节点对之间的边去掉。通过重复地去边，网络会随着边的减少而分为一些小的部分。可以在任何时候终止去边，当前的分裂状态可看作若干网络的社团集合。

分裂算法的主要步骤如下。

(1) 设定某种衡量节点间密切程度或边对网络结构影响程度的指标；

(2) 按照一定的标准断边；

(3) 不断重复计算和断边的过程，网络被划分为越来越小的连通社团，这些连通社团对应某一阶段的社团；

(4) 全部过程以每个节点被独立地分成一个社团为终点。整个过程可以用一个直立的树状图表示，如图 5-1 所示。

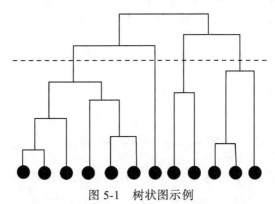

图 5-1　树状图示例

下面介绍几种复杂网络社团结构的分裂算法。

1. GN 算法

GN 算法由 Girvan 和 Newman 于 2004 年提出，是一种代表性的分裂算法。该算法的基本思想是不断地从网络中移除介数最大的边。介数的衡量算法有很多种，包括基于最短路径的边介数、随机行走介数和电流介数等，本节主要介绍基于最短路径的边介数的 GN 算法。

一条边的边介数是指通过这条边的所有最短路径的数目。基于该定义，GN 算法的基本步骤如下：

(1) 计算网络中所有边的边介数；

(2) 找到边介数最大的边，并将其从网络中移除；

(3) 对于网络中剩余的边，重新计算每条边的边介数；

(4) 重复步骤(2)和步骤(3)直到所有的边都被移除。

GN 算法弥补了一些传统算法的不足，已成为社团结构分析的一种标准算法[4,5]。但是，GN 算法存在一个缺陷，对于网络的社团结构没有一个量的定义。因而，其不能直接从网络的拓扑结构判断社团是否是实际网络中的社团结构，从而需要一些附加的具有网络意义的信息判断所划分的网络社团是否具有实际意义。此外，在网络社团个数未知的情况下，GN 算法并不知道要分裂到哪里为止。

　　基于 GN 算法的缺陷，Newman 等[6]用模块度评价社团划分的品质。将网络划分为 k 个社团，定义一个 $k×k$ 维的对称矩阵 $E=[e_{ij}]$，其中 e_{ij} 表示连接两个不同社团内节点的边在所有边中的比例，这些节点分别属于第 i 个社团和第 j 个社团。注意，所有的边是指没有经过社团结构算法移除的原始网络中的边。因此，这种模块度的衡量标准是利用完整网络计算的。

　　矩阵 E 中对角线上元素之和为 $\mathrm{Tr}e=\sum_i e_{ii}$，表示连接某个社团内部节点的边在所有边的数目中所占的比例。每行(或者列)中各元素之和表示为 $a_i=\sum_j e_{ij}$，表示与第 i 个社团中节点相连的边在所有边中所占的比例。因此，模块度的衡量标准定义为

$$Q=\sum_i(e_{ii}-a_i^2)=\mathrm{Tr}e-\|e^2\| \tag{5-1}$$

其中，$\|e^2\|$ 为矩阵 $\|e^2\|$ 中所有元素之和。式(5-1)的物理意义：网络中社团内部边所占的比例减去任意连接两个节点边所占比例的期望值。如果社团内部边所占的比例不大于任意连接边所占比例的期望值，则有 $Q=0$。Q 的上限为 1，Q 越大说明社团结构越明显。

　　为了讨论方便，给出模块度在节点上的定义[6]：

$$Q=\frac{1}{2m}\sum_{ij}\left(A_{ij}-\frac{k_ik_j}{2m}\right)\delta(C_i,C_j) \tag{5-2}$$

其中，A_{ij} 为网络邻接矩阵的元素；k_i 为节点 i 的度(或强度)；C_i 为节点 i 所属的社团，当节点 i 和节点 j 属于同一个社团时，δ 函数取值为 1，否则为 0。在实际网络中，模块度值 Q 通常为 0.3～0.7。

　　经过 Newman 等的改进之后，GN 算法不依赖多余的信息，单从网络的拓扑结构就可以判断得到的社团结构是否具有实际意义。但是该算法的耗时仍比较长，为 $O(n^3)$，因此仅适用于中等规模的网络($n\leqslant1000$)。

　　为了解决复杂度大的问题，人们在 GN 算法的基础上提出了多种改进算法，下面介绍其中两种典型的算法。

2. 采集节点集的 GN 算法——Tyler 算法

　　Tyler 等在研究电子邮件网络时，以 GN 算法为基础提出了一种新的算法。这种算法可以显著提高计算速度，同时也降低了计算的准确性。

采用节点集的 GN 算法在一个组织内部自动识别社团,包括两个基本步骤。第一步,使用邮件的标题组建一个图表;第二步,发现嵌入在图中的社团。基于电子邮件构造一个图,其中节点代表人,边代表两个人之间通过电子邮件相联系。将任意两个节点之间的消息数量定义为阈值,可以通过改变此值来建立图。这种算法建立的图呈幂律分布,并且对应高的阈值。严格来讲,少数节点具有高的连边数,大多节点连边数较低。鉴于测量指数小于 3.5,预计图中包含一个巨大的连通部分,并且有很多小的节点是孤立的部分。较小的组件能够清晰地被识别为社团,因此主要的任务是识别大的组件内部的社团结构。

GN 算法是以网络中的每一个节点 i 为源节点,计算它到其他节点的最短路径,并以这些最短路径经过每条边的次数作为该边的介数。Tyler 等[2]提出,可通过以网络中某个节点集内的节点为源节点计算边的介数。显然,该节点集包含的节点越多,利用 Tyler 等提出的算法(Tyler 算法)得到的介数越接近真实介数。但是,即使节点集包含的节点较少,该算法也仍然可以得到比较好的结果。节点集的选择必须使某一条边的介数大于某个阈值。GN 算法关注的是哪条边具有最大的介数,而不是该介数的具体值,因此,从统计学的角度,该算法错误地选择一条非最大介数的边的概率非常小。

检测社团结构的过程如下。

(1) i 次迭代,重复计算过程如下:①将图进行分割形成连接组件。②检查每个组件是否是一个社团,如果是,从图中移除它,并且输出;如果不是,对于大的组件使用修改后的 Brandes 算法,移除边介数最大的边,对于小的边介数用正规算法。继续移除边直到组件分裂为两部分为止。③重复执行②,直到图中的所有节点被移除。

(2) 统计 i 个社团形成最终的社团划分表。实际上,Tyler 算法最初提出时并不是为了提高计算的速度,而是为了引入一个随机量,用来刻画社团划分中有歧义的节点。利用这种算法,对于本身具有歧义性的节点,如 Zachary 空手道俱乐部网络中的节点 3,有可能随机地属于某个社团。因此,重复该算法多次,可以给出该节点属于社团的大致趋势。利用该算法分析 Zachary 空手道俱乐部网络的结果如图 5-2 所示,其中节点 3 具有较大的歧义性,它与两个社团的连接都比较紧密。利用 Tyler 算法处理的 20 次结果中,其有时属于左边的社团,有时又属于右边的社团,很难被正确归类。这种问题往往不在子算法本身,而是由于带有歧义性节点的存在。

Tyler 算法在以后的发展中,会更加关注包括一个时间维度的社团分析。例如,电子邮件数据包括邮件的发送时间戳,使得建立的社团仅基于一个星期

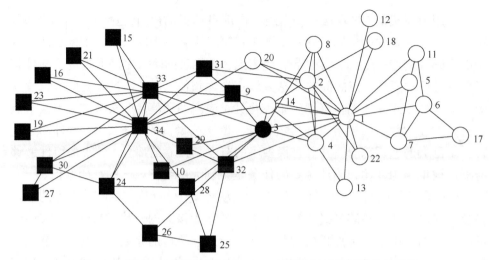

图 5-2　利用 Tyler 算法分析 Zachary 空手道俱乐部网络的结果[2]

或者一个特定的时间(如"星期一早晨"社团)。因此，需要研究社团成员随时间如何变化，如从一周到另外一周或者从一天到另外一天的变化。下面将进一步说明如何设置使用数据的阈值。可以基于邮件传输的百分比和方差进行阈值的探索，以及使用不同的阈值比较产生社团的不同性质。

3. 自包含 GN 算法

Radicchi 等[3]针对 GN 算法的缺陷提出了一种新的算法，称为自包含 GN 算法(self-contained GN algorithm)。他们使用强社团结构和弱社团结构衡量确定的社团结构，同时也为 GN 算法提供了一种自包含工具。自包含 GN 算法与 GN 算法的效果相当，但是计算速度却有较大的提高。

自包含 GN 算法使用树状图保存其所得结果。因此，只要利用某种标准，从其所得到的树状图中选择具有实际意义的子图作为社团即可。如果选择的子图不符合该标准，则不将其作为实际社团，而且相应的分支也不必考虑。因此，如何选择一种合适的标准成为解决问题的关键所在。

根据 2.1.2 小节中强弱社团的定义可知，如果一个社团为强社团，则它必然也为弱社团，反之则不然。如果一个网络被分成一个较小的子网络和一个较大的子网络，那么较大的子网络几乎总是满足社团的定义。考虑 ER 随机网络，如果将一个节点数为 n 的网络随机地分成两部分，分别包含 αn 和 $(1-\alpha)n$ 个节点。用 $P(\alpha)$ 表示包含 αn 个节点的网络满足强社团或弱社团定义的概率，那么当节点数 n 足够大时，$P(\alpha)$ 趋于 0.5。因此，如果一个随机网络被任意划分为两部分，较大的部分是一个社团，而较小的部分极有可能不是一个社团。然而，对于两社团结构的网络，当且仅当两个子网络都是社团时，才认为此划分结果正确。因此，可以认为随机网络并不存在社团结构。将该结论推广到更一般的情况，即如果在一个网络得到的所有子网络中，只有一个子网络满足社团的定义，则这种划分的算法不正确或者该网络不具备社团结构。

综上所述，自包含 GN 算法的基本流程如下：

(1) 选择社团的弱定义或者强定义；

(2) 计算边的介数，并且移除介数最大的边；

(3) 如果移除后没有新的子网络被分解出来，则重复步骤(2)；

(4) 如果移除后产生新的子网络，则判断被分解出来的子网络中是否至少有 2 个子网络满足社团的定义，如果是，则在树状图中绘制相应的部分；

(5) 对所有的子网络重复步骤(2)直到所有的边都被移除。

由此所得的树状图，在任一分支处被截断便可得到该网络的一种社团结构。

采用计算机生成的随机网络，将随机网络中的 128 个节点平均分成 4 组 (即希望得到的 4 个社团)。各组内节点的连接概率为 p_{in}，而各组间节点连接的概率为 p_{out}。显然，随着 p_{out} 从零开始逐渐增加，社团结构也越来越难确定。图 5-3 为自包含 GN 算法处理的结果，图中 R_0 表示随着 p_{out} 的增大，正确划分社团结构的概率；f 表示被错误划分节点的概率。由图可见，当 p_{out} 较小时，采用强社团定义比采用弱社团定义的效果好。但是，当 p_{out} 增大到一定程度时，后者的效果反而更好。

大型复杂网络中的社团结构检测是一项很有前景的研究，并且该研究充满了挑战性。社团的概念是定性直观的。然而，分析一个社团网络必须定性指明什么是社团。一旦给定社团定义，原则上可以确定给定网络中满足该定义的所有子图。但是，由给定网络求子图在实际计算中仍然达不到，即便是一个小型的系统。因此社团结构的研究目标有限：在所有可能的社团中，选择其中一个进行分层组织树状图，可以采用分裂算法和凝聚算法完成。然而，对这两种算法的性能进行对比比较困难。简单情况下，人工图像作为需要考虑的 4 个子集之一，它可以定量地评估结果的有效性。其他情况下，如科学合作网络，给出了一个确切的社团定义，即树状图。通常情况下，人们也会检查给出的结果是否合理。

自包含 GN 算法对社团分析的研究有很大帮助。一方面，量化执行的社团定义使算法有自包含性，允许基于网络拓扑结构的社团结构分析；另一方面，引入一类新的本地快速算法推开大型系统应用的大门。

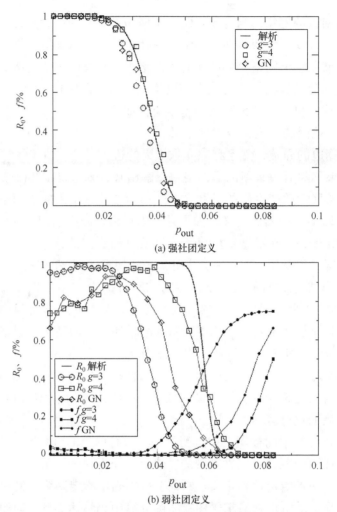

(a) 强社团定义

(b) 弱社团定义

图 5-3　自包含 GN 算法处理的结果[3]

在社会学的算法中，除了以 GN 算法为代表的用边介数作为衡量标准的算法外，还有 3 种比较有效的算法。在 GN 算法的基础上，分别用边聚类系数、边的相异性(dissimilarity)和信息中心度(information centrality)作为衡量标准。下面逐一介绍基于这三种标准的算法。

4. 基于边聚类系数的算法

GN 算法的最短路径边介数由网络的全局结构决定，Radicchi 等[3]提出基于网络局部结构的边聚类系数的定义，并以此寻找社团间的连边。一条边的边聚类系数定义为网络中包含该边的实际三角形数目与包含该边的所有三角形的

数目之比。其中包含该边的所有三角形包括实际三角形和潜在三角形。i、j 两节点间连边的边聚类系数为

$$C_{ij}^{(3)} = \frac{z_{ij}^{(3)}}{\min(k_i - 1, k_j - 1)} \qquad (5\text{-}3)$$

其中，$z_{ij}^{(3)}$ 表示包含该边的三角形的数目；$\min(k_i - 1, k_j - 1)$ 表示包含该边的所有三角形的数目。

社团内部边的联系比较紧密，因此存在很多三角形，即其 $C_{ij}^{(3)}$ 值较大，而连接两个社团间的边包含在极少的三角形内或者不被任何三角形所包含，因此其 $C_{ij}^{(3)}$ 值较小。由此可见，$C_{ij}^{(3)}$ 可以作为一种衡量边的社团间连接性的标准。值得注意的是，当节点 i 或 j 中有一个节点的度为 1 时，它们之间的边不属于任何三角形，此时 $z_{ij}^{(3)} = 0$，无论构成这条边的两个节点的度 k_i 和 k_j 为何值，$C_{ij}^{(3)}$ 都等于 0，无法反映出结构的差异。为解决这一问题，对式(5-3)进行调整，即

$$C_{ij}^{(3)} = \frac{z_{ij}^{(3)} + 1}{\min(k_i - 1, k_j - 1)} \qquad (5\text{-}4)$$

类似的，边聚类系数的定义可以进一步推广到更大的环，如考虑网络中的四边形、五边形等，从而得到边聚类系数的通式：

$$C_{ij}^{(g)} = \frac{z_{ij}^{(g)} + 1}{s_{ij}^{(g)}} \qquad (5\text{-}5)$$

其中，$z_{ij}^{(g)}$ 表示该网络中包含连接节点 i 和 j 的边的 g 边形个数；$s_{ij}^{(g)}$ 表示所有可能包含连接节点 i 和 j 的边的 g 边形个数。

基于边聚类系数算法的具体步骤如下。

(1) 确定研究环的种类(如三角形、四边形等)；

(2) 根据式(5-5)计算每条边的边聚类系数，断开边聚类系数最小的边；

(3) 重复计算和断边的操作，直到网络中所有的边都被断开为止。

该算法与 GN 算法的区别在于采用边聚类系数代替边介数，而且每次移除具有最小聚类系数的边。图 5-3(b)给出了该算法与 GN 算法比较的结果。可见，不论是选取三角形($g = 3$)还是四边形($g = 4$)，该算法与 GN 算法结果都非常接近。研究表明，当 $g = 4$ 时，该算法的效果比 GN 算法好。

基于边聚类系数的算法与 GN 算法存在某种相应性，即聚类系数小的边通常有较大的介数。因此，该算法与 GN 算法的结果有极大程度的相似。但是，

这种相似性又不完全一致，即聚类系数最小的边并不一定对应最大的边介数，因此这两种算法并不等价。

下面计算基于边聚类系数的算法复杂度。每移除一条边，检查该网络是否被分解成若干个社团，同时在被移除边的小范围内更新各边的聚类系数。前者需要的算法复杂度大致为 $O(m)$，而后者不随 m 的增大而增大。对所有的边重复上述过程，则总的算法复杂度大致为 $O(m^2)$。可见，该算法比 GN 算法的速度有很大的提高。Radicchi 等[3]已经将该算法应用于 1300 名科学家构成的科研合作网络，速度很快[7]。

但是，基于边聚类的算法本身仍存在一个不足之处，即很大程度上依赖网络中存在的三角形数目。显然，如果一个网络中的三角形数目很少，那么所有边的聚类系数都会很小，该算法无法正确地找到网络的社团结构。很多社会性网络含有相当大比例的三角形，而非社会性网络的三角形的比例相对比较低。因此，该算法在社会性网络中效果显著，而在其他类型的网络中效果相对较差。

5. 基于边的相异性的算法

基于边介数的 GN 算法仅将各个社团划分出来，而没有定量地表示出不同社团之间的差异程度。Tsuchiura 等[8]引入了布朗微粒来衡量网络中两个节点之间的"距离"。随后，Zhou[9]基于这种距离矩阵，做了进一步的扩展，引入了相异性指数(dissimilarity index)表示两个最相邻节点属于同一个社团的可能性。基于该指数，使用一种分级算法可将网络划分为一系列具有等级性的社团。其中，每一个社团都由一个相异性的上下阈值表征。这种思想可应用于无权网络和加权网络。

对于一个有 n 个节点和 m 条边的网络，假设它的连接矩阵 A 的非零元素 a_{ij} 表示节点 i 和 j 联系的强度，距离 d_{ij} 表示一个布朗微粒从节点 i 到节点 j 经过的平均步数。针对任何一个节点 k，布朗微粒在下一步跳到 k 的相邻节点 l 的概率为

$$p_{kl} = a_{kl} \bigg/ \sum_{l=1}^{n} a_{kl} \tag{5-6}$$

因而距离矩阵是非对称的，可以通过 n 阶线性方程求解[10]。

对于节点 i，集合 $\{d_{i1}, \cdots, d_{i,i-1}, d_{i,i+1}, \cdots, d_{in}\}$ 表示其他节点到节点 i 的距离。若节点 i 和 j 为相邻节点 $(a_{ij} > 0)$，定义相异性指数 $\Lambda(i,j)$ 为

$$\Lambda(i,j) = \frac{\sqrt{\sum_{k \neq i,j}^{n} (d_{ik} - d_{jk})^2}}{n-2} \tag{5-7}$$

当节点 i 和 j 属于同一个社团时，节点 i 到任一节点 $k(k \neq i,j)$ 的平均距离为 d_{ik}，与节点 j 到节点 k 的平均距离 d_{jk} 相近。因此，从节点 i 到节点 j 看到的整个网络的全景图极为相似。当节点 i 和 j 属于同一个社团时，$\Lambda(i,j)$ 较小，反之较大。

按照上述算法定义了距离矩阵 $D = [d_{ij}]$ 和所有相邻节点的相异性指数 $\Lambda(i,j)$ 后，可以利用相异性指数描述网络的社团结构，算法如下。

(1) 设整个初始网络为一个社团，并指定它的相异性指数上限为 θ_{upp}。

(2) 对每一个社团，引入 θ 作为该社团的分辨阈值参数，且设定其初始值为 θ_{upp}，若 $\Lambda(i,j) \leqslant \theta$，则表示该算法不能将节点 i 和节点 j 区分出来，这时标记节点 i 和节点 j 为"朋友"。

(3) 使 θ 的值等差递减，并针对社团内所有边，计算其相邻节点 i 和 j 是否为"朋友"。如果两个节点彼此为"朋友"，归为同一个社团。由此，可以得到多个"朋友"社团，其中每个社团都包含自己内部节点的所有"朋友"。如果某个节点没有任何"朋友"，则将其归属于与它联系最紧密的节点所在的社团。此时，网络中各个节点都分布到了一系列不相交集合中。

(4) 为了使社团内部节点的联系比社团间节点的联系紧密，还需要对社团进行一些局部调整，将不满足此要求的节点移至与它联系最紧密的"朋友"社团内。

(5) 经过以上步骤后，如果社团仍然没有分解，则重复步骤(3)。如果该社团分解成两个以上的子社团，则设当前社团的 $\theta_{\text{low}} = \theta$，并且不再考虑该社团。由该社团分解得到的一系列子社团都可视为一个新的社团，并且它们的 $\theta_{\text{upp}} = \theta$。随后，对其他社团重复步骤(2)。

(6) 得到所有子社团后，同样可以得到表示各个社团之间关系的树状图。同时，还可以得到各个社团相异性指数的上下阈值。

将该算法用于计算机生成的随机网络和酵母菌蛋白质交互网络，得到了较好的效果。

6. 基于信息中心度的算法

在 GN 算法的基础上，Fortunato 等[7]提出了一种基于信息中心度的算法[10]。

它采用信息中心度取代 GN 算法中的边介数。假设网络 G 有 n 个节点和 m 条边，为了衡量网络节点传输信息的有效性，引入网络有效率(network efficiency，NE)。假设网络中两个节点之间的信息总沿着最短路径传播，则节点 i 和节点 j 之间的信息传输有效率 ε_{ij} 为它们之间最短路径长度 d_{ij} 的倒数(如果节点 i 和节点 j 之间不存在路径，则最短路径长度为 ∞，ε_{ij} 为 0)。整个网络 G 的信息有效率 NE[G] 可定义为各节点对信息传输效率的平均值：

$$\mathrm{NE}[G] = \frac{\sum\limits_{i \neq j \in G} \varepsilon_{ij}}{n(n-1)} = \frac{1}{n(n-1)} \sum_{i \neq j \in G} \frac{1}{d_{ij}} \tag{5-8}$$

其中，若节点 i、j 之间不连通，即 $d_{ij}=+\infty$，则它们之间的信息传输效率等于 0。另外，边 k 的信息中心度 C_k^l，定义为移除该边后整个网络的信息传输效率减小的相对量：

$$C_k^l = \frac{\Delta \mathrm{NE}}{\mathrm{NE}} = \frac{\mathrm{NE}[G] - \mathrm{NE}[G_k']}{\mathrm{NE}[G]}, \quad k = 1, 2, \cdots, m \tag{5-9}$$

其中，m 表示网络中包含的边的数目；NE[G_k'] 表示移除边 k 后，由剩余的 Q 个节点和 $m-1$ 条边构成网络的信息传输效率。

计算完网络中每条边的信息中心度后，与 GN 算法类似，每次都从网络中移除信息中心度最高的边，直到整个网络被分裂成 n 个彼此独立的社团为止。该算法得到的社团分裂过程也可以用树状图表示。同样地，这种算法也引入了模块度衡量所得的全部社团结构，以判断该网络正确的社团结构。

信息中心度越高的边对网络连通性的影响越大，而社团间的连边往往对网络连通性有着重要影响，因此使用信息中心度探索网络中社团间的连边。该算法的具体过程如下。

(1) 计算每条边的信息中心度；

(2) 将信息中心度最高的边移除；

(3) 重新计算网络的信息传输效率；

(4) 重复以上过程直到网络中所有的边都被断开为止，最终使用模块度 Q 判断最优的社团结构划分。

以计算机生成的包含 64 个节点、256 条边的随机网络为例，得到的结果如图 5-4 所示。显然，在该图中，当网络被分为 4 个社团后，模块度 Q 有最大值，可见该算法具有比较好的准确性。

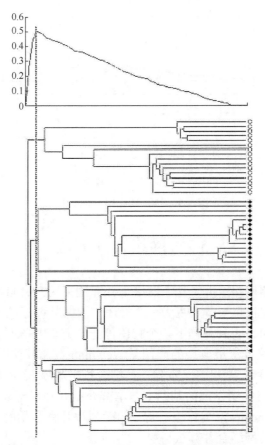

图 5-4　计算机生成的包含 64 个节点、256 条边的随机网络的社团结构图[10]

图 5-5 为计算过程中的其他数据，移除的前三条边的信息中心度具有明显的峰值，而相应的 Q 值变化也有三次上升，但当移除到第 4 条边时，该边的信息中心度比较小，并且此时 Q 值不但没有上升，反而开始下降。

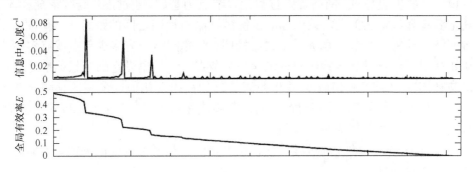

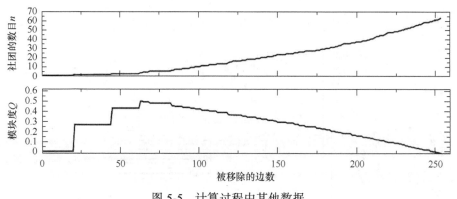

图 5-5　计算过程中其他数据

5.2　网络合并算法

本节主要介绍网络合并算法，网络合并算法采用一种自底向上的过程，一般框架如下：最初将每个节点视为一个社团，依据某种标准依次选择两个社团合并成一个新社团，直到只剩下一个社团停止合并。与 5.1 节中的分裂算法方向相反，这种合并算法最典型的应用是 Newman 快速算法[11]，以及在此基础上利用堆结构的贪婪算法[12]，还有一种结合谱分析和凝聚算法两种特点的算法[13]。在全局网络社团发现的基础上，本节介绍几种局部社团发现算法[14-16]，以及最常用的 K-means 聚类算法[17]等，同时列举几种常用的相似度指标，进而分析基于相似度的网络合并算法。

5.2.1　网络合并算法概述

一些网络本来就有很多种相似性度量标准，还有一些网络虽然本身没有相似性度量标准，但是也可以用相关系数、最短路径长度或者对应网络矩阵的特点设计一些度量标准。网络合并过程是以节点为基础，通过逐步合并形成社团，其主要步骤包括：①设定某种标准以衡量社团与社团之间的距离或相似度；②将网络中的每一个节点视为一个初始社团，因此网络中有多少节点就有多少个初始社团，并且每个初始社团只包含一个节点；③根据设定的衡量标准计算社团与社团间的距离或相似度，并将距离最近的社团或相似度最高的社团合并形成新的社团；④重新计算每对社团间的距离或相似度；⑤不断重复步骤③和④，直到所有节点都聚集成一个社团。

通过网络合并的一般过程可知，找出相似性是网络合并的关键。下面介绍几种网络合并算法。

1. Newman 快速算法

现实中对 WWW、Internet 和电子邮件等网络的研究越来越多，而这些网络内的节点数都是几百万以上，因此传统的 GN 算法不能满足要求。基于此，Newman 在 GN 算法的基础上提出了 Newman 快速算法[11]，该算法的复杂度为 $O(m(n+m))$，对于稀疏网络则为 $O(n^3)$，可用于分析网络节点个数高达 100 万的复杂网络。

Newman 快速算法的模式与标准贪婪算法相似，并且社团最终的划分结果仍是以模块度作为衡量标准。该算法初始时，假设每个节点都是一个独立的社团，则网络初始就有 n 个社团。算法的每一步都按照使模块度值增加最多(或者减少最小)的方向合并社团，每一步合并完成后都要记录当时的模块度值，直到所有节点都合并为一个社团为止。最终，最大的模块度值对应最佳的社团结构。合并没有连边的社团不会引起模块度值的变化，因此每次只需合并有边连接的两个社团，并且计算合并后模块度值的变化量。

Newman 快速算法的基本步骤如下。

(1) 初始化网络为 n 个社团，n 为网络中的节点数。初始的 e_{ij} 和 a_i 定义如下：

$$e_{ij} = \begin{cases} 1/2m, & \text{节点} i \text{和} j \text{之间有边连接} \\ 0, & \text{否则} \end{cases} \tag{5-10}$$

$$a_i = k_i / 2m \tag{5-11}$$

其中，k_i 为节点 i 的度；m 为网络中的总边数。

(2) 沿着模块度值增加最多或减少最小的方向两两合并相应社团，并计算合并后的模块度值。模块度值变化量为

$$\Delta Q = e_{ij} + e_{ji} - 2a_i a_j = 2(e_{ij} - a_i a_j) \tag{5-12}$$

其中，$a_i = \sum_j e_{ij}$。如果两个社团之间不存在连边，那么它们的合并对 Q 值不能产生正向影响。因此，计算 Q 值的变化时，只需要考虑存在连边的社团对。当网络中包含 m 条边时，合并社团算法复杂度为 $O(m)$。社团合并后会对矩阵 e 产生影响，因此将合并的两个社团对应的行和列相加，对 e_{ij} 进行更新，此步的算法复杂度为 $O(n)$。因此步骤(2)的算法复杂度为 $O(m+n)$。

(3) 重复步骤(2)，不断合并社团，直到整个网络合并为一个社团为止，这样的操作最多进行 $n-1$ 次。

算法结束后，可以得到一个社团结构分解的树状图。通过选择不同位置断开可以得到不同的网络社团结构。在这些社团结构中，选择一个局部最大的模块度 Q 值，其对应网络的最佳社团结构。

　　这种算法的优势在于复杂度较低，适用于规模较大的网络。Newman 等用这种算法成功地分析了包含超过 50000 个节点的科研合作网络[18]，在相同的硬件设备上，这种算法所消耗的时间明显小于利用 GN 算法所消耗的时间。并且模块度 Q 的峰值为 0.712，对应划分为 600 多个社团。其中有 4 个大的社团，包含的节点占所有节点的 77%，并且这 4 个社团与现实具有很好的一致性，它们与研究的领域有密切的联系。这 4 个社团分别对应天体物理学、高能物理学和两个凝聚态物理学。

2. 利用堆结构的贪婪算法

　　CNM 算法是由 Clauset、Newman 和 Moore 等在 Newman 快速算法的基础上改进的，采用堆的数据结构存储和运算模块度 Q。该算法的算法复杂度接近线性复杂性，即 $O(n\ln^2 n)$。

　　Newman 快速算法通过初始的邻接矩阵计算模块度增量，而 CNM 算法直接构造了一个模块度增量矩阵 ΔQ，通过更新该矩阵的元素寻找使模块度 Q 最大的网络社团划分方式。显然，如果没有边相连的社团合并，模块度值 Q 不会产生变化。因此只需要存储有边相连的社团，从而节省存储空间且缩短运算时间。这种算法应用了如下 3 种数据结构。

　　(1) 模块度增量矩阵 ΔQ，该矩阵和邻接矩阵 A 一样，是稀疏矩阵。将它的每一行都存储为一个平衡二叉树(这样可以在 $O(\ln n)$ 时间内找到需要的某个元素)和一个最大堆(这样可以在最短的时间内找到每一行的最大元素)。

　　(2) 最大堆 H，其中存放了模块度增量矩阵 ΔQ 中每一行的最大元素，以及该元素相应的两个社团编号 i 和 j。

　　(3) 一个辅助向量 a_i。

　　在上述 3 种数据结构的基础上，假设初始时每个节点是一个独立的社团，CNM 算法的基本步骤描述如下。

　　(1) 将网络中每一个节点都视为一个社团。如果节点 i、j 有边相连，则 $e_{ij} = 1/2m$ (m 为网络中边的数目)，否则为 0。初始化 ΔQ 矩阵。根据如下公式计算初始时的模块度增量矩阵 ΔQ 和 a_i，同时将增量矩阵中每行的最大元素放入最大堆 H 中。

$$\Delta Q = \begin{cases} 1/2m - k_i k_j / (2m)^2, & \text{节点} i \text{和节点} j \text{相连} \\ 0, & \text{否则} \end{cases} \tag{5-13}$$

$$a_i = k_i / 2m \tag{5-14}$$

其中，k_i 为节点 i 的度；m 为网络中的总边数。

(2) 从最大堆 H 中选出最大的元素 ΔQ_{ij}，合并相应的社团 i 和 j，并且根据下述规则更新模块度增量矩阵 ΔQ、最大堆 H 和辅助向量 a_i，具体方法如下。

第一步，更新模块度增量矩阵 ΔQ，其只需根据式(5-15)更新模块度增量矩阵 ΔQ 中第 j 行和第 j 列的元素，然后删除第 i 行和第 i 列的元素。

$$\Delta Q'_{jk} = \begin{cases} \Delta Q_{ik} + \Delta Q_{jk}, & \text{社团}k\text{同时与社团}i\text{和社团}j\text{都相连} \\ \Delta Q_{ik} - 2a_j a_k, & \text{社团}k\text{仅与社团}i\text{相连，不与社团}j\text{相连} \\ \Delta Q_{jk} - 2a_i a_k, & \text{社团}k\text{仅与社团}j\text{相连，不与社团}i\text{相连} \end{cases} \quad (5\text{-}15)$$

第二步，根据式(5-15)中更新后的 $\Delta Q'_{jk}$，更新最大堆 H 中的元素。

第三步，辅助向量 a_i 的更新：$a'_j = a_i + a_j$；$a'_i = 0$。

(3) 重复步骤(2)直到所有节点都归为一个社团为止。

这种计算过程使得 Q 函数有唯一的峰值，因为当最大的 Q 值增量成为负值后，所有的 Q 值增量都为负值，所以 Q 函数的值只能逐渐减小。由此可知，只要最大的 ΔQ_{ij} 由正值变成负值，就不需要再继续合并社团。因为此时的 Q 函数值最大，所以其对应的社团划分就是最优的社团划分方式。

与 Newman 快速算法相比，CNM 算法的复杂度显著降低，因此适用范围可进一步拓宽，可以分析规模更为巨大的网络。Clauset 等利用该算法成功的分析了 Amazon.com 书店中网页的链接关系网络(包含 40 万个节点和 200 多万条边)。

3. 基于局部模块度的凝聚算法

基于局部模块度的凝聚算法是 2005 年由 Clauset 提出的一种凝聚算法，通过最大化局部模块度的数值来达到局部社团检测的目的。GN 算法虽然性能优越，但所需计算量却很大，其算法复杂度为 $O(N^3)$，N 为节点的个数。为了解决上述问题，Clauset 引入了局部模块度的思想，不仅具有好的聚类结果，而且大大降低了算法复杂度。

基于局部模块度的凝聚算法的基本思想是将综合特征值最大的节点作为初始节点，然后从候选集中找到使局部模块度 R 达到最大值时对应的候选节点，将此节点并入到该社团，更新候选集合直至 R 值不再增加，此时完成社团划分。在介绍该算法前需要引入如下概念。

集合 C 定义为整个网络中已明确知道连接关系的节点集合，参照复杂网络邻接矩阵的定义给出集合 C 的邻接矩阵。集合 U 定义为仅知道与集合 C 连接情况的节点集合。集合 B 是集合 C 的一个子集，其中的节点都至少有一个邻居节点在集合 U 中，也称为集合 C 的边界，同样也可以给出集合 B 的邻接矩阵。

局部模块度 R 为

$$R = \frac{\sum_{ij} B_{ij} \delta(i,j)}{\sum_{ij} B_{ij}} = \frac{I}{T} \tag{5-16}$$

其中，B_{ij} 是集合 B 邻接矩阵中的元素，如果节点 i 属于集合 B、节点 j 属于集合 C，那么 $\delta(i,j)=1$，否则 $\delta(i,j)=0$；T 是至少有一个节点属于集合 B 的连边数；I 是两端节点都不属于集合 U 的连边数。局部模块度 R 值在 0～1。

复杂网络中作为聚类中心的节点，不仅具有与同类其他节点较大的连接强度，而且与之相连的节点之间也具有较大的相互连接密度和强度，即具有较强的局部聚集性。

结合上述局部模块度和聚类中心的定义，该局部社团结构检测算法基本步骤描述如下。

(1) 将待求节点 v_0 加入集合 C 和集合 B；

(2) 将 v_0 所有的邻居节点加入集合 U；

(3) 对集合 U 中所有节点 v_j，计算局部模块度的增量 ΔR_j：

$$\Delta R_j = \frac{x - Ry - z(1-R)}{T - z + y} \tag{5-17}$$

其中，x 是数值 T 所代表的边集合中以节点 v_j 作为终点的节点，将其邻居的节点加入集合 U；

(4) 根据上述定义更新局部模块度 R 和集合 B；

(5) 重复步骤(3)和(4)直到集合 C 中的节点数目达到预先输入的期望社团规模或者网络中所有节点都已加入集合 C 为止。

基于局部模块度的凝聚算法需要预先输入待求节点所属社团的规模 k，其算法复杂度近似为 $O(k^2 d)$，其中 d 为网络中节点的平均节点度。

通过实例说明所给算法的计算过程，用该算法分析 Zarchary 空手道俱乐部网络。本例中 α 取值为 0.6，由于篇幅有限，只列出综合特征值较大的几个节点，通过 $CF_i = \alpha C_i + (1-\alpha)D_i/N$ 计算所得节点的综合特征值。网络动态链表 T 如表 5-1 所示。

表 5-1　网络动态链表 T

节点	度 D	聚类系数 C	综合特征值 CF
1	15	10	0.3379
2	8	4	0.1983
3	10	10	0.2653

续表

节点	度 D	聚类系数 C	综合特征值 CF
4	6	7	0.2957
9	5	4	0.2483
14	5	4	0.2483
24	5	3	0.2083
32	6	3	0.1859
33	12	14	0.2965
34	16	15	0.33235

通过表 5-1 可知，节点 1 的综合特征值最大为 0.3379，则算法以节点 1 为初始节点，先建立候选集 B，$B=\{3,4,5,6,7,8,9,11,12,13,14,18,20,22,32\}$。通过式(5-17)，在 B 中找到使局部模块度最大的点并入到社团 1 中，更新 B 后局部模块度值 R 为 0.7085，此时 R 值不再增加，得到一个最优社团，并且社团内节点的社团标号为 1；从节点标号为 0 的节点中选出一个综合特征值最大的节点，本例中为节点 3、4，同理，R 值为 0.7826 将不再增加，社团内节点的社团标号为 2。此时得到两个社团，对应的社团结构是该网络实际的社团结构，且与实际结果吻合。

4. 基于局部聚类连通的算法

模块度 Q 是为了评估社团的质量，是一个全局变量。但是许多现实网络中的连通主要是局部互相连接(局部聚类连通)。这里的局部模块度为 LQ，反映了局部聚类结构。

考虑到网络的局部聚类连通性需要克服网络的全局依赖，采用模块度时需改变为考虑局部的划分。模块度计算是计算每个聚类 i 组成的子网络和它的邻居聚类。因此，需要计算每个聚类 i 的邻居聚类，即在邻居聚类中包含的所有连接 L_{iN}。所有 K 个聚类的总和为

$$LQ = \sum_{i=1}^{K}\left[\frac{L_i}{L_{iN}} - \frac{(L_i)_{\text{in}}\cdot(L_i)_{\text{out}}}{(L_{iN})^2}\right] \tag{5-18}$$

其中，LQ 为局部模块度。

常用的模块度需要考虑网络全局性能，如网络大小和聚类连通度。但是在许多现实网络中，社团仅是本地连接。与模块度 Q 相比，LQ 考虑了个体的集群性和最近的邻居，产生了高度确切的集群，与网络的其余部分无关。

5. K-means 聚类算法

K-means 聚类算法是由 Steinhaus 于 1955 年提出。K-means 聚类算法被提出后，在不同的学科领域被广泛研究和应用，并发展出大量不同的改进算法。虽然 K-means 聚类算法提出已久，但仍然是目前应用最广泛的聚类算法之一。

对于给定的一个包含 n 个 d 维数据点的数据集 $X = \{x_1, x_2, \cdots, x_i, \cdots, x_n\}$，其中 $x_i \in R^d$，以及要生成的数据子集的数目 k，K-means 聚类算法将数据对象组织为 k 个划分 $C = \{c_i, i = 1, 2, \cdots, k\}$。每个划分代表一个类 c_k，每个类 c_k 有一个类别中心 μ_k。选取欧氏距离作为相似性和距离判断准则，计算该类内各点到聚类中心 μ_k 的距离平方和：

$$J(c_k) = \sum_{x_i \in c_k} \|x_i - \mu_k\|^2 \tag{5-19}$$

聚类目标是使各类总的距离平方和 $J(C) = \sum_{k=1}^{k} J(c_k)$ 最小：

$$J(C) = \sum_{k=1}^{k} J(c_k) = \sum_{k=1}^{k} \sum_{x_i \in c_k} \|x_i - \mu_k\|^2 = \sum_{k=1}^{k} \sum_{i=1}^{n} d_{ki} \|x_i - \mu_k\|^2 \tag{5-20}$$

其中，$d_{ki} = \begin{cases} 1, x_i \in c_k \\ 0, x_i \notin c_k \end{cases}$。

显然，根据最小二乘法和拉格朗日定理，聚类中心 μ_k 应该取类 c_k 中各数据点的平均值。

K-means 聚类算法从一个初始的 k 类别划分开始，然后将各数据点指派到各个类别中，以减小总的距离平方和。因为 K-means 聚类算法中总的距离平方和随着类别个数 k 的增加趋于减小(当 $k = n$ 时，$J(C) = 0$)，所以总的距离平方和只能在某个确定的类别个数 k 下取得最小值。

K-means 聚类算法是一个反复迭代过程，目的是使聚类域中所有的样品到聚类中心距离的平方和 $J(C)$ 最小，算法流程包括 4 个步骤[19]，具体流程如图 5-6 所示。

根据图 5-6，K-means 聚类算法首先需要确立初始聚类中心；其次按照欧氏距离进行聚类，更新聚类中心，计算所有样本到所在类别聚类中心的距离平方和，两者进行比较后返回进行迭代聚类；最后按照预先所给的聚类个数将所有节点聚类完毕。

K-means 聚类算法需要用户指定 4 个参数：类别个数 k、初始聚类中心、相似性和距离度量。

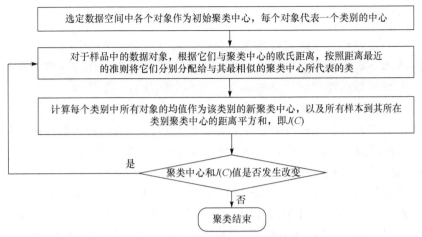

图 5-6　K-means 聚类算法流程图[20]

在 K-means 聚类算法中，每个数据点都被唯一地划分到一个类别中，称为硬聚类算法。它不易处理网络形成的聚类不是致密而是壳形的情形，但是利用模糊聚类算法能摆脱这些限制。这些算法是过去 20 年集中研究的课题。在模糊聚类算法中，数据点可以同时属于多个聚类。

6. Concor 聚类算法

聚类分析是一类很重要的统计分析算法，有着广泛的应用。利用相关矩阵进行聚类分析，对于高维的数据，可先将数据表示成相关矩阵，然后通过相关矩阵的函数变换来进行聚类。Concor 聚类算法[21]正是基于这一思路产生的。

近几年，Concor 聚类算法的运用非常广泛。例如，在社会网络的机构对等性分析中采用了 Concor 聚类算法对行动者进行分组；运用 Concor 聚类算法在"块模型"分析法方面，通过得到的树形图，发现体系中的结构特点，然后对结果进行分析等。研究 Concor 聚类算法的不动点至关重要，然而，目前国内外对该问题的研究进展还很少。

Concor 聚类算法通过对相关系数矩阵的迭代计算进行分析，其核心是寻找迭代的不动点。在 Concor 聚类算法的基础上发展的一个研究方向是 a-Concor 算法，a-Concor 算法是指 $R^{(1)} = \mathrm{Cor}(D)$ 为数据的相关系数矩阵，对 $R^{(1)}$ 中的每个元素求 a 次方，记作 $R_a^{(1)}$，再对 $R_a^{(1)}$ 求相关矩阵，即 $R^{(2)} = \mathrm{Cor}(R_a^{(1)})$。重复上述过程求出 $R_a^{(2)}$，继续重复该过程，就可得到矩阵 $\{R_a^{(1)}, R_a^{(2)}, R_a^{(3)}, \cdots\}$，一般假设 $a>1$。该算法目前并没有达到预期的效果，但能否在此基础上增加其他限制条件，也是今后可以继续研究的内容之一。

5.2.2　相似度指标

　　基于一系列相似性度量标准的网络合并算法已经应用于许多不同的网络。一些网络本身有很多相似性度量标准。例如，在电影演员合作网络中[22,23]，如果两个电影演员出现在同一部电影中，他们之间就有一条边相连。这样，可以用有多少电影演员同时出现在同一部电影中来度量节点的相似性[24]。另外一些网络虽然本身并没有相似性的度量标准，但是可以利用相关系数、路径长度或者一些矩阵的算法来设计适当的度量标准。Breiger 等[25]提出的 Concor 算法就是一种典型的凝聚式聚类算法。

　　网络合并算法的核心思想是由距离最近、相似度最高的社团开始合并，直到所有元素都归于一个社团为止，可见这种算法的核心在于对距离和相似度的定义[26]。针对复杂网络社团划分问题，已有一些距离和相似度的定义。例如，点与点之间的距离可以定义为两点间的最短路径，它们的相似度定义为最短路径的倒数。这样离最短路径近的节点相似度较高，离最短路径远的节点相似度较低。

　　1. 距离计算

　　采用欧氏距离衡量结构等价，对于 n 维数值型节点 x 和 y(网络矩阵特征向量空间对应节点)，常用的距离定义有以下几种。

　　(1) 欧氏距离：

$$d(x,y) = |x-y| = \sqrt{\sum_{j=1}^{n}(x_j - y_j)^2} \tag{5-21}$$

　　(2) 曼哈顿距离：

$$d(x,y) = \sum_{j=1}^{n}|x_j - y_j| \tag{5-22}$$

以上距离度量法都可以在距离函数中应用。

　　① 如果距离是一个非负的数值，那么满足 $d(x,y) \geqslant 0$。

　　② 一个节点与自身的距离为 0，那么 $d(x,x) = 0$。

　　③ 距离函数具有对称性，满足 $d(x,y) = d(y,x)$。

　　④ 从节点 x 到节点 y 的直接距离不会大于途经任何其他节点 z 的距离。

　　(3) 闵可夫斯基距离：

$$d(x,y) = \left[\sum_{j=1}^{n}(x_j - y_j)^m\right]^{1/m} \tag{5-23}$$

闵可夫斯基距离是欧氏距离和曼哈顿距离通过求和完成计算。其中 m 是一个正整数，当 m 为 1 时，表示曼哈顿距离；当 m 为 2 时，表示欧氏距离。

网络中的每一对节点都可以计算出距离，然后按照合并的思想划分社团结构。先选择距离最小的归为一个社团，在进一步的合并过程中，因为每个社团所包含的元素不再唯一，所以要定义包含多个元素的社团间的距离。常用的方法有 3 种。

(1) 最短距离法：两个社团的距离等于两个社团间所有节点对距离中的最短值；

(2) 最长距离法：两个社团的距离等于两个社团间所有节点对距离中的最长值；

(3) 平均距离法：两个社团的距离等于两个社团间所有节点对距离的平均值。

可以任意选取一种距离指数进行合并，最终都可以将网络中节点间的关系用树状图表示出来，并且通过模块度 Q 确定网络最优的社团划分。式(5-21)～式(5-23)都能够引入权值的计算。

2. 节点之间的相似性

一种较为科学的方法是用结构等价的程度来衡量两节点的相似度。结构等价的概念在 1971 年由 Lorrain 和 White 引入社会网络。如果一个节点与网络中其余节点的连接方式和另一节点与网络中其余节点的连接方式完全相同，则这两个节点结构等价。例如，在人际关系网中，如果两个人的朋友完全相同，则这两个人结构等价。

节点的相似性与距离正好相反，距离越小，节点之间的相似性越大。令 $\bar{x}_i = \dfrac{1}{m}\sum\limits_{k=1}^{m} x_{ik}$，$\bar{x}_j = \dfrac{1}{m}\sum\limits_{k=1}^{m} x_{jk}$，记 x_i、x_j 的相似性系数为 S_{ij}，下面介绍几种相似性计算方法。

(1) 数量积法：

$$S_{ij} = \begin{cases} 1, & i = j \\ \dfrac{1}{M}\sum\limits_{k=1}^{m} x_{ik} \times x_{jk}, & i \neq j \end{cases} \tag{5-24}$$

其中，M 为正数，满足 $M \geqslant \max\limits_{i,j}(\sum\limits_{k=1}^{m} x_{ik} \times x_{jk})$。

(2) 夹角余弦法：

$$S_{ij} = \frac{\left| \sum_{k=1}^{m} x_{ik} \times x_{jk} \right|}{\sqrt{\left(\sum_{k=1}^{m} x_{ik} \right)^2 \left(\sum_{k=1}^{m} x_{jk} \right)^2}} \tag{5-25}$$

(3) 相关系数法：

$$S_{ij} = \frac{\sum_{k=1}^{m} \left(x_{ik} - \overline{x}_i \right) \left(x_{jk} - \overline{x}_j \right)}{\sqrt{\left(\sum_{k=1}^{m} x_{ik} - \overline{x}_i \right)^2} \sqrt{\left(\sum_{k=1}^{m} x_{jk} - \overline{x}_j \right)^2}} \tag{5-26}$$

(4) 指数相似法：

$$S_{ij} = \frac{1}{m} \sum_{k=1}^{m} (e^{\frac{3(x_{ik} - x_{jk})^2}{4 s_k^2}}) \tag{5-27}$$

合理利用相似性计算方法，可对网络进行针对性合并，进而利用社团的衡量标准等将网络进行社团划分。

5.2.3　基于相似度的网络合并

很多社团划分算法都是利用相似度进行网络合并，如相关系数、最短路径和节点之间的度等，下面是基于相似度进行社团划分的几种算法。

(1) Newman 快速算法；

(2) 利用堆结构的贪婪算法(CNM 算法)；

(3) 结合谱分析的凝聚算法；

(4) l-壳算法；

(5) K-means 聚类算法；

(6) Concor 聚类算法。

5.3　谱分析算法

谱分析算法在 20 世纪 70 年代就已有所发展，到 90 年代比较普及，如今对网络的矩阵谱进行社团分析，已经基本成熟。它的主要思想是通过对网络的矩阵(邻接矩阵[27]、标准 Laplace 矩阵[28]、正规 Laplace 矩阵[29]、模块度矩阵[30,31]、相关系数矩阵[32]和这些矩阵的转换矩阵)进行特征值和特征向量的分析，检测网络中的社团结构。本节介绍几种常用的谱分析算法，如谱平分法、

Normal 矩阵谱分析法、近邻传播算法和模块密度谱分算法，并对邻接矩阵、标准 Laplace 矩阵、正规 Laplace 矩阵、模块度矩阵和相关系数矩阵识别社团个数和社团划分进行比较。

网络的矩阵谱常被用于对网络进行社团的划分。例如，网络划分问题中最常使用的 Fiedler 向量，即 Laplace 矩阵的最小正特征值所对应的特征向量。谱分析算法的主要思想是根据某个特定矩阵的特征向量分量推断节点间的相似度。

网络的拓扑结构常用邻接矩阵来描述。基于邻接矩阵，形成其他矩阵来分析网络的属性，包括标准 Laplace 矩阵、正规 Laplace 矩阵、模块度矩阵和相关系数矩阵。现有的研究表明，这些矩阵的谱能够揭示网络的拓扑结构。下面先定义这些矩阵，然后介绍采用这些矩阵的谱划分社团结构的算法。

(1) 邻接矩阵：邻接矩阵 A 中的元素 A_{ij} 表示节点 i 和节点 j 之间边连接强度，否则为 0 (这里只考虑无相网络)。邻接矩阵的谱能够确定社团的个数。特别是，邻接矩阵的特征值是按降序排列的，如 $\lambda_1^A > \lambda_2^A > \cdots > \lambda_i^A > \cdots \lambda_n^A$，其中 n 为网络节点个数。每两个连续的特征值形成一个本征间隙，在 λ_i^A 和 λ_{i+1}^A $(1 \leq i \leq n-1)$ 之间称为第 i 个本征间隙。第 i 个本征间隙的长度为 $\lambda_i^A - \lambda_{i+1}^A$。而且，网络中社团的个数由最大本征间隙的位置确定。例如，如果第 i 个本征间隙最大，那么 i 是社团个数。

(2) 标准 Laplace 矩阵：标准 Laplace 矩阵定义为 $L = D - A$，其中 D 为对角矩阵，对角元素 D_{ii} 是节点 i 的度。作为标准 Laplace 矩阵，费德勒向量已广泛应用于双向网络划分。费德勒向量是标准 Laplace 矩阵第二小特征值对应的特征向量。更重要的是，标准 Laplace 矩阵经常用于描述网络的同步动态。标准 Laplace 矩阵的谱反映了网络固有的拓扑规模。特征值以升序排列，第 i 个本征间隙的长度定义为 $\ln \lambda_{i+1}^L - \ln \lambda_i^L (2 \leq i \leq n-1)$。如果 i 是最大的本征间隙，那么 i 被视为合理的固有社团个数。

(3) 正规 Laplace 矩阵：正规 Laplace 矩阵定义为 $L = I - D^{-1}A$。正规 Laplace 矩阵与网络的离散动力学密切相关，通过正规 Laplace 矩阵的特征值和特征向量，能够检测网络的社团结构。其特征值以升序排列，并且第 i 个本征间隙的长度是 $\lambda_{i+1}^N - \lambda_i^N (1 \leq i \leq n-1)$。如果第 i 个本征间隙最大，那么 i 被视为合理的固有社团个数。

(4) 模块度矩阵：模块度计算公式为

$$Q = \frac{1}{2m} \sum_{ij} (A_{ij} - p_{ij}) \delta(C_i, C_j) \tag{5-28}$$

其中，C_i 表示节点 i 属于社团 C，如果 $r=s$，则 $\delta(r,s)=1$，否则为 0；m 表示网络的总边数。

指定每对节点 i 和 j 期望的连边数为 p_{ij}，p_{ij} 是有限制的：先只考虑无向网络，则有 $p_{ij}=p_{ji}$；然后当所有节点都为一个社团时，模块度 Q 近似为 0，因此，社团内部的连边数与这些节点期望的连边数相等：

$$\sum_{ij} p_{ij} = \sum_{ij} A_{ij} = 2m \tag{5-29}$$

又可知每个节点期望的度等于真实连接的度，有 $\sum_j p_{ij} = k_i$，如果满足此条件，因为 $\sum_i k_i = 2m$，故式(5-29)也满足。这说明节点 i 的随机连接边的概率最终由节点 i 的度 k_i 决定，一个边的两端相对于其他边是独立的。也暗示了节点 i 和 j 期望的连边数 p_{ij} 是由各自度相关的独立函数 $f(k_i)f(k_j)$ 决定，因此由式(5-29)可得 $\sum_{j=1}^{n} p_{ij} = f(k_i)\sum_{j=1}^{n} f(k_j) = k_i$。对于所有的节点 i，设一个常数 C，有 $f(k_i) = Ck_i$，则由式(5-29)得

$$2m = \sum_{ij} p_{ij} = C^2 \sum_{ij} k_i k_j = (2mC)^2 \tag{5-30}$$

因此 $C = 1/\sqrt{2m}$，则

$$p_{ij} = \frac{k_i k_j}{2m} \tag{5-31}$$

由式(5-31)，将式(5-28)化为

$$Q = \frac{1}{2m}\sum_{ij}\left(A_{ij} - \frac{k_i k_j}{2m}\right)\delta(C_i, C_j) \tag{5-32}$$

令 $B_{ij} = A_{ij} - p_{ij}$，称矩阵 B 为模块度矩阵。

Newman 提出的模块度矩阵是谱分析法的著名算法，模块度可评价网络社团划分的质量。模块度矩阵元素定义：

$$B_{ij} = A_{ij} - \frac{k_i k_j}{2m} \tag{5-33}$$

其中，$k_i = \sum_j A_{ij}$ 是节点 i 的度，$2m = \sum_{ij} A_{ij} = \sum_i k_i$ 是所有节点的度之和。正特征值对应的特征向量可用于发现网络的社团结构，社团个数根据正特征值个数决定。将特征值降序排列，第 i 个本征间隙的长度为 $\lambda_{i-1}^{B} - \lambda_i^{B}(2 \leqslant i \leqslant n)$。如果第 i 个本征间隙最大，那么 i 就是网络的社团个数。注意到社团结构检测的目的，

即只关注正特征值之间的本征间隙。如果所有的特征值均为负值，则没有社团存在；如果所有节点只属于一个社团，则社团个数为 1。在文献[19]中，模块度矩阵是基于网络的协方差矩阵，协方差矩阵的谱能够检测多尺度的社团结构。

(5) 相关系数矩阵：网络的相关系数矩阵，描述了成对节点之间的相关系数。元素 C_{ij} 定义为

$$C_{ij} = \frac{B_{ij}}{\sqrt{k_i - k_i^2 / 2m}\sqrt{k_j - k_j^2 / 2m}} \tag{5-34}$$

其中，相关系数矩阵可用于发现网络的多尺度社团结构。特征值以降序排列，并且第 i 个本征间隙的长度定义为 $\lambda_{i-1}^C - \lambda_i^C (2 \leqslant i \leqslant n)$。与模块度矩阵类似，只考虑正特征值之间的本征间隙。如果第 i 个本征间隙最大，那么 i 是社团的个数。一个相似矩阵称为对称正规 Laplace 矩阵，在 (i, j) 的元素定义为 $\delta_{ij} - A_{ij} / \sqrt{k_i}\sqrt{k_j}$。其中，当 $i = j$ 时，δ_{ij} 为 1，否则为 0。该矩阵常与前面两个 Laplace 矩阵一起应用于谱聚类算法。

5.3.1　基于谱分析的社团划分算法

下面介绍几种通过这些常用的矩阵和相对应的变形矩阵，利用谱分析原理进行的社团划分算法。

1. 谱平分法

一个有 n 个节点的无向图 G 的 Laplace 矩阵是一个 $n \times n$ 维的对称矩阵 L。L 对角线上的元素 L_{ii} 是节点 i 的度，而其他非对角线上的元素 L_{ij} 表示节点 i 和节点 j 的连接关系：如果这两个节点之间有边连接，则 L_{ij} 为 –1，否则为 0。也可以将矩阵 L 表示成 $L = K - A$，其中 K 是一个对角矩阵，其对角线上的元素对应各个节点的度，A 为该网络的连接矩阵。矩阵 L 有一个特征值为 0，且其对应的特征向量 $l = (1, 1, \cdots, 1)$。可以从理论上证明，不为 0 的特征值对应的特征向量的各元素中，同一个社团内的节点对应的元素近似相等。这就是谱平分法[32]的理论基础。

如果一个网络由完全独立的几个社团组成，即构成它的 g 个社团之间不存在边，只有社团内部才存在边，那么该网络的 Laplace 矩阵 L 是一个分成 g 块的对角矩阵块。其中，每一块对角矩阵对应一个社团。显然，该对角矩阵有一个特征值为 0，且每一个社团都有一个相应的特征向量 $v^{(k)}$：当节点 i 属于该社团时，$v_i^{(k)} = 1$，否则 $v_i^{(k)} = 0$。因此，矩阵 L 对应的特征值 0 一共有 g 个退化的特征向量。

如果一个网络具有较明显的社团结构，但这些社团之间并不完全独立，即构成它的 g 个社团并不是完全不连接，而是通过少数的几个边连接，那么相应的 Laplace 矩阵 L 不再是一个可分成 g 块的对角矩阵。此时，它对应的特征值 0 就只有一个特征向量 l。但是，在 0 的附近还有 g−1 个比 0 稍大的特征值，并且这 g−1 个特征值相应的特征向量大致可以看作上述特征向量 $v^{(k)}$ 的线性组合。因此，从理论上来说，只要找到 Laplace 矩阵中比 0 稍大的特征值，并且对其特征向量进行线性组合，就可以找到相关联的对角矩阵块，至少可以找到它们的大致位置。

下面考虑网络社团结构的一种特殊情况，当一个网络中仅存在两个社团，即该网络的 Laplace 矩阵 L 仅对应两个近似对角矩阵块时的情况。对一个对称矩阵而言，它的非退化特征值对应的特征向量总是正交的。因此，除最小特征值 0 外，矩阵 L 的其他特征值对应的特征向量总是包含正、负两种元素。当网络由两个社团构成时，可以根据非零特征值相应特征向量中的元素对网络的节点进行分类。其中，所有正元素对应的节点都属于同一个社团，而所有负元素对应的节点则属于另外一个社团。

综上所述，可以根据网络的 Laplace 矩阵的第二小特征值 λ_2 将其分为两个社团，这就是谱平分法的基本思想。当网络被近似地分成两个社团时，用谱平分法可以得到非常好的效果。但是，当网络不满足该条件时，谱平分法的优点就不能得到充分的体现。事实上，第二小特征值 λ_2 可以衡量谱平分法的效果：该值越小，平分的效果越好。λ_2 也称为图的代数连接度(algebraic connectivity)。

图 5-7 为利用谱平分法分析 Zachary 空手道俱乐部网络得到的结果。图中，方形节点和圆形节点分别代表了原 Zachary 空手道俱乐部网络的实际分裂结果，而阴影和非阴影则代表了利用谱平分法得到的结果。此时，代数连接度为 $\lambda_2 =0.469$。它虽然不是非常小，但也不是非常接近 1。事实上，该算法可非常有效地将网络社团划分成两个与实际情况几乎完全一致的社团(只有节点 3 被

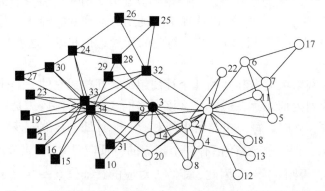

图 5-7　利用谱平分法分析 Zachary 空手道俱乐部网络的结果

错误归类)。然而，从图中可以看到，节点 3 处于两个社团的交界处，分别通过 4 条边与两个社团相连，因此，其本身存在一定的歧义性。

谱平分法的算法复杂度相对较低。一般情况下，计算一个 $n \times n$ 矩阵的全部特征向量的算法复杂度为 $O(n^3)$。但是在大多数情况下，实际网络的 Laplace 矩阵是一个稀疏矩阵，因此，可以用 Lanczos 算法快速计算主要的特征向量。该算法的算法复杂度大致为 $O(m/(\lambda_3 - \lambda_2))$，其中 λ_3 和 λ_2 分别是第三小和第二小的特征值，而 m 表示网络中的边数。由此可见，计算速度得到了很大程度的提高。但是，如果不能很快将 λ_2 从其他特征值中分离出来，算法速度可能在一定程度上有所减慢。换句话说，当网络可以很明显地分成两个社团时，该算法的速度非常快，否则该算法未必很有效。

谱平分法最大的缺点是每次只能将网络平分。如果要将一个网络分成两个以上的社团，就必须对子网络重复进行该算法。

2. Normal 矩阵谱分析法

虽然基于 Laplace 矩阵的谱平分法计算速度较快，但需事先知道社团个数，并且每次只能将网络分为两个社团，在一些情况下很难得到网络的最佳社团结构。针对该缺点 Capocci 等[33]提出了一种基于 Normal 矩阵的谱分析法，这种算法即使对于社团结构不是十分明显的网络也能取得较好的效果。

Normal 矩阵谱分析法是根据网络 Normal 矩阵特征向量中元素的分布特点进行社团检测。网络的 Normal 矩阵定义如下：假设矩阵 A 是具有 n 个节点的复杂网络 G 的邻接矩阵，K 是一个对角矩阵，其对角线上的元素 $K_{ii} = \sum_{j=0}^{n-1} a_{ij}$，即节点 i 的度，则网络 G 的 Normal 矩阵 N 可表示为 $N = K^{-1}A$。Normal 矩阵 N 最大的特征值总是等于 1，相应的特征向量称为平凡特征向量。当一个网络具有比较明显的社团结构且社团数目为 k 时，矩阵 N 总是有 $k-1$ 个和 1 很接近的特征值，其他的特征值和 1 有较大差距。这 $k-1$ 个特征值的特征向量(称为第一非平凡特征向量或第二特征向量)同样具有特殊的结构：同一社团中的节点在特征向量中对应的元素 x_i 非常接近。因此，只要网络的社团结构比较明显，这些特征向量中任意一个元素会呈现阶梯状排列，阶梯的数目则表示社团的个数 k(该特点与 Laplace 矩阵中的第二小特征值相应的元素特点非常相似)。因此，只需研究 $k-1$ 个特征向量中的任意一个，便可以利用它的元素将网络划分为相应的 k 个社团。

在求取矩阵的特征向量时，Capocci 等[33]提出将其转换为一个最优问题进行求解，即基于加权网络分析该算法。假设网络的连接矩阵 $W = w_{ij}$，其中 w_{ij} 表

示节点 i 和节点 j 的边的权值。引入最优化目标函数：

$$z(x) = \frac{1}{2} \sum_{i,j=1}^{n} (x_i - x_j)^2 w_{ij} \tag{5-35}$$

其中，n 为网络节点的数目；x_i 为各个节点定义的一个变量，而且变量 x_i 满足：

$$\sum_{i,j=1}^{n} x_i x_j m_{ij} = 1 \tag{5-36}$$

其中，m_{ij} 为一个已知对称矩阵 M 中的元素。

函数 z 对所有满足式(5-36)的 x 的驻点为

$$(D-W)x = \mu M x \tag{5-37}$$

其中，$D = d_{ij}, d_{ij} = \delta_{ij} \sum_{k=1}^{n} w_{ik}$；$\mu$ 为一个拉格朗日系数。

显然，不同的矩阵 M 对应不同的特征向量问题。例如，当 $M = D$ 时，$D^{-1}Wx = (1-2\mu)x$，对应一个 N 矩阵；当 $M = I$ 时，有 $(D-W)x = \mu x$，对应一个 Laplace 矩阵。

同样的，如果定义 x_i 为特征向量的元素，在式(5-37)的限制下求式(5-35)的最小值，则对应第一非平凡特征向量的问题；而该最小值对应平凡特征向量，这是一个常量。其他的驻点对应的特征向量中，同一个社团内节点相应的元素具有相近的值。

利用该算法计算图 5-8 所示的网络。此网络是一个由 19 个节点组成，社团结构比较明显的网络，其中节点 0～6、节点 7～12 和节点 13～18 分别组成社团。该网络的 Normal 矩阵第二大特征值对应特征向量中各元素的分布如图 5-9 所示，可以看出，各元素呈现了明显的阶梯状排列，而且每个阶梯都对应一个社团。

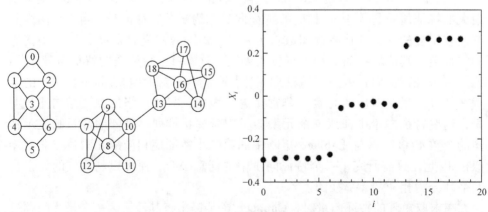

图 5-8　由 19 个节点组成的三社团网络　图 5-9　图 5-8 所示网络的 Normal 矩阵第二大特征值对应特征向量中各元素的分布情况

　　基于 Normal 矩阵的谱分析法对于社团结构明显的网络十分有效，但是当社团结构不是很明显时，Normal 矩阵第二大特征值对应的特征向量中各元素的排列会近似于一条曲线，因此无法仅依靠第二特征向量进行社团结构检测。Capocci 等[33]指出由于同一社团内节点仍具有较强的相关性，每个特征向量中属于同一社团的节点对应的元素值比较相似，这样可以通过比较多个特征向量的算法进行社团结构检测。在此基础上，Capocci 等提出，通过比较若干个不同特征向量中的相应元素，可以获得网络的社团结构。那么，Copocci 等提出了一个连接参量：

$$r_{ij} = \frac{\langle x_i x_j \rangle - \langle x_i \rangle \langle x_j \rangle}{\left[\left(\langle x_i^2 \rangle - \langle x_i \rangle^2 \right) \left(\langle x_j^2 \rangle - \langle x_j \rangle^2 \right) \right]^{\frac{1}{2}}} \tag{5-38}$$

其中，$\langle x \rangle$ 表示若干第一非平凡特征向量中相应的元素求取平均值。r_{ij} 可以用来衡量节点 i 和节点 j 的连接度。显然，对越多的特征向量求平均值效果越好。实际上，即使对于大型的复杂网络，只要对少量的特征向量求平均值就可以获得很好的效果。

　　Capocci 等也将该算法推广到计算有向网络的社团结构。不过，通常情况下，边的作用是简单表示两个节点之间的连接关系，其方向并不重要。正如 Newman 等所指出的，当考虑网络的社团结构时，忽略网络图的有向性在很多情况下对于解决问题更有帮助[1]。因此，在此不对该算法做介绍。

3. 近邻传播算法

　　近邻传播(affinity propagation，AP)算法是由 Frey 和 Dueck 于 2007 年在 *Science* 上提出的。传统的聚类算法，如 K-means 聚类算法，通常需要从数据点中随机选取一些点作为初始的聚类中心，而最终聚类效果的好坏与这些初始聚类中心的选择正确与否有很大关系。AP 算法与传统聚类算法不同，该算法通过实值信息的不断交换来寻找最合适的聚类中心和聚类结果。

　　AP 算法采用数据点间的相似度矩阵作为输入，相似度矩阵 s 的元素 $s(i,k)$ 表示编号为 k 的数据点作为数据点 i 的聚类中心的适合程度。AP 算法不需要事先指定聚类数目和聚类中心，而是通过设定相似度矩阵 s 对角线上元素 $s(k,k)$ 的值指定数据点 k 成为聚类中心的可能性，$s(k,k)$ 越大，数据点 k 成为聚类中心的可能性就越大。通常把为 $s(k,k)$ 指定的值称为 preferences，如果所有的数据点成为聚类中心的可能性相同，那么为所有的数据点指定一个相同的 preferences 值，该值会影响聚类的数目。当 preferences 值设为相似度矩阵所有元素的中间值时，产生的聚类数目适中；当该值设定为相似度矩阵所有元素的最小值时，产生的聚类数目较小。

　　除了相似度矩阵和 preferences 值的设定外，AP 算法的另一个关键过程是信息交换。信息交换的信息类型有两种，在算法执行的任何阶段都可以通过合并这两种信息来决定哪个数据点可以成为聚类中心，以及其他数据点属于哪个聚类中心。一种信息称作 responsibility，用 $r(i,k)$ 表示，从数据点 i 发送到数据点 k 的 responsibility 信息代表了点 k 作为点 i 的聚类中心的适合程度。另一种信息称作 availability，用 $a(i,k)$ 表示，从候选聚类中心 k 发送到数据点 i 的 availability 信息代表了点 i 选择 k 作为其聚类中心的适合程度。基于以上定义，AP 算法的基本步骤描述如下。

　　(1) 根据自定义的算法计算数据点间的相似度、生成相似度矩阵 s，并为矩阵 s 设定 preferences 值。

　　(2) 初始设定 $a(i,k)=0$。

　　(3) 计算 responsibility：

$$r(i,k) \leftarrow s(i,k) - \max_j \{a(i,j) + s(i,j)\}, \quad j \neq k \tag{5-39}$$

　　(4) 计算 availability：

$$a(i,k) \leftarrow \min\{0, r(k,k) + \sum_j \max\{0, r(j,k)\}\}, \quad j \notin \{i,k\} \tag{5-40}$$

$a(k,k)$ 的计算公式为

$$a(k,k) \leftarrow \sum_j \max\{0, r(j,k)\}, j \neq k \tag{5-41}$$

　　(5) 计算 $r(i,i) + a(i,i)$，根据该值确定数据点 i 是否成为聚类中心。

　　(6) 重复步骤(3)~(5)，出现以下两种情况中的一种时退出循环：第 1 种情况，已经达到预先指定的循环次数；第 2 种情况，聚类中心不再改变的次数达到了预先指定的值。

　　(7) 计算 $r(i,k) + a(i,k)$，根据该值确定以 k 为聚类中心的数据点 i。

　　某些情况下 availability 值和 responsibility 值在更新时会产生数值震荡，因此在计算这两个数值后需要分别使用如下公式对它们进行减噪处理：

$$r(i,k) = \lambda \times r_{\text{old}}(i,k) + (1-\lambda) \times r(i,k) \tag{5-42}$$

$$a(i,k) = \lambda \times a_{\text{old}}(i,k) + (1-\lambda) \times a(i,k) \tag{5-43}$$

其中，λ 为阻尼系数。

　　4. 模块密度谱分算法

　　模块密度谱分算法的框架：假设寻求 k 个聚类中最优的社团结构(即最高的值)。先计算矩阵 $2A - C$ 的首个 k 特征向量，对于任意一个 $2 \leqslant c \leqslant k$，采用迭代算法寻找最优的划分 c，该算法可详细描述如下。

　　(1) 计算矩阵 $M = 2A - C$；

　　(2) 使用一种稀疏特征向量分解算法，如兰乔斯法或子图迭代算法，计算

M 的首个 k 特征向量 $u_1,u_2,\cdots,u_k$;

(3) 形成一个包含向量 $u_1,u_2,\cdots,u_k$ 作为列的矩阵 $U \in R^{n \times k}$;

(4) 对每一个 c 值，都满足 $2 \leqslant c \leqslant k$ ，按如下重复执行：第 1 步，产生一个来自矩阵 U 的首个 c 列的矩阵 U_c ；第 2 步，采用 K-means 算法或其他基于向量的聚类算法聚类 U_c 的行向量，对于 $c=1$ ，聚类仅是复杂网络本身；

(5) 选择 c 并得到对应最大 $D(\{V_c\}_{c=1}^k)$ 值的网络划分。

运用模块密度谱分算法分析 Zachary 空手道俱乐部网络。图 5-10 中节点 1 和 33 分别代表教练和管理者，方形节点和圆形节点分别代表管理者和教练。图 5-10(a)表示了 K-means 算法能检测到 Zachary 空手道俱乐部网络中两个主要的社团结构，完全对应于该网络的实际划分。图 5-10(b)表示了基于模块度 Q 的谱分算法将此网络划分为 3 个社团结构。该算法不但能检测出两个主要的社团结构，而且能进一步检测出此网络包含的更复杂的社团结构。但该算法错误地划分了节点 3 ，主要是节点 3 和分裂的两部分有相同的边相连，使得其很难正确分类。事实上，这类节点常常在网络中起"桥"的作用。对于模块密度函数 D ，如果以步长 0.05 从 0~1 选取合适的 A 值，基于模块密度 D 的谱分算法将该网络划分为 4 个社团，如图 5-10(c)所示。从该网络的拓扑结构考察，这 4 个社团结构也比较合理，并且也能正确分类节点 3 。

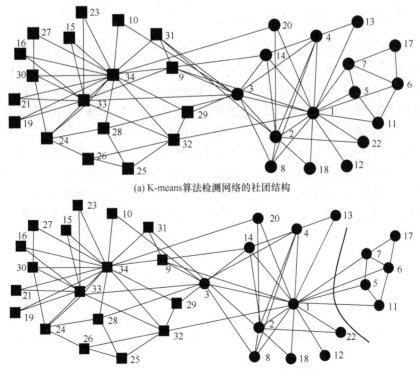

(a) K-means算法检测网络的社团结构

(b) 基于模块度Q的谱分算法检测网络的社团结构

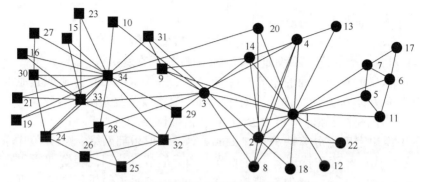

(c) 基于模块密度D的谱分算法检测网络的社团结构

图 5-10　Zachary 空手道俱乐部网络社团划分分析

　　从现实网络的实验结果可以看出，谱分析算法比 K-means 算法有较好的准确性，主要是谱分析算法能从全局上优化目标函数，而 K-means 算法趋于局部最小化搜索并敏感于初始划分的缘故。

　　进一步的研究会试图将谱分析算法和 K-means 算法结合起来，使用一种两层算法发现复杂网络社团结构。这种算法允许使用谱分析算法初始化 K-means 函数，从而在准确性上比谱分析算法和 K-means 算法更高。

5.3.2　网络矩阵谱分析方法的综合分析

　　通过节点度和社团规模呈现异质分布(绝大部分节点的度相对很低，但存在少量度相对很高的节点)的基准网络，评估邻接矩阵、标准 Laplace 矩阵、正规 Laplace 矩阵、模块度矩阵和相关系数矩阵的有效性。从两个角度进行比较，首先关注网络固有社团个数，是否能够根据这五类矩阵的谱准确获得。其次用它们的特征向量划分社团结构，并评估这些矩阵的有效性。测试结果表明，正规 Laplace 矩阵和相关系数矩阵明显优于其他 3 类矩阵。可能的原因是，这两个矩阵都使用了节点度的正规化。可以得出结论：用谱分析算法进行社团结构的检测，考虑节点度的异质分布是很重要的。另外，模块度矩阵与邻接矩阵表现出非常相似的性能，这表明使用节点度满足异质分布的配置模型作为参考网络，模块度矩阵没有得到预定的效益。下面详细介绍这种综合分析。

　　1. 本征间隙确定社团个数

　　邻接矩阵、标准 Laplace 矩阵、正规 Laplace 矩阵、模块度矩阵和相关系数矩阵，这些矩阵对应一个最大本征间隙，可以找出网络的社团个数。以 Zachary 空手道俱乐部网络为例进行谱分析算法的描述，如图 5-11 所示。

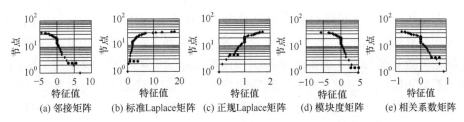

图 5-11 Zachary 空手道俱乐部网络所得的 5 类矩阵的谱

标准 Laplace 矩阵和模块度矩阵的最大本征间隙位置，说明最优社团个数是 2，对应社团结构与真实的分裂网络一致。然而，正规 Laplace 矩阵和相关系数矩阵的最大本征间隙位置表明最优社团个数是 4。

2. 社团划分

在基准网络中，研究上述 5 类矩阵识别社团结构的有效性。利用 Lancichinetti 等提出的基准，基准图构造规则如下。

(1) 给网络中每个节点一个值，使得节点度分布服从幂律分布，指数为 $\gamma(2 \leqslant \gamma \leqslant 3)$，最大节点度 max_$k$ 和最小节点度 min_k 保证网络的所有节点平均度为 $\langle k \rangle$。

(2) 每个节点与所在社团内节点相连接的概率为 $1-\mu$，与社团外其他节点相连接的概率为 μ，其中 $0 \leqslant \mu \leqslant 1$ 为混合参数。

(3) 社团大小服从幂律分布，指数为 $\beta(1 \leqslant \beta \leqslant 2)$，每个社团内节点总和为 N，社团的最大和最小规模符合约束条件：min_$c >$ min_k, max_$c >$ max_k，用来保证任何一个度值的节点至少能包含在一个社团内。

(4) 开始孤立所有节点。一个节点加入任意选择的社团中，如果此社团大小大于节点的度，即此节点邻居节点数，那么此节点加入该社团内部，否则不加入该社团。用此方法依次反复迭代，将孤立的节点放入随机选择的社团中，直到所有孤立节点被分配完为止。

(5) 改变混合参数 μ 对社团内部节点的影响，在所有节点度不变的前提下随机重连，即只改变社团内外的度值。

按照该基准得到的网络节点度和社团大小的分布具有异质性。因此，需进行相应的参数配置，分别是 $(\gamma, \beta)=(2,1)$、$(\gamma, \beta)=(2,2)$、$(\gamma, \beta)=(3,1)$ 和 $(\gamma, \beta)=(3,2)$。最后，通过调整混合参数 μ，在网络上利用社团结构的不同模糊性，检测这 5 类矩阵的有效性。混合参数 μ 越大，生成网络所对应社团结构检测越难。

　　图 5-12 为利用不同的参数配置形成基准网络，分析 4 种谱分析算法精确
识别固有社团个数的有效性。对于每一种参数配置，对应产生 100 个网络。对
应的矩阵分别是标准 Laplace 矩阵(•)、正规 Laplace 矩阵(▲)、模块度矩阵(♦)和
相关系数矩阵(▼)，正规 Laplace 矩阵和相关系数矩阵都能够获得很好的结果。
实际上，使用图 5-12 所示的 4 个参数配置具有相同的结果。当混合参数 $\mu <$
0.5，即社团为强社团时，用正规 Laplace 矩阵和相关系数矩阵的谱能够精确识
别网络的社团个数。甚至当 $\mu > 0.5$ 时(如 0.55)，这两类矩阵仍然能够获得相当
好的结果。邻接矩阵和模块度矩阵表现出非常相似的结果，当社团结构明显时
能得到很好的结果，但是随着混合参数 μ 增加，社团结构变得逐渐模糊时，检
测结果也相应变差。

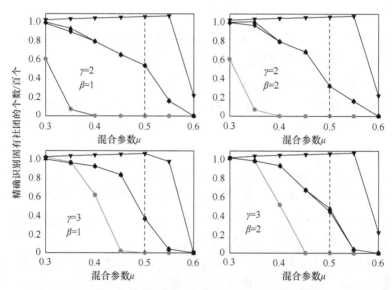

图 5-12　　不同参数配置下精确识别固有社团个数的有效性分析

　　已知社团个数，研究这 4 类测试矩阵的特征向量能否确定预定义网络的社
团结构，测试这 5 类矩阵特征向量的性能。对应的社团检测算法是利用 K-means
聚类算法聚集节点向量的映射。每种算法产生一个代表社团结构的社团结构划
分结果，将产生的社团结构划分与真实的社团结构划分进行比较，利用 NMI
检测算法如图 5-13 所示。NMI 矩阵和模块度矩阵表现出了相似的性能，比正
规 Laplace 矩阵和相关系数矩阵社团结构划分的效果差。标准 Laplace 矩阵性
能最差，当 $\gamma = 2$ 且混合参数 $\mu > 0.6$ 时，NMI 甚至可达到 0.4。此外，在邻接
矩阵、模块度矩阵，尤其是标准 Laplace 矩阵中节点度的异质分布会影响谱分
析算法中 NMI 的大小：

$$\mathrm{NMI}(A,B) = \frac{-2\sum\limits_{i=1}^{C_A}\sum\limits_{j=1}^{C_B}\ln\frac{N_{ij}N}{N_{i.}N_{.j}}}{\sum\limits_{i=1}^{C_A}N_{i.}\ln\frac{N_{i.}}{N}\sum\limits_{j=1}^{C_B}N_{.j}\ln\frac{N_{.j}}{N}} \tag{5-44}$$

其中，N 为混合矩阵，行对应"真实的"社团，列对应"发现的"社团；元素 N_{ij} 为同时出现在真实社团 j 内的节点个数；C_A 为真实社团的个数；C_B 为发现社团数；N_{ij} 的行之和为 $N_{i.}$；N_{ij} 的列之和为 $N_{.j}$。如果 NMI=1，则与真实的社团一样；如果 NMI=0，则每个节点分别为一个社团。

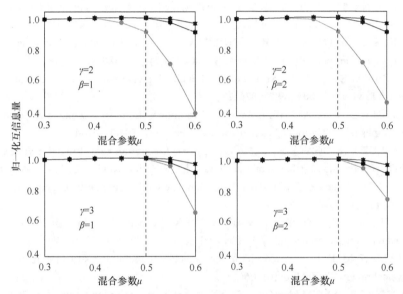

图 5-13　不同参数配置下精确识别社团个数的有效性分析(用归一化互信息量描述)

图 5-13 为利用不同的参数配置形成基准网络，来分析 5 种谱分析算法精确识别固有社团个数的有效性。对于每一种参数配置，产生 100 个网络。对应的矩阵分别是邻接矩阵(■)、标准 Laplace 矩阵(●)、正规 Laplace 矩阵(▲)、模块度矩阵(◆)和相关系数矩阵(▼)。总之，正规 Laplace 矩阵和相关系数矩阵，在根据谱确定网络社团个数和利用主要特征向量识别网络社团结构时，优于其他 3 类矩阵。这说明了当用谱分析算法对社团结构进行检测时，考虑节点度分布的异质性是很重要的。另外，尽管通过引入空模型参考网络，采用模块度研究非均匀性(即配置模型)[31]，这种操作事实上是一种转化变形，并不能缓和节点度异质分布对网络社团结构检测的影响。该现象可以从 Lancichinetti 的基准网络的实验结果看出，即模块度矩阵与邻接矩阵得到的检测结果非常相似。

参 考 文 献

[1] GIRVAN M, NEWMAN M E J. Community structure in social and biological networks[J]. Proceedings of the National Academy of Sciences, 2001, 99: 7821-7826.

[2] TYLER J R, WILKINSON D M, HUBERMAN B A. E-mail as spectroscopy: Automated discovery of community structure within organizations[J]. The Information Society, 2005, 21(2): 143-153.

[3] RADICCHI F, CASTELLANO C, CECCONI F, et al. Defining and identifying communities in networks[J]. Proceedings of the National Academy of Sciences of the United States of America, 2004, 101(9): 2658-2663.

[4] WILKISON D M, HUBERMAN B A. A method for finding communities of related genes[J]. Proceedings of the National Academy of Sciences, 2004, 101(1): 5241-5248.

[5] ARENAS A, DANON L, DIAZ-GUILERA A, et al. Community analysis in social networks[J]. European Physical Journal B, 2004, 38(2): 373-380.

[6] NEWMAN M E J, GIRVAN M. Finding and evaluating community structure in networks[J]. Physical Review E, 2004, 69(2): 026113.

[7] FORTUNATO S, BARTHELEMY M. Resolution limit in community detection[J]. Proceedings of the National Academy of Sciences, 2007, 104(1): 36-41.

[8] TSUCHIURA H, OGATA M, TANAKA Y, et al. Electronic states around a vortex core in high-Tc superconductors based on the t-J model[J]. Physical Review B, 2003, 68(1): 012509.

[9] ZHOU H J. Distance, dissimilarity index, and network community structure[J]. Physical Review E, 2003, 67(6): 061901.

[10] FORTUNATO S, LATORA V, MARCHIORI M. A method to find community structure based on information centrality[J]. Physical Review E, 2004, 70(2): 056104.

[11] NEWMAN M E J. Fast algorithm for detecting community structure in networks[J]. Physical review E, 2004, 69(6): 066133.

[12] CLAUSET A, NEWMAN M E J, MOORE C. Finding community structure in very large networks[J]. Physical Review E, 2004, 70(2): 066111.

[13] DONETTI L, MUNOZ M A. Detecting network communities: A new systematic and efficient algorithm[J]. Journal of Statistical Mechanics: Theory and Experiment, 2004, 2004(10): 10012.

[14] BAGROW J P, BOLLT E M. A local method for detecting communities[J]. Physical Review E, 2005, 72: 046108.

[15] CLAUSER A. Finding local community structure in networks[J]. Physical Review E, 2005, 72: 026132-026139.

[16] 刘绍海, 刘青昆, 谢福鼎, 等. 复杂网络基于局部模块度的社团划分方法[J]. 计算机工程与设计, 2009, 30(20): 4710-4715.

[17] MUFF S, RAO F, CAFLISCH A. Local modularity measure for network clusterizations[J]. Physical Review E, 2005, 72(5): 056107.

[18] WANG C, LI J J, BAI J Q, et al. Max-min K-means clustering algorithm and application in post-processing of scientific computing[J]. International Journal of Applied

Electromagnetics and Mechanics, 2012, 39(1-4): 719-724.

[19] ANIL K J. Data clustering: 50 years beyond K-means]J]. Pattern Recognition Letters, 2010, 31(8): 651-666.

[20] 王千, 王成, 冯振元, 等. K-means 聚类算法研究综述[J]. 电子设计工程, 2012, 20(7): 21-24.

[21] MCQUITTY L L. Multiple clusters, types, and dimensions from iterative intercolumnar correlational analysis[J]. Multivariate Behavioral Research, 1968, 3(4): 465-477.

[22] WATTS D J, STRONGATZ S H. Collective dynamics of 'small-world' network[J]. Nature, 1998, 393: 440-442.

[23] AMARAL L A N, SCALA A, BARTHÉLÉMY M, et al. Classes of small-world networks[J]. Proceedings of the National Academy of Sciences, 2000, 97: 11149-11152.

[24] MARCHIORI M, LATORA V. Harmony in the small-world[J]. Physica A: Statistical Mechanics and its Applications, 2000, 285: 539-546.

[25] BREIGER R L, BOORMAN S A, ARABIE P. An algorithm for clustering relations data with applications to social network analysis and comparison with multidimensional scaling[J]. Journal of Mathematical Psychology, 1957, 12: 328-383.

[26] 王林, 高红艳, 王佰超. 基于局部相似性的 K-means 谱聚类算法[J].西安理工大学学报, 2013, 29(4): 455-459.

[27] CHAUHAN S, GIRVAN M, OTT E. Spectral properties of networks with community structure[J]. Physical Review E, 2009, 80(5): 056114.

[28] ARENAS A, DIAZ-GUILERA A, PEREZ-VICENTE C J. Synchronization reveals topological scales in complex networks [J]. Physical Review Letters, 2005, 96(11): 114102.

[29] CHENG X Q, SHEN H W. Uncovering the community structure associated with the diffusion dynamics on networks[J]. Journal of Statistical Mechanics: Theory and Experiment, 2010(4): 04024.

[30] NEWMAN M E J.Modularity and community structure in networks[J]. Proceedings of the National Academy of Sciences, 2006, 103: 8577-8582.

[31] NEWMAN M E J. Finding community structure in networks using the eigenvectors of matrices[J]. Physical Review E, 2006, 74(3): 036104.

[32] SHEN H W, CHENG X Q, FANG B X. Covariance, correlation matrix, and the multiscale community structure of networks[J]. Physical Review E, 2010, 82(1): 016114.

[33] CAPOCCI A, SERVEDIO V D P, CALDARELLI G, et al. Detecting communities in large networks [J]. Physica A: Statistical Mechanics and its Applications, 2005, 352(2-4): 669-676.

第 6 章　重叠社团发现算法

虽然社团发现算法已经得到学者们的广泛关注，但是社团发现算法的研究，尤其是重叠社团发现算法领域还是新的研究领域，具有非常广阔的研究前景和现实意义。

本章的主要内容是针对当前复杂网络的重叠社团算法进行研究，重点介绍两种重叠社团发现算法，即派系过滤算法(clique percolation method，CPM)和基于边社团的发现算法，同时介绍一系列重叠社团的发现算法，包括重叠社团 GN 算法(cluster-overlap Newman Girvan algorithm，CONGA)。对社团重叠的概念进行深入研究，探索影响社团重叠的因素，发现社团之间的邻居对社团重叠具有重要影响。

6.1　重叠社团的定义

目前，大多数社团发现算法都集中在识别网络中非重叠的社团结构上，默认一个节点或者一个实体只被划分到一个社团中，社团发现算法的重点是基于此开发出高质量、高性能的算法。然而在现实世界中，个体往往同时具有多个群体的属性。例如，在科研合作网络中，一个学者可能在多个领域与人合作；在社会网络中，一个兴趣广泛的人可能同时与多个社团有联系；在生物网络中，一种蛋白质可能与多种其他蛋白质相互作用，因而，这些节点就可能属于多个社团，为多个社团所共享。因此，重叠的社团结构更为普遍,也更能捕获网络的本质。

先介绍几个重叠结构的例子。图 6-1 展示了与 NEWTON 相关的社团网络[1]。可以很清楚地发现它既属于 NEWTON、GRAVITY、APPLE 社团，又属于 SMART、INTELLECT、SCIENTISTS 社团，是网络中的重叠部分。

图 6-2 是酵母菌蛋白质交互作用网络。每个节点表示一个蛋白质，其名字显示在标签里，连接表示相互作用关系。社团可以看作由一个蛋白质和它的连接组成。每个社团对应生物中的一个功能组。该交互网络包含许多重叠的结构，如 YER017C 社团、YPR024W 社团和 YMR089C 社团，它们的蛋白质成员大部

分重叠在一起。

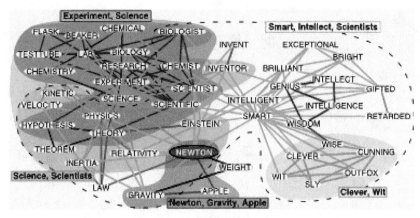

图 6-1　单词关联网络

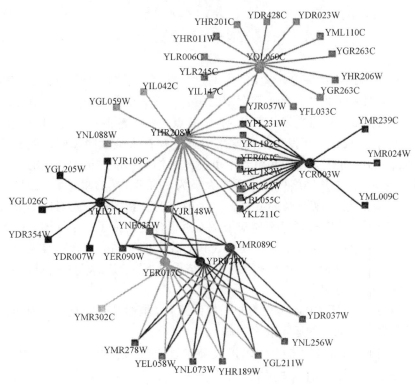

图 6-2　酵母菌蛋白质交互作用网络

图 6-3 是有关重叠社团和非重叠社团划分较好的例子。如果对图 6-3(a)进行划分，图 6-3(b)为非重叠划分，图 6-3(c)为重叠划分。显然图 6-3(c)结构更完整，它们通常在社团结构度量函数上具有更好的值或者更接近完全图(重叠社团)。

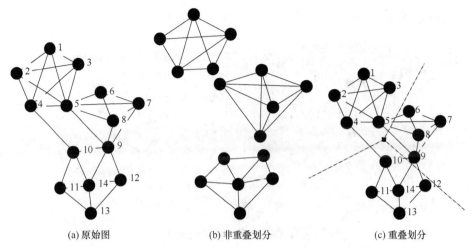

(a) 原始图　　　　　(b) 非重叠划分　　　　　(c) 重叠划分

图 6-3　重叠社团与非重叠社团划分的比较

6.2　派系过滤算法

CPM 从网络中的完全子图出发,通过分析完全子图划分社团。在 CPM 中,社团被定义为一系列相邻的 k 完全图的集合, k 完全图为具有 k 个节点的完全图。如果两个 k 完全图之间共享 $(k-1)$ 个节点,则称这两个 k 完全图相邻。

2008 年,Palla 等[2]发现复杂网络中普遍存在重叠社团结构,提出了著名的 CPM。Palla 等认为社团是由若干重叠的团构成,通过搜索邻接的团可探测网络社团。CPM 先从网络中找出所有大小为 k 的团,然后将每个 k 团作为节点构建一个新的图,当两个 k 团共享 $k-1$ 个节点时,新图中两个对应的节点间才会有边;新图中每个连通子图所对应的 k 团集合便构成了一个社团。因为一个节点可能会同时属于多个 k 团,所以 CPM 找到的社团会出现重叠现象。Palla 等[2]指出,当 $k=4$ 时,CPM 获得的聚类结果最好。Palla 等的工作掀起了重叠社团挖掘的研究热潮。

CFinder 是基于 CPM 实现的一个软件工具,虽然其时间复杂度为非多项式级,但在很多情况下的运行效率很高。

2009 年,Shen 等[3]将极大团(极大全连通子图)视为社团的基本构成单元,提出了一个基于极大团的凝聚式层次聚类算法,用于发现网络中的重叠、层次社团结构。该算法首先找出网络中的所有极大团,并作为初始社团;其次将具有最大相似度的社团对不断合并,从而形成一棵层次聚类树;最后将模块度 Q 扩展为重叠社团函数 EQ,作为层次聚类树的截断标准,从而获得最优的重叠社团结构。该算法复杂度为 $O(n^2+(h+n)s)$，仍然较高，其中 s 是极大团的数目 (理论上界为 $3^{n/3}$)，h 为相邻极大团对的数目。

2010 年，Evans[4]为了发现重叠社团，先将原网络转化为一个团图，然后采用一个合适的节点划分算法聚类该团图。他们的出发点为团图不仅使研究者能避免因"以节点为中心研究网络"所导致的偏好，还能使他们灵活选择合适的节点分析技术分析团图。

Palla 等[5]基于连通性的概念提出了基于派系的社团结构定义。派系是指一些互相连通的"小的全耦合网络"(即完全图)的集合。若该全耦合网络共包含 k 个节点，就称其为 k 派系。可以说，基于派系的社团结构是要求最为严格的一种定义，不过可以通过弱化连接条件进行拓展，形成 k 派系社团。

若两个 k 派系共享 $k-1$ 个节点，那么这两个 k 派系相邻；若一个 k 派系可以通过若干个相邻的 k 派系到达另一个 k 派系，则这两个 k 派系是彼此连通的。基于此，将 k 派系社团定义为由所有彼此连通的 k 派系构成的集合。例如，2 派系是指网络中的任意两个节点最多借助一个中间节点就能够连通；3 派系代表网络中的三角形，而 3 派系社团则代表彼此连通的三角形的集合。随着 k 值的增加，k 派系社团的要求越来越弱，该定义允许社团间在某种程度上存在重叠部分。这就是网络的重叠性，指单个节点可以同时被多个社团所共享。有重叠的社团结构具有很重要的研究价值，是由于在实际系统中，个体往往同时具有多个群体的属性，如图 6-4 所示。

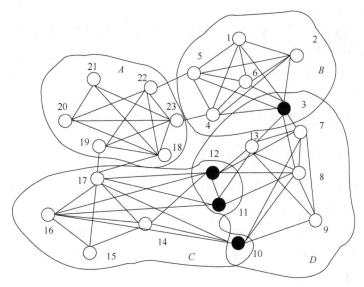

图 6-4　重叠的 4 派系社团

图 6-4 中有 4 个 4 派系社团，分别用 A、B、C、D 表示。从图中可以看出 D 社团和 B、C 社团分别有 1 个和 3 个相互重叠的节点，用实心圆圈表示。

1. 寻找网络中的派系

在 CPM 中，采用由大到小和迭代回归的算法寻找网络中的派系。首先，根据网络中各节点的度可以判断网络中可能存在的最大全耦合网络的大小 s。从网络中一个节点出发，找到所有包含该节点的大小为 s 的派系后，删除该节点及连接它的边(这是为了避免多次找到同一个派系)。其次，另选一个节点，再重复上述步骤直到网络中没有节点为止。至此，找到了网络中大小为 s 的所有派系。再次，逐步减小 s(s 每次减小 1)，重复上述步骤。最后，得到网络中所有不同大小的派系。

从上面的步骤可知，算法中最关键的问题是如何从一个节点 v 出发寻找包括它的所有大小为 s 的派系。对于该问题，CPM 采用了迭代回归的算法。

对于节点 v，定义两个集合 A 和 B。其中，A 为包含节点 v 在内两两相连的所有点的集合，B 为与 A 中各节点都相连的节点集合。为了避免重复选到某节点，集合 A 和 B 中的节点都按节点序号顺序排列。

基于集合 A 和 B 的定义，算法如下。

(1) 初始集合 $A=\{v\}$，$B=\{v$ 的邻居$\}$。

(2) 从集合 B 中移动一个节点到集合 A，同时调整集合 B，删除 B 中与 A 中所有节点不相连的节点。

(3) 如果集合 A 的大小在未达到 s 前集合 B 已为空集，或者 A、B 已有一个较大派系中的子集，则停止计算，选择新的节点 v，返回步骤(1)；否则，当 A 的大小达到 s，就得到一个新的派系，记录该派系，然后选择新的节点 v，返回步骤(1)，继续寻找新的派系。

由此，便可得到从节点 v 出发的所有大小为 s 的派系。

2. 通过派系重叠矩阵寻找 k 派系社团

找到网络中所有的派系后，就可以得到这些派系的重叠矩阵(clique overlap matrix)。与网络连接矩阵的定义类似，该矩阵的每一行(列)对应一个派系。对角线上的元素表示相应派系的大小(即派系所包含的节点数)，而非对角线上的元素则代表两个派系之间的公共节点数。可知，该矩阵是一个对称的方阵，如图 6-5(b)所示。

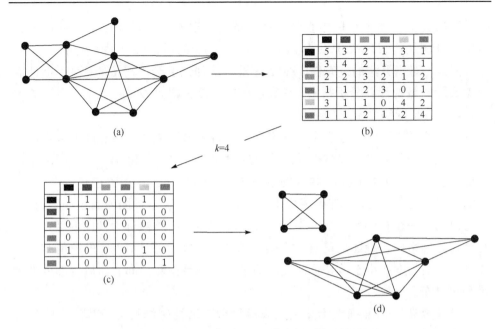

图 6-5　利用 k 派系重叠矩阵寻找 4 派系的社团

　　得到派系重叠矩阵以后，可用来求得任意的 k 派系社团。如前所述，k 派系社团是由共享 $k-1$ 个节点的相邻 k 派系构成的连通图。因此，将派系重叠矩阵对角线上小于 k、非对角线上小于 $k-1$ 的元素置为 0，其他元素置为 1，就可以得到 k 派系的社团结构连接矩阵。其中，各个连通部分分别代表了各个 k 派系的社团。

　　图 6-5 给出了寻找 4 派系社团的例子，图 6-5(a)表示原网络，图 6-5(b)表示该网络的派系重叠矩阵，图 6-5(c)表示对应 4 派系的社团连接矩阵，图 6-5(d)是 4 派系社团连接示意图。寻找 4 派系的社团步骤如下。

　　(1) 找出网络中的 k 派系，此处 k 取值为 4；

　　(2) 根据派系间的公共节点数得到重叠矩阵，对角线上的元素为派系节点数，非对角线上的元素为派系间的公共节点数；

　　(3) 将对角线上小于 k 的元素和非对角线上小于 $k-1$ 的元素置为 0，得到 k 派系的社团连接矩阵；

　　(4) 由 k 派系的社团连接矩阵得到 k 派系社团连接示意图。

　　显然，不同的 k 值会影响最终得到的社团结构。而且，随着 k 值的增大，社团会越来越小，但是结构越来越紧凑。利用这种算法分析一些实际网络得到的社团结构[5]，结果表明，44%的 6 派系社团在 5 派系社团中出现，70%的

6 派系社团在 5 派系社团中找到相似的结构，误差不超过 10%。由此可见，网络的社团结构仅取决于系统本身的特性，与 k 的取值没有太大关系。

另外，对于算法的复杂性，Palla 等没有从理论上给出严格的证明，但他们根据实际网络的计算分析指出，该算法的复杂度大概是 $O(\tan \beta \ln n)$。其中，β 是常数，n 是网络中节点的数目。

Palla 等利用 CPM 分析了科学家合作网络、单词关联网络和酵母菌蛋白质交互作用网络的 k 派社团结构(各网络的 k 值分别取 6、4 和 4)。这些网络中社团的重叠量(任意两个社团共有的节点数)和社团的大小(社团包含的节点数)都满足幂律分布。此外，如果将各个社团看成一个节点，社团间的重叠看成边，就可以构成一个社团网络。其中，与各社团相连边的条数称为社团的度。在这 3 个实际网络中，社团的度有一个明显的特征尺度阈值，其与 k 的取值有直接关系。社团的度在小于该特征尺度的前半部分满足指数分布，而后半部分则满足幂律分布。

算法复杂度和准确性仍然是大规模复杂网络社团结构分析算法面临的两个主要问题。目前，在社团数目未知的情况下，最快的算法复杂度大约为 $O(n \lg^2 n)$。该算法可以帮助分析大型网络的社团结构，但是无法保证得到正确合理的社团结构。而且，其他可能得到更好结果的算法复杂度都比较大，难以应用于超大型网络社团结构的分析。因此，针对不同网络的特点，如何找到快速而且可靠的网络社团结构分析算法，仍然是今后需要解决的主要问题。

复杂网络社团结构的划分已经引起各个学科领域的关注，许多算法被成功的提出和应用。为了量化网络的社团结构，Newman 和 Girvan 提出可将模块度作为一个衡量网络划分质量的标准，模块度的定义为

$$Q = \sum_i (e_{ii} - a_i^2) = \mathrm{Tr}e - \left\| e^2 \right\| \tag{6-1}$$

该式的物理意义：如果网络具有较好的社团结构，则连接相同性质节点的边在所有边中具有较高的比例，并且在同样的社团结构下，大于任意连接网络中的节点时性质相同的节点之间的连边所占的比例。

但是，这里的模块度存在一些问题。第一，存在分辨率极限问题。第二，这里的模块度是指非重叠社团的划分，但是现实生活中，一个节点可能属于不止一个社团，因此基于模块度的方法不能解决重叠的社团结构。图 6-6 展示了一个重叠社团网络结构的示例图。

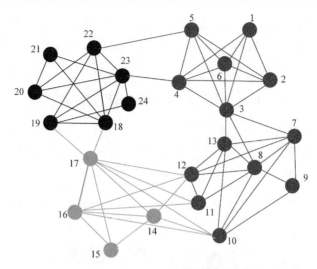

图 6-6　重叠社团网络结构的示例图

重叠社团网络结构可以表示为一个覆盖网络。一个覆盖网络被定义为一组集群，这样每个节点可被分配给一个或多个集群。以图 6-6 为例，图中有 4 个群落结构，即 {1，2，3，4，5，6}、{3，7，8，9，10，11，12，13}、{10，11，12，14，15，16，17}、{18，19，20，21，22，23，24}，重叠的节点为 3，10，11，12。

重叠社团允许社团中一个节点同时属于多个社团，现实中很多网络具有重叠社团结构。当前对重叠社团的模块度表述还没有一个更一般性的表述。Shen 等[6]给出了一个重叠社团模块度的定义，简称 EQ。定义如下：给定一个已经分解好的网络 G，允许一个节点可以同时属于多个社团。令 Q_v 为节点 v 所属社团的个数，$|C|$ 为总社团的个数，m 为网络中的边数，A_{vw} 为网络邻接矩阵中的元素，若节点 v 和 w 之间有边相连接，则 $A_{vw}=1$，否则 $A_{vw}=0$。新的模块度为

$$EQ = \frac{1}{2m} \sum_{i}^{|C|} \sum_{v \in C_i, w \in C_i} \frac{1}{O_v O_w} \left[A_{vw} - \frac{k_v k_w}{2m} \right] \tag{6-2}$$

从式(6-2)可以看出，当一个节点最多属于一个社团时，式(6-2)等价于 Newman 模块度。与 GN 模块度类似，当所有节点属于同一社团时，该模块度等于 0；模块度的值越大，该网络的重叠社团结构越明显。

Nicosia 等[7]将模块度的概念推广到了有向网络，提出有向重叠社团的模块度的概念。一些节点可以同时属于多个社团，为多个社团所共享，但是这些节点和多个社团联系的紧密程度又有所差别。它并不是均匀地被分割到这些社团中，而是按照一定的权值进行分割。给定一个有向图 $G(E,V)$，若已经将

该图分解为 k 个可能相互重叠的社团，对每一个节点定义一个隶属因子向量 $[a_{i1}, a_{i2}, \cdots, a_{ik}]$，其中系数 a_{ik} 表示节点 i 属于第 k 个社团的权值,不失一般性，定义如下：

$$\sum_{k=1}^{|K|} a_{ik} = 1 \qquad 0 < a_{ik} < 1, \forall i \in V, \forall k \in K \tag{6-3}$$

式(6-3)表示任意一个节点的隶属因子之和为 1。然后，借助节点的隶属因子定义边的隶属因子，边 l_{ij} 起于节点 i，终于节点 j，它的隶属因子为

$$\beta_{ik} = F(a_{ik}, a_{jk}) \tag{6-4}$$

式(6-4)表示边 l_{ij} 属于社团 k 的权值，于是，有向重叠社团的模块度可以表示为

$$Q = \frac{1}{m} \sum_{k \in K} \sum_{i,j \in V} (\beta_{l(i,j),k} A_{i,j} - \frac{\beta_{(l(i,j),k)}^{\text{out}} k_i^{\text{out}} \beta_{l(i,j),k}^{\text{in}} k_j^{\text{in}}}{m}) \tag{6-5}$$

其中，

$$\beta_{l(i,j),k} = \beta_{l,k} = F(\alpha_{i,k}, \alpha_{j,k}) \tag{6-6}$$

$$\beta_{l(i,j),k}^{\text{in}} = \frac{\sum_{i \in V} F(a_{i,k}, a_{j,k})}{|V|} \tag{6-7}$$

$$\beta_{l(i,j),k}^{\text{out}} = \frac{\sum_{j \in V} F(a_{i,k}, a_{j,k})}{|V|} \tag{6-8}$$

$\beta_{l(i,j),k}$ 表示起于节点 i，终于节点 j 的边 l 属于社团 k 的隶属因子；$\beta_{l(i,j),k}^{\text{in}}$ 表示终点属于社团 k 的边的隶属因子的数学期望值；$\beta_{l(i,j),k}^{\text{out}}$ 表示起点属于社团 k 的边的隶属因子的数学期望值。

6.3　基于边的社团发现算法

传统凝聚算法的基本思想是将网络中相似度最大的节点合并，逐步探测网络的社团结构。Ahn 等[1]受这一思想启发，将边作为研究对象提出了一种新的社团结构发现算法。该算法避免了节点归属歧义性所引起的难以划分问题，允许部分节点同时属于多个社团，从而能够探测网络的重叠社团结构。

2010 年，Evans 等[4]对网络中的链接进行划分，以产生节点的重叠社团结构。他们先通过"用边表示节点，用节点形成边"的方法，将原始网络转化为线图；然后选择已有的节点划分算法以获取链接社团结构。此后，他们又考虑

了节点度分布的异构性，提出了一个加权线图构建方法，进一步改善了原算法的性能。

2010 年，Ahn 等[1]提出了一个基于边相似性划分链接的层次聚类算法。首先给定由节点 k 连接的一对边 e_{ik} 和 e_{jk}，用 Jaccard 指数计算它们的相似度。其次用单链层次聚类算法产生一棵连接社团结构的层次树。最后定义一个用于截断该层次树的密度函数 D，从而获得最优链接划分。该算法复杂度为 $O(nk_{\max}^2)$，其中 $k_{\max}$ 是网络中最大的节点度。

考虑到现实中社会网络的节点往往具有多重身份属性，可根据不同的身份聚集在相应的社团中(如朋友、家人和同事)，如图 6-7 所示。节点与节点之间的联系都是基于边的，这说明现实生活中的节点有可能属于多重社团，即边社团为网络中对应的某一特定类型的交互(真实网络中的某种性质或功能)。因此，以边为对象使得划分的结果更能真实地反映节点在复杂网络中的角色或功能。

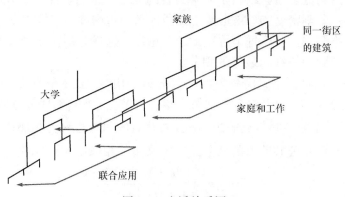

图 6-7　生活关系网

一般认为，社团之间共享部分边缘节点从而产生重叠社团，然而重叠社团结构远比想象的复杂。实际上，除了重叠性，层次性也是社团结构的另一大特性。例如，第 i 层中的中心节点，可能在第 j 层中就变成了边缘节点。可见，重叠性与层次性联系十分紧密，有必要将两者融合在一起解构复杂网络。在目前的众多算法中，唯有边社团给出了社团重叠性和层次性普遍并存的合理解释，以边为对象研究网络社团结构将是一个值得深入研究的方向。

1. 基于边的层次聚类算法

首先将网络中的所有边看作一个社团，基于边的相似度函数合并相似度值最大的两条边，不断重复这一过程，直到整个网络凝聚成一个社团为止[8]。这一过程可以用一个树状图来表示，如图 6-8 所示。在该树状图的不同阈值上利用多层次切割聚类算法进行切割，就能得到网络的社团结构。

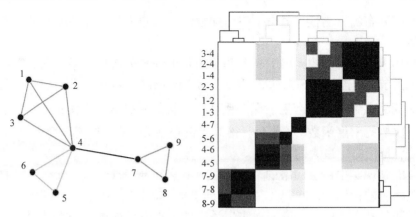

图 6-8　边社团树状图结构

　　系统树状图的连接提供了丰富的层次结构，但为了得到最真实的社团结构，以最佳的阈值切断树状图是非常必要的。为了达到该目的，引入一个新的评价标准——分割密度 D。它是基于社团内部的边密度，与模块度 Q 不同，D 不存在分辨率限制。计算每个层次的分割密度，选择分割密度最大的地方进行切割，便可得到网络社团最好的划分。

　　对于一个无向、非加权网络图 $G=(V,E)$，用 $|V|$ 表示节点集，$|E|$ 表示边集。$n_+(i)$ 表示节点 i 的自包含邻居节点集，由节点 i 及其邻居节点构成。e_{ik} 和 e_{jk} 代表两条以 k 为共同节点的边。有公共节点的两条边称为相邻边，它们之间的相似度高于没有公共节点的两条边。定义边的相似度 S：

$$S(e_{ik},e_{jk})=\frac{\left|n_+(i)\bigcap n_+(j)\right|}{\left|n_+(i)\bigcup n_+(j)\right|} \tag{6-9}$$

　　由式(6-9)可知，边的相似度函数定义是指图中每条边两端节点的共同邻居数占它们所有邻居数的比值。与 GN 算法中的边介数定义存在某种相应性，即边相似度小的边通常有较大的介数，但并不完全一致。

　　举例说明边的相似度计算，如图 6-9 所示。

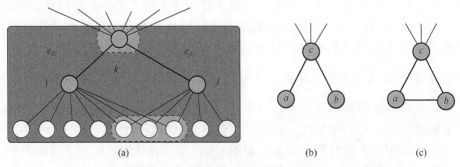

图 6-9　边的相似度计算示例图

图 6-9(a)中边 e_{ik} 和 e_{jk} 共享节点 k ，$\left|n_{+}(i)\bigcup n_{+}(j)\right|=12$ ，$\left|n_{+}(i)\bigcap n_{+}(j)\right|=4$ ，因此 $S=1/3$ 。图 6-9(b)中节点 a 和 b 的度值均为 1，$S=1/3$ 。图 6-9(c)是一个孤立的三角形，$S=1$ 。

为了达到理想的社团划分状态，Ahn 等[1]还提出了一种新的评价标准，即分割密度。该评价标准的思想是社团内部的密度越大，社团划分的效果越好。假定网络有 N 个节点、M 条边，且被划分成 C 个社团，$P=\{p_1,p_2,\cdots,p_C\}$ 。社团 p_C 包含的边数为 m_C ，$m_C=|p_C|$ ，这些边所覆盖的节点数为 n_C ，则社团 p_C 的连接密度：

$$D_C=\frac{m_C-(n_C-1)}{n_C(n_C-1)/2-(n_C-1)} \tag{6-10}$$

式(6-10)反映了社团内部连边的紧密程度，D_C 越大，社团 C 的密度越大。在此基础上，整个网络的分割密度 D 等于所有社团连接密度的平均值：

$$D=\frac{2}{M}\sum_C m_C\frac{m_C-(n_C-1)}{(n_C-1)/2-(n_C-1)} \tag{6-11}$$

基于边的层次聚类算法描述如下。

输入：网络图 $G=(V,E)$ 的邻接矩阵 A ，选择社团定义标准；

输出：网络图 G 的社团结构 $G=(G_1,G_2,\cdots,G_k)$ 。

(1) 计算所有边的相似度 S ；

(2) 根据 S 画出树状图；

(3) 计算各阈值的分割密度，找出分割密度值最大的点进行划分。

为了验证基于边的层次聚类算法发现局部社团的满意程度和算法的执行效率，选取社会网络中经典的 Zachary 空手道俱乐部网络，如图 6-10 所示，图

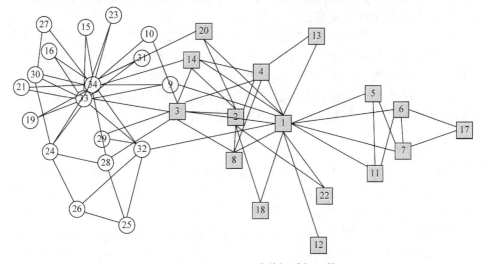

图 6-10　Zachary 空手道俱乐部网络

中圆形和方形节点分别代表了两个真实的社团结构。

利用基于边的层次聚类算法对整个网络进行全局聚类,即探测全部社团结构。当采取不同的阈值,算法发现的社团结构如图 6-11 所示。从图中可以看出,当选取不同的阈值时,整个网络将划分为不同的社团结构。

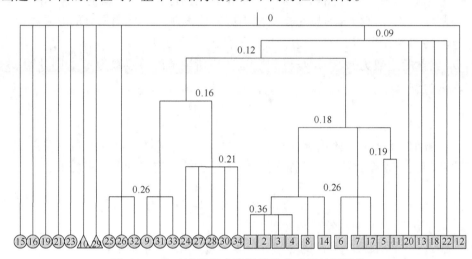

图 6-11　基于边的层次聚类算法发现的社团结构

算法在运行时主要涉及两方面运算,一是由节点出发相邻节点间的边连接权重的计算;二是对队列节点中待选节点的循环验证。假设图中节点的邻居节点数的平均值为 k,则计算一个节点的邻居边连接权重的算法复杂度大致为 $O(k^2)$,遍历图中所有节点的算法复杂度为 $O(k^2n)$,n 为图中的节点总数,大规模复杂网络算法复杂度近似于 $O(m)$,m 为图中所有的边数。由此可见,该算法复杂度近似于线性复杂度。

目前针对社团探测的算法有很多,与现有的算法相比,基于边的层次聚类算法无需事先获知网络的整体结构,而且对初始节点的选取没有限制。只是对于局部社团的探测,需要多次调整阈值以获取满意的结果。此外,该算法复杂度也优于其他大部分社团发现算法,接近线性复杂度。通过对随机网络和社会网络的实验验证,该算法高效地获得了局部社团结构。

2. LGPSO 算法

Ahn 等[1]于 2010 年提出基于边图的重叠社团发现算法。首先计算边对的相似度,对其进行降序迭代合并,直到所有的边都在同一个社团中。黄发良等[9]受到边图思想的启发,将其与粒子群优化的思想相结合,提出了一种基于边图与粒子群优化[10-14]的网络重叠社团发现 (communities discovery based on line graph and particle swarm optimization, LGPSO)算法。该算法无需用户指定社团个数等算法参数，且能够有效揭示网络内在的重叠社团结构。

该算法首先引入线图理论，做如下定义。

定义 6-1 令 V 为给定非空集合，$P=\{P_1,P_2,\cdots,P_m\}$，其中，$P_i \subseteq V, P_i \neq \varnothing$ $(i=1,2,\cdots,m)$ 且 $U_{i=1}^m P_i = V$，集合 P 称作集合 V 的覆盖。

定义 6-2 若集合 V 的覆盖 P 满足 $P_i \bigcap P_j = \varnothing (i \neq j)$，则集合 P 可称作集合 V 的划分。

定义 6-3 集合 V 的任意两个覆盖分别为 $P=\{P_1,P_2,\cdots,P_m\}$ 与 $P'=\{P_1',P_2',\cdots,P_m'\}$，若对于每一个 P_i，均有 P_j' 使得 $P_i \subseteq P_j'$，则称 P 为 P' 的加细。

定义 6-4 给定结点集合 V 的覆盖 P，其中任意两个分块 P_i 与 P_j 的重叠程度称为分块重叠率 OR，$OR(P_i,P_j)=\dfrac{|P_i \bigcap P_j|}{\min(|P_i|,|P_j|)}$。

定义 6-5 给定无向图 $G=(V,E)$，其对应的线图 $L(G)$ 满足如下条件：$L(G)$ 是以 $E(G)$ 为节点集，且只要 E 中边 e_1 与 e_2 在 G 中是相邻边，在 $L(G)$ 中就是相邻节点。

性质 6-1 若图 G 连通，则线图 $L(G)$ 也连通。

性质 6-2 线图 $L(G)$ 节点集合的一个划分对应原图节点集合的一个覆盖。

1) 粒子编码

粒子编码采用基于节点邻居有序表的编码方法，其基本思想：首先对网络节点进行编号，其次对每个节点根据其编号进行排序形成邻居有序表，在初始化或粒子位置更新阶段生成新粒子时，确保该粒子的合法性。以图 6-12(a) 中的

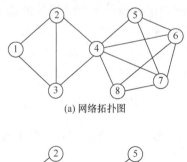

(a) 网络拓扑图

维数	1	2	3	4	5	6	7	8
位置	1	1	1	4	3	4	2	1

(b) 粒子编码位置表

中心节点	邻居有序表						
1	2	3	4				
2	3	4					
3	2	4					
4	1	2	3	5	7	8	
5	4	6	8				
6	4	5	7				
7	4	6	8				
8	4	6	7				

(d) 邻居有序表

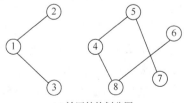

(c) 社团结构划分图

图 6-12 网络社团的粒子编码方案

网络为例，首先建立各节点的邻居有序表，如图 6-12(d)所示，根据此表可以对社团结构划分图 6-12(c)进行粒子编码，结果见图 6-12(b)。该编码方式有如下三个优势：①可避免非法粒子的产生；②自动确定社团数；③避免基于二值编码的迭代二划分策略陷入局部最优划分。

2) 粒子更新策略

LGPSO 算法分别采用式(6-12)与式(6-13)对粒子速度与位置进行更新：

$$y_i(t+1) = wy_i(t) + c_1 \times r_1 \times [P_i - x_i(t)] + c_2 \times r_2 \times [P_g - x_i(t)] \tag{6-12}$$

$$x_i(t+1) = \begin{cases} k, & \rho < \mathrm{sig}(v_{ij}(t+1)) \text{且} \deg(i) > 1 \\ x_i(t), & \text{否则} \end{cases} \tag{6-13}$$

其中，$x_i = (x_{i1}, x_{i2}, \cdots, x_{id})$ 表示粒子 i 的位置；$y_i = (y_{i1}, y_{i2}, \cdots, y_{id})$ 表示粒子 i 的速度；$P_i = (P_{i1}, P_{i2}, \cdots, P_{id})$ 表示粒子 i 具有最佳适应度值的历史最优位置；$P_g = (P_{g1}, P_{g2}, \cdots, P_{gd})$ 表示整个粒子群的历史最优位置；$\mathrm{sig}(y_{ij}) = \left| \dfrac{1 - \exp(-y_{ij})}{1 + \exp(-y_{ij})} \right|$；$\rho$ 表示预定阈值；k 表示除当前连接邻居外任一随机的邻居节点，即 $k = \mathrm{ceil}(\mathrm{rand} \times \deg(i)), k \neq x_i(t)$，ceil 为上取整函数；$\deg(i)$ 表示节点 i 的度；t 表示进化代数；w 表示惯性系数；c_1 与 c_2 表示学习因子，可取常数，也可根据算法需要进行动态修正；r_1 与 r_2 表示均匀分布在[0, 1]的随机数。

3) 粒子适应度

由于每个粒子对应网络线图的一种社团划分方案，粒子适应度代表社团划分的质量。社团划分质量的评价函数有很多种，不同的社团定义对应着不同的社团划分质量评价函数。本小节采用模块度 Q 值评价社团划分质量的简述如下。

假设粒子形成图 G 的 k 划分，则可定义 $k \times k$ 的矩阵 R，其对角元素 R_{ii} 表示第 i 个社团中节点内部度占图中所有节点度和的比例，而非表示社团 i 的节点到其他社团 j 的边数占图中所有边数的比例。据此给出 Q 值：

$$Q = \sum_i (R_{ii} - a_i^2) = \mathrm{Tr}R - |R^2| \tag{6-14}$$

其中，$a_i = \sum_j R_{ij}$，表示与第 i 个社团中节点相连的边数占所有边数的比例。

4) 优化重叠社团结构

在实验的过程中，发现社团的一个最优划分未必对应于原图的一个最优覆盖，而更多的是对应原图的一个次优覆盖，该次优覆盖是最优覆盖的加细。那么该如何对次优覆盖进行求精得到最优的重叠社团结构。关于如何将模块度 Q 值进行拓展来测度有重叠的社团结构方面的研究成果不多，借鉴文献[3]中的

Q_{ov} 函数，本小节设计了一个社团重叠社团的后续优化过程，其基本思想是根据社团重叠率进行重叠社团的合并，进而依据 Q_{ov} 值确定最优的重叠社团。

假设 P 为某个粒子所对应原图的一个覆盖，m 为原图中的边数，原图中节点 i 的度为 k_i，原图的邻接矩阵为 A，原图的节点 i 所属社团的数目为 O_i，则适用于重叠社团结构的评价函数如下：

$$Q_{\text{ov}} = \frac{1}{2m} \sum_{c \in P} \sum_{i,j} \frac{1}{O_i O_j} \left(A_{ij} - \frac{k_i k_j}{2m} \right) \delta_{ic} \delta_{jc} \tag{6-15}$$

其中，若节点 i 属于社团 C，函数 δ_{ic} 的取值为 1；反之，取值为 0。

5) 算法描述及复杂度分析

LGPSO 算法步骤可划分为三个部分：①步骤 1～3，主要负责初始化算法，建立所需要的相关参数与数据结构；②步骤 4～9，主要通过粒子群优化算法实现线图的最优划分；③步骤 10～14，在层次合并的过程中发现最优重叠社团并输出。

LGPSO 算法基本流程描述如下。

步骤 1：将原始网络图转变成对应的线图，建立各节点的邻居有序表；

步骤 2：设置粒子位置和速度的范围，以及粒子群惯性因子 w，根据线图节点的数量设置粒子的位置向量和速度向量的维度；

步骤 3：初始化粒子群，运用粒子位置修正策略确保粒子合法；

步骤 4：复制粒子的当前位置向量到经验位置，并将每个粒子当前位置的适应度复制到经验适应度；

步骤 5：选出适应度最高的粒子，并将其经验位置向量和经验适应度分别作为群最优位置和群最优经验；

步骤 6：根据式(6-13)与式(6-12)对每个粒子更新自身的位置和速度，运用粒子位置修正策略确保粒子合法；

步骤 7：根据式(6-15)计算每个粒子的适应度，并与其经验适应度相比较，如果优于其经验适应度，则更新该粒子的经验位置及其适应度；

步骤 8：计算出群体中最优粒子，与当前群最优适应度相比较，如果优于当前群最优粒子，则更新群最优位置和群最优适应度；

步骤 9：如果停止条件不满足，则转到步骤 4；

步骤 10：根据线图与其原图的对应关系将线图划分转变成原图的覆盖；

步骤 11：计算当前重叠社团结构的 Q_{ov} 值与每一对社团的重叠率；

步骤 12：选择具有最大重叠率的社团进行合并，对合并后的社团进行包含检测，将被其他社团包含的社团删除；

步骤 13：重复步骤 11～13，直到社团数为 1；

步骤 14：输出具有最大 Q_{ov} 的重叠社团。

假定原网络的节点数为 n，边数为 m，迭代次数为 t，粒子数为 k，则算法的复杂度估计如下。首先分析第 1 部分：对于步骤 1，令线图中的节点平均度数为 d，由于真实网络的 d 往往是一个很小的常量，将原始网络图转变成对应线图的复杂度为 $O(2\times d\times m)\approx O(m)$，建立各节点的邻居有序表的复杂度为 $O(m\times d\times\lg d)$，故有复杂度 $O(m)$；步骤 2 与步骤 3 都是粒子的初始化，则其复杂度为 $O(m\times k)$。故第 1 部分的复杂度为 $O(m\times k)$。其次分析第 2 部分：步骤 4 是粒子经验的复制，其计算复杂度为 $O(m\times k)$；步骤 5 是获取最优粒子，其复杂度为 $O(k)$；步骤 6 是粒子经验的更新，其计算复杂度为 $O(m\times k)$；步骤 7 是粒子适应度的计算，根据粒子构造社团结构的复杂度为 $O(m)$，若令一次迭代产生 r 个社团，社团的平均大小为 m/r，则社团内链接度的计算复杂度为 $O(r\times(m/r)^2)=O(m^2/r)$，社团间链接度的计算复杂度为 $O(r\times((m\times r)\times(m\times r)\times(r-1)))\approx O(m^2/r)$，故步骤 7 的复杂度约为 $O(m^2/r)$；步骤 8 是计算最优粒子，其复杂度为 $O(k)$；步骤 9 是停止条件(迭代次数)判定，为常量复杂度 $O(1)$。故第 2 部分的复杂度为 $O(t\times m^2/r)$。最后分析第 3 部分：步骤 10 是将线图划分转变成原图的覆盖，其复杂度为 $O(m)$；步骤 11～13 是一个执行社团合并运算的循环，假定算法第 2 部分产生的最优社团结构中含有 s 个社团，$O(m^2/2+m^2/3+\cdots+m^2/s)\approx O(m^2\times(\ln(s+1)-1+0.577218)\approx O(m^2)$；步骤 14 是输出结果，复杂度为 $O(1)$。故算法第 3 部分的复杂度为 $O(m^2)$。综合上述分析可知，算法的复杂度为 $O(t\times m^2/r)$。由复杂度分析可以看出，LGPSO 算法处理大规模网络的速度比较慢，这是由于大规模网络的边数 m 很大，尽管此时 r 值也很大，但是在维数约为 $m\times d/2$ 的高维空间中进行寻优，势必需要较大的迭代次数 t 才能发现较优的社团结构。

6) 仿真实验

3 个真实网络分别是 Zachary 空手道俱乐部网络见图 6-13，海豚家族关系网络见图 6-14，《红楼梦》(HLM)网络见图 6-15，从名著中选取 63 个主要人物，以 5 个家族(宁国府、荣国府、王府、史府和薛府)为依据生成社会网络。其中 HLM 网络的人物关系非常复杂，在此主要考虑血缘关系与典型的媒介关系，如图 6-15(a)所示，圆圈表示史府人员(7 人)，上三角表示薛府人员(12 人)，方形表示王府人员(1 人)，下三角表示荣国府人员(28 人)，田字形表示宁国府人员(15 人)，该网络包含 63 个节点和 121 条边。

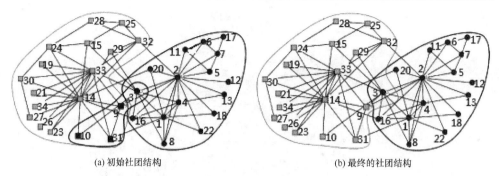

(a) 初始社团结构　　　　　　　　　　　　　(b) 最终的社团结构

图 6-13　Zachary 空手道俱乐部网络

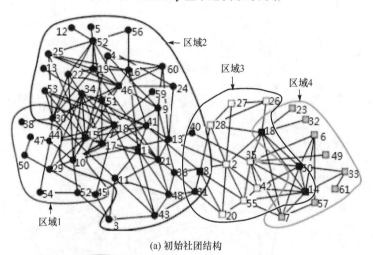

(a) 初始社团结构

(b) 最终的社团结构

图 6-14　海豚家族关系网络

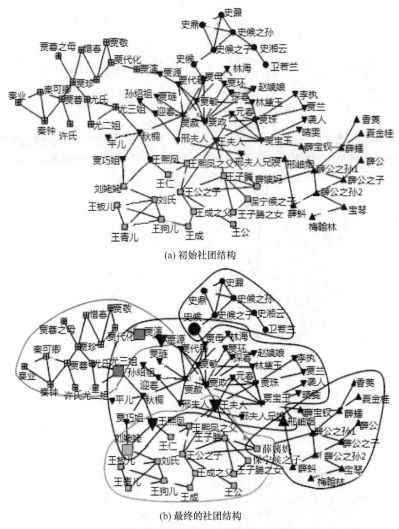

(a) 初始社团结构

(b) 最终的社团结构

图 6-15　HLM 网络

为了验证算法的有效性，采用 NMI 度量网络的真实社团结构与算法计算所得社团结构的相似性。首先采用 LGPSO 算法对 Zachary 空手道俱乐部网络进行社团分析，图 6-13(a)对应初始社团结构，包含 3 个有重叠的社团，节点 3、9、10 与 31 为社团共享节点，其他节点均为单社团节点，初始社团结构的 Q_{ov} =0.222，与真实社团结构相比较得出 NMI=0.823。对此初始社团结构进行基于社团重叠率的优化合并后得到最终的社团结构，如图 6-13(b)所示，只有节点 3 包含于 3 个社团，其他节点都准确地归属于其真实社团中，最终社团结构的 Q_{ov} =0.2313，NMI=0.9028。

其次分析海豚家族关系网络，图 6-14(a)对应初始社团结构，包含 4 个有重叠的社团，其中节点 15、30 与 10 为区域 1 表示的社团与区域 2 表示的社团共享；节点 40、8 与 31 为区域 2 表示的社团与区域 3 表示的社团共享；节点 50、14 与 18 为区域 3 表示的社团与区域 4 表示的社团共享，其他节点均为单社团节点，该初始社团结构的 Q_{ov}=0.156，与真实社团结构相比较得出 NMI=0.47，显然此时社团结构的质量有所提升。进一步对此初始社团结构进行基于社团重叠率的优化合并，得到最终的社团结构如图 6-14(b)所示，只有节点 8、31 与 40 为两个社团共享，其他节点都准确地归属于其真实社团中，此时社团结构的 Q_{ov}=0.318，NMI=0.824。

最后分析 HLM 网络，从网络的最终社团结构[图 6-15(b)]可以发现：史府社团与荣国府社团共享节点"史侯"，宁国府社团与荣国府社团共享节点"尤三姐""贾源""贾演"，王府社团与荣国府社团共享节点"刘姥姥""王熙凤""王夫人"，薛府社团与王府社团、荣国府社团分别共享节点"薛姨妈""邢岫烟"。从这些共享节点可以看出，HLM 网络中的四大家族主要是以婚姻裙带关系盘根错节形成一个难以分割的集团："尤二姐"嫁给"贾琏"，"王熙凤"嫁给"贾琏"，"王夫人"嫁给"贾政"，"薛姨妈"嫁给"王公之子"，"邢岫烟"嫁给"薛蝌"，还有史侯的女儿"贾母"嫁给"贾代善"，当然还有兄弟关系"贾演"与"贾源"，有趣的是"刘姥姥"成为一个共享节点。此时社团结构的 Q_{ov}=0.517，NMI=0.835。

为了更好地评价算法的有效性，将 LGPSO 算法在 3 个数据集上分别运行 50 次，取 NMI 的平均值，并与 CPM 算法、层次聚类(hierarchical link clustering, HLC)算法、孔雀(PEACOCK)算法进行比较，见表 6-1(HLC 算法中的 t 为边相似度阈值)。由表可知，只有在 HLM 网络中，PEACOCK 算法获得了与 LGPSO 算法相当的效果，在其他情况下，LGPSO 算法所得的社团结构与真实社团相一致的程度远远高于前两者。

表 6-1 LGPSO 算法与 HLC 算法、PEACOCK 算法、CPM 算法的 NMI 比较

网络	CPM(k=3)	HLC	PEACOCK	LGPSO
Zachary 空手道俱乐部网络	0.335	0.231(t=0.3)	0.558	0.905
海豚家族关系网络	0.461	0.257(t=0.25)	0.746	0.822
HLM 网络	0.211	0.432(t=0.15)	0.839	0.836

一般而言，惯性因子与粒子数对粒子群优化算法的收敛性有着较大影响，因此，本小节从这两个参数的不同设置对算法的收敛性进行分析，下面是

LGPSO 算法在 3 个真实网络 50 次寻优的实验结果分析。首先分析惯性因子的影响，从图 6-16 可以看出，惯性因子 w 在不同的网络中对算法收敛性的影响作用不同：对于 Zachary 空手道俱乐部网络，惯性因子为 0.5 时，算法收敛较快且都能收敛到最优 Q 值；对于海豚家族关系网络，惯性因子为 0.5 时，算法收敛性最好；对于 HLM 网络，惯性因子为 0.7 时算法收敛性最好。比较分析可知，惯性因子的影响作用与具体问题相关，对于不同问题，选取合适的惯性因子可以加快算法收敛速度和精度。其次讨论粒子数的影响，从图 6-17 中可以看出，对于 Zachary 空手道俱乐部网络，粒子数为 20～40 时，算法收敛较快且都能收敛到最优 Q 值，其中粒子数为 20 时收敛最快，而粒子数为 10 时算法陷入局部最优；对于海豚家族关系网络，粒子数为 30～40 时，算法能较快地收敛到最大 Q 值，但当粒子数为 30 时，需要更多的迭代次数，而对于粒子数为 20 与 10 时，算法都陷入到局部最优值；对于 HLM 网络，其情形与海豚家族关系网络类似，但当粒子数为 10 时，其 Q 值的最优性很差。从上面的分析可知，粒子数对算法性能的影响程度与网络规模(即原网络的边数)相关。

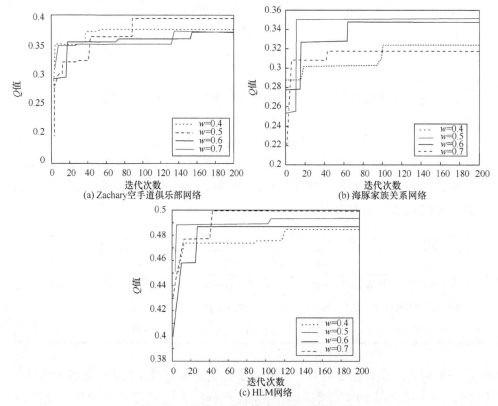

图 6-16　惯性因子对算法收敛性能的影响

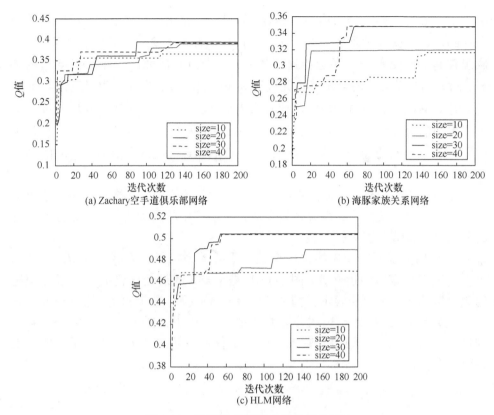

(a) Zachary空手道俱乐部网络　　　(b) 海豚家族关系网络

(c) HLM网络

图 6-17　粒子数对算法收敛性能的影响

3. CONGA 算法

2007 年，Steve Gregory 在 GN 算法的基础上加入节点分裂的思想，即认为每个节点应当能至少和它的一个邻居节点在一个社团内，除非是一个孤立的社团或根本没有社团。因此一个节点 v 应当能被分裂至多 $d(v)$ 次，其中 $d(v)$ 是节点 v 的度，并在此基础上提出重叠社团 Newman Girvan 算法(cluster-overlap Newman Girvan algorithm，CONGA)。

GN 算法的基本操作是移除边，而 GONGA 的基本操作是分裂节点。一个节点 v 被分裂成两个节点 v_1 和 v_2，那么节点 v 原来所对应的边将会重新定向连接 v_1 和 v_2，那么 v_1 和 v_2 之间至少存在一条边。通过逐步的分裂，节点 v 可以被分裂成至多 $d(v)$ 个节点，在社团形成过程中节点数目不断增加。这种二分节点的分裂方法与 GN 算法非常相似，同移除一条边一样，分裂一个节点同样可以使一个社团划分成两个。

为了确定何时分裂一个节点，哪个节点应该分裂和怎样分裂它？CONGA

引入了"分裂介数(split betweenness)"的概念。显然，如果节点 v 同时属于两个社团，那么就有必要把节点 v 分裂成 v_1 和 v_2。对于每一个要分裂的节点 v，假想在 v_1 和 v_2 之间有一条边相连，如果 u 是节点 v_1 的邻居，w 是节点 v_2 的邻居，所有通过节点 v 的最短路径经过边 $\{u,v\}$、$\{v,w\}$，现在变为经过边 $\{u,v_1\}$、$\{v_1,v_2\}$、$\{v_2,w\}$。因为假想边的权重为 0，所以不会改变最短路径的长度。关于假想边的边介数 $C_B(\{v_1,v_2\})$，存在 $2^{d(v)}-1$ 种分裂方法。定义 $C_B(\{v_1,v_2\})$ 最大的分裂为节点 v 的最佳分裂(best split)，$C_B(\{v_1,v_2\})$ 的最大值为节点 v 的分裂介数。

在每一步，CONGA 不仅要计算每一条边的边介数，还要计算每一个点的分裂介数。假如某个点的最大分裂介数大于网络中的最大边介数，则按其最好的分裂方法将该节点进行分裂。

图 6-18(a)显示一个网络由两个相互重叠的小社团 $\{a,b,c\}$ 和 $\{a,d,e\}$ 组成。边上的数字是该边的边介数；图 6-18(b)是节点 a 的最佳分裂 a_{bc} 和 a_{de}，假想边的边介数为 8，用虚线表示。图 6-18(c)和(d)显示了节点 a 的其他分裂方法。在这些分裂方法中，假想边的分裂介数都小于 4，也证明了图 6-18(b)是节点 a 的最好分裂。因为它的边介数大于网络中任何一条边的边介数，所以要分裂该节点。

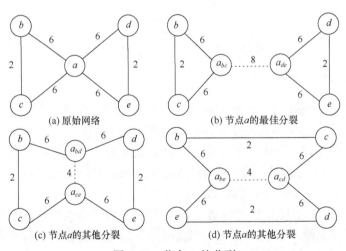

(a) 原始网络　　(b) 节点 a 的最佳分裂
(c) 节点 a 的其他分裂　　(d) 节点 a 的其他分裂

图 6-18　节点 a 的分裂

图 6-19 显示一个没有集群现象的网络，任何一个(2+2)分裂都是一个最佳分裂，节点 a 和与其相连各边的边介数都是 8。在这种情况下，选择移除一条边，即当某一点的最大分裂介数和网络中的边的最大边介数相等时，选择移除一条边。

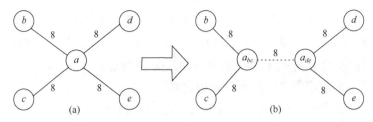

图 6-19　节点 a 的最佳分裂：分裂介数为 8

如果节点 v_1(或 v_2)仅有一个邻居节点，CONGA 不会分裂其为 v_1 和 v_2。这是由于该情况下，边 $\{v_1,v_2\}$ 的边介数和边 $\{u,v_1\}$ 的边介数相等，如图 6-20 所示。在这种情况下，选择移除边 $\{u,v\}$，而不是分裂节点 v。正是由于这一情况，当一个节点度值小于 4 时，不分裂该类节点。这样，仅有 $2^{d(v)-1}-d(v)-1$ 种方式分裂一个节点。

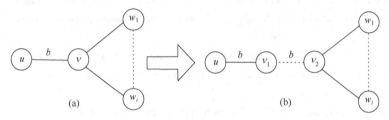

图 6-20　节点 v 不会分裂成两个节点，其中一个节点度值为 1

当把节点 v 分裂成 v_1 和 v_2 时，同时也把与其相邻的节点相应地分裂成两个集合 n_1 和 n_2，n_1 和节点 v_1 相连，n_2 和节点 v_2 相连。这时，求节点 v 的分裂介数等价于从这两个集合中选取节点(从每个集合各选一个节点)构成节点对，求通过这些节点对的最短路径中通过节点 v 的数目。显然，它不大于通过节点 v 的所有最短路径数目，即节点 v 的分裂介数不大于节点 v 的点介数(点介数是通过节点 v 的最短路径数目)。可以通过边介数计算点介数：

$$c_B(v) = \frac{1}{2}\sum_{e\in\varGamma(v)} c_B(e) - n - 1 \tag{6-16}$$

其中，$\varGamma(v)$ 是以节点 v 为一端点的边的集合；n 是节点的个数。在优化过程中，可以把点介数作为该点分裂介数的上界，假如节点 v 的点介数不大于最大的边介数，则不计算该点的分裂介数。

于是，CONGA 的计算过程如下。

步骤 1：计算网络中所有边的边介数；

步骤 2：利用式(6-16)，通过边介数计算每一个节点的点介数；

步骤 3：寻找点介数大于边介数的节点集形成候选集；

步骤4：如果节点集非空，用式(6-16)计算候选节点的分裂介数；

步骤5：移除具有最大边介数的边,或者分裂具有最大分裂介数的节点；

步骤6：重复计算剩余部分的边介数或分裂节点；

步骤7：重复步骤2，直到没有边存在。

在 CONGA 中每个节点分裂成的节点数目均值最大是 $2m/n$，因此节点分裂的算法复杂度为 $O(m)$；迭代循环执行的数目仍是 $O(m)$，并且边的数目不变，这使得算法复杂度最大可达到 $O(m^3)$。

参 考 文 献

[1] AHN Y Y, BAGROW J P, LEHMANN S. Link communities reveal multiscale complexity in networks[J]. Nature, 2010, 466: 761-764.

[2] PALLA G, ABEL D, FARKAS L, et al. k-Clique Percolation and Clustering[M]//BOLLOBÁS B, KOZMA R, MIKLÓS D. Handbook of Large-Scale Random Networks. Berlin: Springer, 2008.

[3] SHEN H, CHENG X, CAI K, et al. Detect overlapping and hierarchical community structure in networks[J]. Physica A: Statistical Mechanics and its Applications, 2009, 388(8): 1706-1712.

[4] EVANS T S. Clique graphs and overlapping communities[J]. Journal of Statistical Mechanics Theory and Experiment, 2010(12): P12037.

[5] PALLA G, DERNYI I, FARKAS I, et al. Uncovering the overlapping community structure of complex networks in nature and society[J]. Nature, 2005, 435 (7043): 814-818.

[6] SHEN H W, CHENG X Q, GUO J F. Quantifying and identifying the overlapping community structure in networks[J]. Journal of Statistical Mechanics: Theory and Experiment, 2009, 2009(7): P07042.

[7] NICOSIA V, MANGIONI G, CARCHIOLO V, et al. Extending the definition of modularity to directed graphs with overlapping communities[J]. Journal of Statistical Mechanics Theory and Experiment, 2009(3): 3166-3168.

[8] 高红艳, 钱郁, 刘飞. 基于边模式的社团检测算法[J]. 现代电子技术, 2013, 36(14): 31-34.

[9] 黄发良, 肖南峰. 基于线图与 PSO 的网络重叠社团发现[J]. 自动化学报, 2011, 37(9): 1140-1144.

[10] KENNEDY J, EBERTHART R. Particle swarm optimization[C]. Proceedings of ICNN′95- International Conference on Neural Networks, Perth, 1995: 1942-1948.

[11] LIAO C J, TSENG C T, LUARN P. A discrete version of particle swarm optimization for flowshop scheduling problems[J]. Computers and Operations Research, 2007, 34(10): 3099-3111.

[12] PAN Q K, TASGETIREN M F, LIANG Y C. A discrete particle swarm optimization

algorithm for the no-wait flowshop scheduling problem[J]. Computers and Operations Research, 2008, 35(9): 2807-2839.

[13] JIN Y X, CHENG H Z, YAN J Y, et al. New discrete method for particle swarm optimization and its application in trans-mission network expansion planning[J]. Electric Power Systems Research, 2007, 77(3): 227-233.

[14] GIRVAN M, NEWMAN M E J. Community structure in social and biological networks[J]. Proceedings of the National Academy of Sciences, 2001, 99(12): 7821-7826.

第 7 章　多尺度社团发现与网络的层次结构

7.1　社团发现方法的分辨率局限特性

　　模块度的提出大大推动了社团结构的研究, 为研究人员提供了一个目标函数, 可用来判断网络的划分。但 Fortunato 指出: 当通过优化模块度来发现网络社团结构时, 网络会存在一个固有的分辨率局限, 导致一些规模较小但结构显著的社区被淹没到大的社团中, 无法被识别出来。

　　Newman 等[1]提出了著名的模块度, 可作为网络划分的一个度量。模块度的基本假设是随机网络没有社区结构。给定一个网络, 可以通过随机改变边的方式对其进行随机化, 从而得到一个没有社区结构的随机网络。如果原始网络的一个子网络内部的边数比其在相应随机网络中的期望边数高, 则该子网络就是原始网络的一个社区。"期望"是指在原始网络的所有随机网络上第 S 个模块。事实上, 生成原始网络的所有随机化网络是不可能的, 一般使用一种被称为空模型的参照网络作为所有随机化网络的期望, 据此模块度的定义如下:

$$Q = \sum_{S=1}^{C} \frac{l_S}{M} - \left(\frac{d_S}{2M} \right)^2 \tag{7-1}$$

其中, l_S 为第 S 个模块中的边数; M 为网络的总边数; d_S 为第 S 个模块所有节点的度数。式(7-1)中的第 1 项为第 S 个模块内部的边权重之和占总网络中边权重总和的比例; 第 2 项为期望的连边比例。

　　模块度优化社团结构分析方法的目标是最大化模块度 Q 值。但是如前所述, 模块度最大值对应的社团划分并不能保证是给定网络的真实社团结构。很多情况下模块度的最大化设定了一个能够被独立分解出来的社团尺度, 如果某些社团小于该尺度, 在模块度优化时, 它们往往很难被准确地划分出来, 而是被合并成更大的社团组合。为了更好地理解模块度优化时的分辨率问题, 可按照 Fortunato 等[2]分析无向二元网络的思路处理模块度优化时的分辨率问题, Fortunato 等定义社团为满足如下条件的一个子图(子网络):

$$\frac{l_S}{M} - \left(\frac{d_S}{2M} \right)^2 > 0 \tag{7-2}$$

模块度优化产生分辨率问题时，被合并的小社团是有边相连的社团组合，即从这种社团组合的某个社团出发，总是可以沿着社团之间的边到达社团组合内的其他任意一个社团。

Fortunato 给出了一个比较实际的例子分析分辨率问题。考虑一个具有 M 条边的无向二元网络，其至少包含 3 个满足式(7-2)的社团：M_1 和 M_2 为两个独立的社团，M_0 至少包含一个社团，它们之间两两相连，见图 7-1。为了理解分辨率问题产生的条件，考虑将社团 M_1 和 M_2 划分成独立社团的划分 P_A 和将社团 M_1 和 M_2 合并成

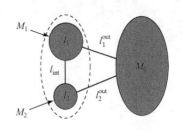

图 7-1　一个至少包含 3 个社团的网络

一个更大社团的划分 P_B，这两种划分关于 M_0 的划分相同。这是由于社团 M_1 和 M_2 均满足式(7-2)，相比 P_B 划分，P_A 划分更符合社团划分的直观意义。相应的，对应划分 P_A 的模块度值 Q_A 应大于对应划分 P_B 的模块度值 Q_B，即 $Q_A > Q_B$，则

$$l_2 > \frac{2La_1}{(a_1 + b_1 + 2)(a_2 + b_2 + 2)} \tag{7-3}$$

其中，l_2 为社团 M_2 内的边数；a_1 为社团 M_1 和 M_2 之间边数 l_{int} 与社团 M_1 内的边数 l_1 的比值($l_{int} = a_1 l_1$)；a_2 为 l_{int} 与 l_2 的比值($l_{int} = a_2 l_2$)；b_1 为 M_1 和 M_0 之间连边数与 l_1 的比值；b_2 为 M_2 和 M_0 之间连边数与 l_2 的比值。

根据式(7-3)，如果社团 M_1 和 M_2 之间没有边相连，即 $a_1 = a_2 = 0$，那么模块度优化时总将获得的划分 P_A 作为模块度最大值对应的划分。但是在无向二元网络中，如果模块度优化产生分辨率时得到的社团是两个小社团的组合，则这两个被合并的社团一定有边相连。在极端的情况下，社团 M_1 和 M_2 只有一条边相连。为简化问题假定 $l_1 = l_2 = l$，则这种情况下 $a_1 = a_2 = b_1 = b_2 = \dfrac{1}{l}$。这样，如果满足 $l_2 \leqslant \sqrt{\dfrac{L}{2}} - 1$，划分 P_B 则成为模块度最大值对应的划分。上述分析表明，模块度优化设定了一个能被单独分离出来的社团尺度，如果网络中的某些社团小于该尺度，模块度优化时会将这些小社团合并成若干个超过模块度所设定尺度的社团，以获得更大的模块度值。模块度优化的分辨率问题，依赖网络的总数和社团之间的互联情况。在无向二元网络中，对于网络中存在的小于模块度所设定尺度的社团，只有在这些小社团与网络中其他部分无边连接，才可能被正确划分出来，否则将被合并到别的社团中，组合成更大的社团以获得最优的模块度值。因此，对于连通的网络，如果存在小于内在分辨率尺度的社团，分辨率的产生条件是无法破坏的。

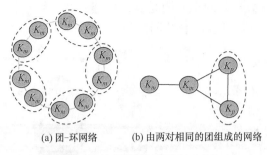

(a) 团-环网络　　　(b) 由两对相同的团组成的网络

图 7-2　不同网络结构示意图

为了解释这一现象，举两个具有代表性的例子，如图 7-2(a) 中，每个社团是由 $m(m \geqslant 3)$ 个节点组成的全连接子图 K_m，则 K_m 具有 $m(m-1)/2$ 条内部连边。如果图中的团-环网络由 n 个这样的团组成，则整个网络具有 $N = mn$ 个节点和 $L = mn(m-1)/2 + n$ 条边。显然图 7-2(a) 具有清晰的社团结构，每个社团对应一个自然的社团，这种情况下模块度值为

$$Q_{\text{single}} = 1 - \frac{2}{m(m-1)+2} - \frac{1}{n} \tag{7-4}$$

另外，把图 7-2(a) 虚线中的两个连续社团看作一个社团，此时模块度 Q_{pairs} 为

$$Q_{\text{pairs}} = 1 - \frac{1}{m(m-1)+2} - \frac{2}{n} \tag{7-5}$$

由式(7-4)和式(7-5)可知要满足 $Q_{\text{single}} > Q_{\text{pairs}}$，则变量 m 和 n 之间的关系满足：

$$m(m-1)+2 > n \tag{7-6}$$

$n < \sqrt{L}$ 时，该例中 m 和 n 为两个独立的变量，可以选择不满足式(7-6)的 m 和 n，如 $m = 5$，$n = 30$，用一种高效的算法寻找模块度的最大值发现 $Q_{\text{single}} = 0.876$，$Q_{\text{pairs}} = 0.888 > Q_{\text{single}}$，并且当 m 为一个确定的数，$Q_{\text{pairs}} - Q_{\text{single}}$ 会随着 n 的增大而增大。

上述例子特别简单，并不能代表现实中的大多数网络，但是图 7-2(a) 中网络的原始配置具有一般性，其结果能够设计任意多个具有明显社团结构的网络，而模块度优化却无法识别(一些)真正的模块。另一个例子如图 7-2(b) 所示，由两对相同的团组成网络，其中左边一对模块由 m 个节点组成，另一对模块由 p 个节点组成；不同的团之间只有一条连接边且 $p < m$，假设 $m = 20$，$p = 5$，将右边两个较小的团合并成一个社团，如图 7-2(b) 虚线中的社团。

一般情况下，不能只通过模块度优化判断一个模块度是否应该作为独立社团，还是和其他社团合并成一个社团为最佳，而且没有方法去验证。鉴于此，很有必要对每个社团进行检查。以图 7-2(a) 为例，即当 $n = 30$，$m = 5$，通过检查模块度优化所得到的每个社团，发现当每两个相邻的社团合并为一个社团时模块度可达到最大。同时发现通过模块度优化检测出来的社团可能是小社团的

组合，在模块度优化的过程中如果两个社团足够小，则这两个社团很有可能被合并到一块。

如上所述，两个相连的模块不管是否模糊，只要每个模块内的连边数不超过 $l_R^{\min}$ 就可能被合并。也就是说，可以合并的任何两个模块总的内部连边数不少于 $2l_R^{\min}$，换句话说，如果通过模块度优化发现的社团 s 有 l_s 条连边并且满足式(7-7)，那么该社团可能是两个或者更多社团的合并。

$$l_s < 2l_R^{\min} = \sqrt{2L} \tag{7-7}$$

这是一个极端的例子，该情况下，s 社团中的划分是任意的，只要满足社团的弱连接概念[3]，在式(7-7)的条件下，模块度是由几个弱连接的完全图组成。l_s 的上限可能比 $\sqrt{2L}$ 更大，这样会有更多的社团被合并。实际上，只要社团中的连边数大于 $l_R^{\min}$ 条，就会出现合并，更多的社团合并意味着会产生更粗粒、更大的社团。假设所有子模块都是模糊的极端情况，则超级模块为整个网络。例如，结果 $l_s < L$ 来源于把一个网络划分成两个模糊的社团，存在社团内部有 $L/4$ 条边，社团之间有 $L/2$ 条边的极端情况；由于 $l < l_R^{\min} = \dfrac{L}{4}$，将两个模块合并成一个整体网络是有利的，模块内的边数通常满足 $l_s < L$ 这一条件，但是只要是通过模块度优化发现的社团，不管其规模大小，都应该仔细分析所有模块。小社团淹没在大社团的概率非常小，只有当所有淹没的小社团都非常模糊才能实现，显然这是不可能的。相反，社团大小为 $l_s \approx \sqrt{2L}$ 或者更小的社团可能是其他更小的弱连接或者模糊社团的合并，这种情况下利用模块度优化则发现不了被淹没的小社团。

为了解释以上论述，通过 5 个现实中的例子验证：①酵母菌转录控制网络；②大肠杆菌转录调控网络；③电子电路网络；④社交网络；⑤线虫神经网络[4]。酵母菌转录控制网络有 688 个节点和 1079 条边；大肠杆菌转录调控网络有 423 个节点和 519 条边，其中节点代表调控因子，节点 A 激活节点 B，则 A 和 B 之间有连边；电子电路网络有 512 个节点和 819 条边，其中节点代表电子元器件(电容、二极管等)，电线为其中的连边；社交网络有 67 个节点和 182 个连边，其中节点代表个人，连边代表一个人对另外一个人产生的积极情绪；线虫神经网络有 306 个节点和 2345 条边，节点代表神经元，连边代表突触或者间隙连接。这些网络大部分是有向网络，但在分析中均当无向网络考虑。

通过退火模拟算法寻求模块度的最大化，使得优化过程更为有效[5]。这些网络的模块度最大值都非常高，酵母菌转录控制网络的模块度最大值 $Q_{\max}$ 为 0.4081，大肠杆菌转录调控网络的 $Q_{\max}$ 为 0.7519，酵母菌转录控制网络相对应的最佳划分为 9 个社团，大肠杆菌转录调控网络相对应的最佳划分为 27 个社团，电子电路网络相对应的最佳划分为 11 个社团，社交网络相对应的最佳划分为 10 个社团，线虫神经网络相对应的最佳划分为 4 个社团。为了检测这些社团中是否存在被淹没的小社团，在发现的每一个社团内再一次使用模块度优化。所有的模块都有清晰的社团结构，酵母菌转录控制网络有 57 个子模块，大肠杆菌转录调控网络有 76 个子模块，电子电路网络有 70 个子模块，社交网络有 21 个子模块，线虫神经网络有 20 个子模块。通过在一个社团中使用模块度优化算法忽略了原始社团之间的连边，并且不能保证能够准确发现大社团中的小社团，因此必须验证发现的小社团是否是真正的社团；上述 5 个网络都是这种情况，通过模块度优化算法发现的社团并不等同于式(7-2)发现的社团，通过模块度优化算法发现的社团实际是小社团合并的大社团，出现了小社团被淹没现象，这种情况下模块度值小于原始通过模拟退火算法发现社团的模块度值。表 7-1 中的第 2 列是模块度值达到最大时发现的社团数，但这些社团中存在子社团，第 3 列是发现的子社团数和其对应的模块度值，明显比模块度最大值小。所列举的网络都是一些规模较小的网络，当网络规模变大时，这种问题只会变得更棘手，尤其是小社团与大社团共存时[4,5]。

表 7-1　模块度优化算法发现的网络的社团结果

网络	社团数(Q_{max})	子社团数(Q_{max})
酵母菌转录控制网络	9(0.740)	57(0.677)
大肠杆菌转录调控网络	27(0.752)	76(0.661)
电子电路网络	11(0.670)	70(0.640)
社交网络	10(0.608)	21(0.532)
线虫神经网络	4(0.408)	20(0.319)

7.2　多尺度社团发现方法

传统的模块度优化算法仅能获得单一的网络划分，即允许一个尺度的社团结构存在。经研究表明，网络往往具有多尺度的社团结构，本节主要采用基于社团数量的多尺度方法，即在给定社团数量的前提下发现不同尺度的社团结构和通过给模块度引入可调节的参数发现多尺度社团结构。在基于社团数量的多尺度方法中主要采用谱平分法、K-means 算法和 GN 算法进行社团的划分。给模块度引入可调节参数的方法中采用两个典型的例子：通过给每个节点引入自环的方法和对 Null model 网络进行调节的扩展模块度方法发现多尺度社团结构。

7.2.1　基于社团数量的多尺度社团发现方法

　　目前为止，不管是模块度还是地图方程仅能获得单一的网络划分，即仅允许一个尺度的社团结构存在，而经研究表明网络往往具有多尺度的社团结构。如图 7-3 所示(边的宽度与权重成正比)，该网络明显具有多个不同尺度的特性：8 个单节点的网络，4 对强连接的节点网络，2 组 4 个节点的网络，1 个整体的网络。不同尺度体现着不同的网络功能，小到几个节点之间的互动关系，大到具有数百个节点聚集的群组，这就开启了多尺度社团发现的研究。本小节把社团个数作为参数来发现不同尺度下的社团结构，最后采用人造网络和实际经典网络对该方法进行验证，以说明该方法可以发现不同尺度下的社团结构。由于网络往往具有多尺度的特性，分析该网络各个尺度上的社团结构及社团的划分情况，即在已知社团个数的前提条件下发现网络的社团划分情况，有以下几种算法可以实现：①谱平分法；②K-means 算法；③GN 算法。

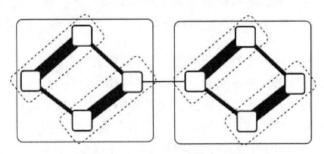

图 7-3　多尺度加权网络的示意图

1. 谱平分法发现多尺度社团

　　用谱平分法发现不同尺度下的社团结构，其基本思想见 5.3.1 小节。谱平分法对于社团结构非常明显的网络十分有效，但当网络的社团结构不是很明显时，第一非平凡特征向量就不具有非常明显的阶梯状。此时，通过研究第一非平凡特征向量中的元素对网络进行划分，同一个社团内部的节点相应的元素仍然比较接近。根据这一性质，比较多个非平凡特征向量中各节点相应元素的分布，并借助相似度矩阵，给出一个解决该问题的算法，算法介绍如下。与已有的结果相比，该算法的结果有比较高的准确度。

　　共享最近邻(shared nearest neighbor，SNN)相似度多用于密度数据集的聚类。用 $N_i = \left\{ n_j \middle| a_{ij} = 1 \right\}$ 表示节点 i 的邻居集合，其中若 i、j 两节点有边相连，$a_{ij}=1$，否则 $a_{ij}=0$。对于任意一个网络，都可以计算它的 SNN 相似度矩阵 S，其中 S 表达式为

$$S_{ij} = \begin{cases} |N_i \bigcap N_j|, & i \neq j \\ 0, & i = j \end{cases} \tag{7-8}$$

即节点 i 和节点 j 共享最近邻的个数。SNN 相似度反映了数据空间中的局部结构。由于许多节点之间的 SNN 相似度为 0，因此 SNN 相似度矩阵很稀疏。

若网络中两个节点的度相差较大，其共享最近邻个数一定，显然这两个节点的 SNN 相似度对它们的影响程度不同。例如，网络中两个节点的度分别为 6 和 16，它们之间的 SNN 相似度为 4，该相似度对前者的影响程度远大于后者。因此，构造了一个改进的 SNN 相似度矩阵反映这种情况。设网络 G 有 n 个节点，首先计算网络的 SNN 相似度矩阵 S，显然 S 为对称矩阵。定义改进的 SNN 相似度矩阵 $S' = \dfrac{s_{ij} a_{ij}}{k_i}$，其中 k_i 为节点 i 的度。S' 反映了网络中任一节点与其他节点联系的紧密程度，为非对称矩阵。其次对 S' 进行标准化转换后得到矩阵 S''，$S'' = K'^{-1} \times S'$ 是一个对角矩阵，其对角线上的元素 $k_{ii}' = \sum_j s_{ij}'$。

由此可知，矩阵 S'' 的最大特征值总是 1，相对应的特征向量为平凡特征向量。对于一个社团结构比较明显的网络，假设网络社团数目为 g，则该矩阵有 $g-1$ 个非常接近 1 的第一非平凡特征值，而其他特征值都与 1 有明显的差距。而且，这 $g-1$ 个特征值的特征向量也有一个非常明显的结构特征：在这 $g-1$ 个特征向量中，同一社团内的节点相应的元素非常接近。因此，只要研究这 $g-1$ 个特征向量，就可以利用其元素将网络中节点划分为相应的 g 个社团[6]。

已知一个包含 n 个节点的无向网络 G，要将其划分为 g 个社团。首先，需计算出该网络的 SNN 相似度矩阵 S'。其次，将矩阵 S' 行标准化后，得到它的特征值和特征向量。由于其最大的特征值为 1，按照与平凡特征值 1 的接近程度，由大到小依次选取 $g-1$ 个特征向量，将其作为聚类样本，用模糊 C 均值 (fuzzy$C$-means, FCM)算法进行分类，得到 $g-1$ 个网络的划分结果。最后，利用模块度 Q 值衡量社团结构的划分质量。计算这 $g-1$ 个划分结果的 Q 值，其中最大的 Q 值对应的划分结果为该网络的最佳社团结构。

算法的基本步骤描述为如下。

输入：具有 n 个节点的复杂网络，需要划分的社团个数为 g；

输出：该网络的社团结构。

(1) 计算网络改进的 SNN 相似度矩阵 S'；

(2) 将矩阵标准化后，得到其特征值和特征向量；

(3) 选取第一平凡特征向量 λ_2，将其作为聚类样本，利用 FCM 算法将节点进行分类。根据得到的划分结果，计算对应的 Q 值；

(4) 按照特征值由大到小的顺序 $\lambda_1 = 1 > \lambda_2 \geqslant \cdots \geqslant \lambda_n$，依次增加第一非平凡特征向量的个数 D 直到 $g-1$，重复步骤(3)；

(5) 从计算出的 $g-1$ 个 Q 中选取最大的 Q 值，该 Q 值对应划分结果为原网络的最佳社团结构划分。

按照改进后的谱平分法分析 Zachary 空手道俱乐部网络。先计算出 S'，并且对其标准化，求出矩阵的特征值和特征向量。如果已知该网络可划分成 2 个社团，则选取一个第一非平凡特征向量进行计算即可。利用 FCM 算法将其分类，所得结果对应的 Q 值为 0.235，分类结果如图 7-4 所示。

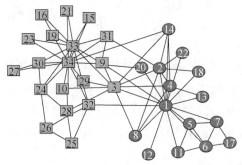

图 7-4　已知社团个数为 2 的 Zachary 空手道俱乐部网络的划分情况

当已知社团个数为 3 时，则需要选取两个第一非平凡特征向量进行计算。利用 FCM 算法将其分类所得结果对应的 Q 值为 0.203，分类结果如图 7-5。从划分的结果可以看出，校长领导的俱乐部(圆形代表社团)将来有一分为二的趋势，第 3 个社团中的成员仅与 1 号节点有边连接，如果网络中 1 号节点有所变故，那么 3 号社团必然要从校长所领导的社团中分裂出去，这也预示着该网络将来的一种变化趋势。

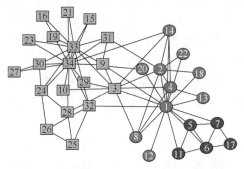

图 7-5　已知社团个数为 3 的 Zachary 空手道俱乐部网络的划分情况

当已知的社团个数为4时,则需要选取三个第一非平凡特征向量进行计算。利用 FCM 算法将其分类所得结果对应的 Q 值为 0.196,分类结果如图 7-6。

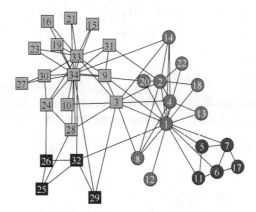

图 7-6　已知社团个数为 4 的 Zachary 空手道俱乐部网络的划分情况

将 Zachary 空手道俱乐部网络划分为 4 个社团的情况与文献[6]中的划分结果完全相同。从以上的结果来看,可以在已知社团个数的情况下,获得不同的社团划分结果,这种多尺度社团划分算法在需要获得网络细节信息的场合是非常有用的。

2. K-means 算法发现多尺度社团

K-means 算法属于聚类方法中一种基本的划分方法,该算法具有较好的可伸缩性和很高的效率。其核心思想是把 n 个数据对象划分为 k 个聚类,使每个聚类中的数据点到该聚类中心的平方和最小。K-means 算法的优点是可以处理大数据集,其是可伸缩的和高效率的,因为它的计算复杂度为 $O(nkt)$,其中 n 为对象的个数,k 为聚类个数,t 为迭代次数,通常有 $t \leqslant n, k \leqslant n$,因此它的复杂度通常也用 $O(n)$ 表示。K-means 算法不依赖顺序,给定一个初始类分布,无论样本点的顺序如何,生成的数据分类都一样。但是,K-means 算法的缺点有以下几个方面。

(1) K-means 算法中聚类个数 k 值的选定往往要经过多次试验才能找到最佳聚类个数,目前 k 值确定主要通过以下几种方法。

第一种,凭检验选代表点:根据问题的性质和数据分布,从直观上选取较合理的代表点 k;将全部样本随机分成 k 类,计算每类重心,把这些重心作为每类的代表点;

第二种,按密度大小选代表点:以每个样本作为球心,以 d 为半径作球;落在球内的样本数成为代表点的密度,并按密度大小排序。先选密度最大的作为第一个代表点,即第一个聚类中心。再考虑第二大密度点,若第二大密度点与第一代表点的距离大于 dl (人为规定的正数)，则把第二大密度点作为第二代表点，否则不能作为代表点，如此按密度大小考虑下去。所选代表点间的距离都大于 dl，dl 越小，代表点越多，dl 越大，代表点越少，一般选择 $dl=2d$。对代表点内的密度一般要求大于 T，$T>0$ 为规定的一个正数；

第三种，用前 k 个样本点作为代表点。

(2) 初始聚类中心的选择，K-means 算法采用随机法选取初始聚类中心，选取点的不同，聚类结果就可能不同。这样的依赖性导致聚类结果不稳定，且容易陷入局部最优而非全局最优聚类结果。Forgy[7]提出了随机选点的方法。也可以凭借经验选取有代表性的点作为初始聚类中心。Babu 等[8]提出的基于密度的方法需要给出邻域半径，基于密度的选取有一定的主观性，对聚类结果也有影响。其还提出了基于遗传算法的寻找初始聚类中心的算法。

(3) 对噪声点和孤立点很敏感，而 K-mediod 算法考虑不采用簇中对象的平均值作为中心点，选用簇中位置最中心的对象为中心点。该划分方法仍然是基于最小化所有对象与其参照点之间的相异度之和的原则执行的。围绕中心点的划分(partitioning around mediod，PAM)是最早提出的 K-mediod 算法之一，它试图对 n 个对象给出 k 个划分。最初随机选择 k 个中心点后，该算法反复地试图找出更好的中心点。所有可能的对象都会被分析，每对中的一个对象被看作中心点。对可能的各种组合，估算聚类结果的质量。一个对象被最大平方误差值减少的另一个对象代替。在一次迭代中产生的最佳对象集合成为下次迭代的中心点。其执行效率不及 K-means 算法。为了解决这一问题有人提出了一种新的基于 CF-树的 K-means 聚类算法，改进后的 CF-树能够很好的处理噪声和孤立点。

(4) 只能发现球状簇，K-means 算法常采用基于欧氏距离的误差平方和准则函数作为聚类准则函数，如果各类之间区别明显，即各类之间的相似性很低，那么误差平方和准则函数比较有效；但是相反情况下，则可能出现将大的聚类进一步分割的现象。为了克服该缺点，有人采用基于密度的多中心聚类并结合小类合并运算的方法解决了计算空间上的极小化，收敛进度得到了控制，算法的每一次迭代都倾向发现球面簇，尤其对于延伸状的不规则簇具有良好的聚类能力。

下面主要针对 K-means 算法在孤立点分析和初始聚类中心的选择方面加以改进。在数据挖掘中经常存在一些数据对象，它们与数据的一般行为或模型不协调，称为孤立点，其与数据集中的其他样本点有着很大差异。孤立点在聚类挖掘中的主要体现是远离数据密集的区域。如果聚类算法的初始聚类中心的选取过程是针对整个样本点，那么选出的初始聚类中心可能会是孤立点或是严重偏离实际中心的点。此外，聚类过程在进行新一轮聚类迭代时，如果把孤立点也算在内计算均值，则新的初始聚类中心也会存在误差。综上，孤立点的存在会影响聚类的整个过程，并且还会造成错误积累。因此在改进后的算法中需先去除孤立点，再进行聚类过程。孤立点在常规聚类过程完成后，再单独把它们放到聚类较近的簇中。标准分数(standard score)是以标准差为单位衡量某一分数与平均数之间的离差情况，是反映个体在团体中相对位置的最好统计量。在统计中，变量值与其平均数的离差除以标准差的值，称为标准分数，也称为标准化值或 Z 分数。计算过程是对变量数值进行标准化处理的过程，并没有改变该组数据的分布情况，而只是将数据变为平均数为 0、标准差为 1 的数据。在统计中，当一组数据对称分布时，经验法则表明：约有 68%数据的 Z 分数绝对值小于等于 1，约有 95%数据的 Z 分数绝对值小于等于 2，约有 99%数据的 Z 分数绝对值小于等于 3，如果数据 Z 分数的绝对值大于 3，就可认为其是离散点。

本小节采用 "Z 分数的绝对值大于 2 的数据作为孤立点" 的方法对数据进行预处理，处理的过程如下：设 point[i][j] 表示第 i 个点的第 j 维的值，则 i 和 j 之间的欧氏距离可表示为 $\mathrm{dis}[i][j] = \sqrt{\sum_{k=1}^{d}(\mathrm{point}[i][k]-\mathrm{point}[j][k])^2}$，$i$ 点到其他所有点的距离之和 $\mathrm{Dist}[i] = \sum_{j=1}^{N}\mathrm{dist}[i][j]$，$d$ 为样本点的维数。样本点 i 的标准分数 $z[i]$ 可表示为 $z[i] = \dfrac{1}{\sigma}(\mathrm{Dist}[i]-\mu)$，其中 $\mu = \bar{x} = \dfrac{1}{N}\sum_{i=1}^{N}\mathrm{Dist}[i]$，$\sigma = \sqrt{\dfrac{1}{N}\sum_{i=1}^{N}(\mathrm{Dist}[i]-\bar{x})^2}$。传统去除孤立点的方法主要通过计算欧氏距离，去除离其他点距离之和最远的 λ% 个点。阈值 λ% 是人为凭经验指定的，该实验结果受人为因素干扰。标准分数是统计学中描述数据分布的重要方法，它能够克服人为指定阈值的不足，公平、公正、客观、科学地对待群体中的每一个成员。

原 K-means 算法的初始聚类中心确定策略是随机地选择 k 个数据对象，每个数据对象代表一个簇的初始聚类中心。这样的 K-means 算法对于初始聚类中心很敏感，对于不同的初始聚类中心，聚类结果会有很大的差别。因为 K-means 算法的聚类过程采用了迭代更新的方法，所以当初始聚类中心落在局部值最小区间附近时，整个聚类算法很容易生成局部最优解。因此，要获得较好的结果，可以从初始中心的选择上进行改进，降低随机性，以达到优化的目的。一般确定初始聚类中心问题没有一个简单、普遍适用的解决办法。很多算法采用的方法包括：①随机方式确定；②通过设计的算法确定。前者可能选取 "孤立点" "类边缘点" 或者一个类中两个以上的点作为初始聚类中心，聚类效果也不理想。后者由于设计出的算法带有主观性，同时会给计算带来负担，因此，设计一个合理的初始聚类中心确定算法对于实际问题很有意义。本算法的思想是每次把相对集中的数据先划分出来，以保证每类划分的样本有较高的相似性。

本小节改进后的初始聚类中心确定算法描述如下。

输入：聚类个数 k 和包含 n 个样本点的数据集；

输出：k 个初始聚类中心。

算法：

For　$i=1:k-1$

(1) 找出到其他点距离之和最远点，记为 O_{i1}；

(2) 找出距离 O_{i1} 点最远点 O_{i2}；

(3) 将与 O_{i2} 点距离最近的 n/k 个点归为类 i；

(4) 从样本集合中删除已归类的点，求出类 i 的聚类中心。

将集合中剩下的点归为类，同时求出类 k 的聚类中心。其中，k 是指簇的个数。K-means 算法的每个步骤只是简单的欧氏距离计算，没有涉及其他运算。

为了检验改进算法的有效性，本实验采用 UCI 数据库的 Iris 和 libras movement 数据集作为测试对象，比较的性能指标主要为准确率和收敛速度(每次测试的循环次数)两个指标。首先用 Iris 数据集对原算法和改进后的算法分别随机运行 10 次测试，在准确率方面的比较结果如图 7-7 所示，在循环次数方面的结果如图 7-8 所示。图 7-7 和图 7-8 呈现了实验的运行结果：原算法的准确率在 79%～89% 波动、循环次数在 3～13 次波动，而改进后的算法的准确率是 92%、循环次数为 3 次。

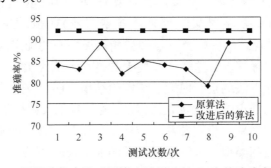

图 7-7　原算法和改进后的算法随机运行 10 次的准确率比较

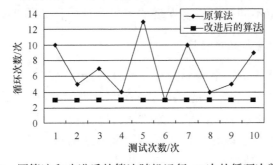

图 7-8　原算法和改进后的算法随机运行 10 次的循环次数比较

原算法之所以既不稳定，准确率又不高，是因为受孤立点和初始聚类中心的影响。孤立点的存在不但会影响初始聚类中心的确定，而且还会影响后面的聚类过程。改进后的算法在聚类过程进行之前会先去除孤立点，这样可以避免孤立点对整个聚类过程的影响，通过本节使用的算法去除的孤立点有 5 个，分别是(7.6，3.0，6.6，2.1)、(7.7，3.8，6.7，2.2)、(7.7，2.6，6.9，2.3)、(7.7，2.8，6.7，2.0)和(7.9，3.8，6.4，2.0)。去除孤立点后的数据集分布相对均匀，聚类效果有所改善。但是孤立点也是实际应用中的一部分，因此在聚类完成后需再把孤立点加入到数据集中再重新聚类一次。文献[9]的实验结果是 88.67%，文献[10]的实验结果是 88%，改进后的算法准确率是 92%、循环次数为 3 次，该实验结果相对原算法的实验结果，不但准确率提高而且相对比较稳定。原算法的算法复杂度为 $O(nkt)$。改进后算法的第一步去除孤立点的算法复杂度为 $O(n*n)$，第二步初始中心确定的算法复杂度为 $O(nk)$，第三步算法循环运行的算法复杂度为 $O(nkt)$，其中 n 表示样本点数目，k 表示簇的个数，t 表示循环的次数。如果用 Iris 数据集对原算法和改进后的算法进行性能测试，那么测试结果基本相同。这是因为 Iris 数据集样本数相对较少，聚类过程迭代的次数不多，所以无法体现出改进后的算法在性能上的优越性。为了验证算法的效率，可选用更大的数据集 libras movement 进行测试，该数据集共有 360 个样本点，每个样本点是 90 维浮点型数据，样本点共分为 15 类。为了让实验结果更加明显，给出程序运行 100 次的结果：原算法花费 228031ms，改进后的算法花费 206200ms。聚类过程之前去除孤立点和初始聚类中心的确定操作均使得初始聚类中心更加符合实际情况，这样才能使聚类过程的迭代次数减少，在总的运行时间上才会少于原算法的运行时间。该实验结果表明，改进后的算法在孤立点和初始聚类中心的处理时间花费是值得的，尤其对于大数据集。由此可以得出，改进后的算法在准确率、稳定性和收敛速度方面都有很大的提高。

与谱分析算法相类似，可以通过改进的 K-means 算法，在已知社团个数 k 的前提下，发现网络在不同尺度下的划分情况。同样以 Zachary 空手道俱乐部为例，验证在给定不同社团数下发现的多尺度社团，如图 7-9 所示。

3. GN 算法发现多尺度社团

传统的 GN 算法是一个经典的社团发现算法，属于分裂的层次聚类算法。带有模块度的 GN 算法(传统的 GN 算法)可以利用模块度函数控制网络何时终止分裂，但是，该算法最大的缺点是收敛速度比较慢，同时它的优点是具有较高的准确性，原因在于该算法是从网络的全局结构来识别社团。因此，目前它也是网络社团分析领域中标准的社团发现算法。传统的 GN 算法思想描述如下：

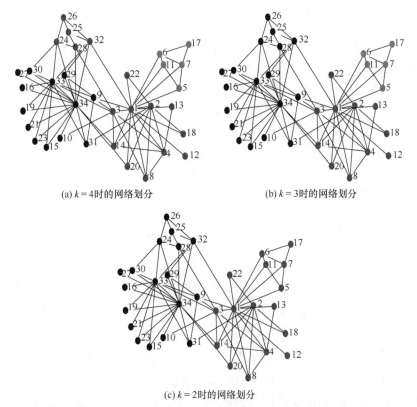

(a) $k=4$时的网络划分　　　(b) $k=3$时的网络划分

(c) $k=2$时的网络划分

图 7-9　Zachary 空手道俱乐部在不同社团数下发现的多尺度社团

(1) 计算网络中各条边相对于所有可能的源节点的边介数;

(2) 移除具有较高的相对于所有可能的源节点的边介数的边,每当分裂出新的社区时,需要计算一次网络的模块度 Q,并且记录与该 Q 值对应的网络结构;

(3) 重新计算网络中所有剩余的边相对于所有可能的源节点的边介数;

(4) 重复上述过程,直到网络中没有边为止,然后选择具有最大模块度 Q 值时的网络结构作为该网络的最终分裂状态。

传统的 GN 算法的流程图如图 7-10 所示。首先,输入网络数据集文件,以邻接矩阵的形式存储网络。其次,计算网络中各条边相对应的所有可能的源节点的边介数,比较每条边的边介数,找出具有最大边介数值的边,删除该边,重复这样的操作;当产生新社团时,计算此时网络的模块度的值,直到所有边都被删除。最后,找到最大的模块度值,将其对应的网络结构记录下来,并由控制台输出该网络结构所对应的一些相关信息。

GN 算法弥补了一些传统算法的不足,近几年已成为社团分析的一种标准算法,在已知社团个数的情况下,GN 算法能够知道网络分解到哪一步。

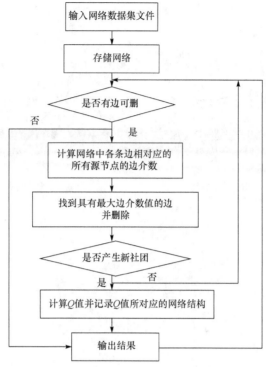

图 7-10　传统的 GN 算法的流程图

　　下面结合树状图介绍在给定社团数目的前提下，发现网络社团的划分情况，如图 7-11 所示。当确定网络社团个数，则沿着树状图逐步下移到给定数目

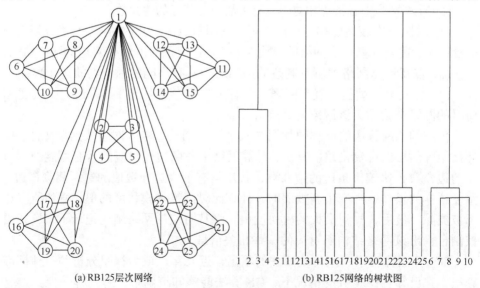

(a) RB125层次网络　　　　　　　　　(b) RB125网络的树状图

图 7-11　RB125 网络的多尺度分析

的位置，截取的位置对应网络社团的划分情况，这样就可以得到在给定不同社团个数条件下发现网络的社团划分情况。

7.2.2 基于参数化模块度的多尺度社团发现方法

1. 引入自向环发现多尺度社团

社团内部的节点仅与网络中的部分节点存在关系，因此不受网络中所有节点的影响。但如 7.1 节所述，模块度的定义依赖网络的全局属性——网络边的总权重 w，导致一些规模较小但结构显著的社团被淹没到大的社团中，无法被识别出来，即社团划分的分辨率极限问题。为了解决该问题，可通过给网络中每个节点引入权重为 r 的自向环，则 $w_{ss} < \sqrt{w/2} - 1$ 变为

$$w_{ss} < \frac{1}{2}(\sqrt{(2w+Nr)} - n_s r - 2) \tag{7-9}$$

其中，n_s 为模块 s 的节点数；N 为网络的总节点数，该描述结果是通过参数 α 改变了网络的拓扑结构。

目前，主要的问题是如何增加节点的自向环权重而不改变原网络的拓扑结构特性。为了解决该问题，通过定义 W_r 重新调节该网络的拓扑结构，若原网络的连接矩阵为 W，I 为单位矩阵，则有

$$W_r = W + rI \tag{7-10}$$

根据公式(7-10)可知，改变后的连接矩阵意味着给每个节点添加了一个权重为 r 的自向环。首先通过对新网络度分布、聚类系数等的分析发现新网络和原网络的拓扑结构相同，由于节点权重的改变并没有改变原网络连边权重 w_{ij}，仅仅改变了每个节点的属性，且对于每个特征值原有图形的谱移动了 r 个单位；其次保留依赖于特征值之间差异的属性，特征值保持不变；最后决定网络上非线性动力过程的 Laplace 矩阵 $L_{ij} = w_{ij}\delta_{ij} - w_{ij}$ 同样也没发生变化。但重新调整原有网络尺度后，模块度函数尺度发生了变化，通过模块度优化 W_r 揭示网络的拓扑结构结果，即 r 值越小，对应越大的社团划分，r 值越大，对应越小的社团划分，所有划分都嵌套在原有网络的拓扑结构中。如上所述，可以通过改变 r 值的大小，以分析不同网络的 W_r 及发现不同尺度参数 r 下的社团结构。

在不同分辨率下分析网络的社团划分情况，只需在不同尺度 r 下对网络 W_r 的模块度进行优化[11]即可，尺度 r 下的模块度函数为

$$Q_r = \sum_{s=1}^{m} \left[\frac{2w_{ss} + n_s r}{2w + Nr} - \left(\frac{w_s + n_s r}{2w + Nr} \right)^2 \right] \tag{7-11}$$

由式(7-11)得出的模块度函数，在不同尺度 r 下可得到相应的网络社团划分，

随着 r 增大，便会得到越来越细分化的社团划分。当 $r=0$ 时，相当于用模块度分析原始网络；当 $r>0$ 时，得到一些细分化的社团嵌套在 $r=0$ 的社团中；当 $r<0$ 时，得到一些粗粒化的社团结构。当 r 满足 $w_{ij} < \dfrac{(w_i+r)(w_j+r)}{2w+NR}(i \neq j)$ 的最小正数时，通过模块度函数划分的网络，其每个节点单独成为一个独立的社团；当 $r>r_{asymp}=-\dfrac{2w}{N}$ 时，整个网络成为一个社团。为了比较不同分辨率下的结果，采用物理学其他领域的常用公式，其中规定尺度为相关参数之间比率的对数值，本小节中规定其为权重之间的比率对数 $\lg\left(\dfrac{2w+Nr}{2r'+Nr}\right) \equiv \lg\left(\dfrac{r-r_{asymp}}{r'-r_{asymp}}\right)$。由此可知，对于每一个尺度 r，对其相应的 Q_r 进行最大化，就会对应网络的一种社团划分。

通过式(7-11)能否发现不同尺度的社团结构，可采用合成网络和实际网络进行验证。下面分别针对 RB125 网络、H13-4 网络和 FB 网络进行验证。①RB125 网络。该网络是由 125 个节点构成的一个层次无标度网络[12,13]。②H13-4 网络。该网络是由 256 个节点组成两个层次级别的网络[13]，内部社团由 16 个节点组成，每个节点有 13 条边，外部社团由 64 个节点组成，社团之间有 4 条边，且至少有一条边与网络其他节点随机连接。③FB 网络。该网络是为解释模块度的分辨率极限问题提出的，由两对相同的社团组成网络，其中一对模块由 n 个节点组成，另一对模块由 p 个节点组成；不同的社团之间也只有一条连接边且 $p<n$，其中 $n=20$，$p=5$。通过计算在不同参数 r 下的最佳 Q_r，只得到该尺度下的社团结构，给网络引入权重为 r 的自向环，可发现人造网络在不同尺度下的社团结构。通过分析人造网络，可知每个网络可划分为两个最相关尺度的社团划分，尽管有的网络可能有更多的相关社团划分，这里仅研究最相关的划分情况。

对于 RB125 网络，可从图 7-12 中的曲线看出，网络的 3 个尺度值得讨论。图中明显地划分为 5 个和 25 个两种相关的社团，也表明了该网络可划分为 2 个层次，对于揭示该网络的拓扑结构有很重要的作用。但是该网络最稳定的划分并不是 5 个和 25 个，而是划分为 26 个社团，和 25 个社团划分的情况相同，只是把 hub 节点单独列为一个社团。该结果和使用耦合振荡器产生的同步模型结果相对应。

图 7-13 显示了 H13-4 网络在不同尺度 r 下的社团划分情况。通过该方法发现了该网络的两个层次划分，第一层为 4 个社团，每个社团包含 64 个节点，第二层为 16 个社团，每个社团有 16 个节点。

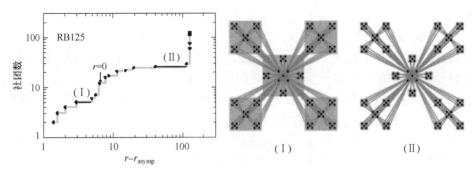

图 7-12　RB125 网络社团结构随参数变化的演化情况

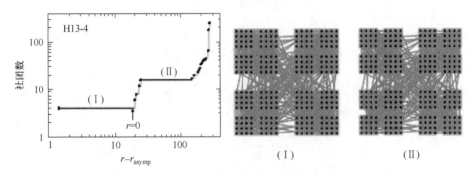

图 7-13　H13-4 网络社团结构随参数变化的演化情况

在 FB 网络中，当 $r=0$ 时，最好的社团划分并没将两个小社团划分开，只有当 r 不断增长时，这四个派系图才被单独划分成独立的社团，即解决了模块度的分辨率极限问题，如图 7-14 所示。

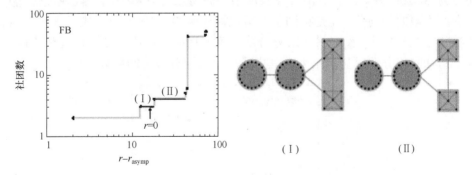

图 7-14　FB 网络社团结构随参数变化的演化情况

接下来研究几个熟知的社交网络，这些网络均是由彼此认识的人组成，经过研究发现这些网络都会分裂成几部分。这种划分的主要任务是在真正划分未知的情况下发现这些网络的社团结构。在 $r=0$ 时对模块度进行优化，并没有找到正确的网络社团划分，并且采用其他方法也没有发现真正的社团划分。但是使用本节的方法，即通过改变尺度 r，发现了真正的网络划分。

　　首先研究经典的社交网络——Zachary 空手道俱乐部网络，Zachary 通过观察美国一所大学中的空手道俱乐部成员之间的相互社会关系，构造了该网络。俱乐部因是否抬高俱乐部收费的问题产生了争执，结果分成了两个小的俱乐部。网络由 34 个俱乐部的成员组成，将其作为节点，78 条边分别代表了成员之间的关系。

　　迄今为止，Zachary 空手道俱乐部网络的最好划分是当 $Q = 0.419$ 时划分的 4 个社团。用本节中的方法调节尺度参数 r 可发现不同尺度下的社团结构，如图 7-15 所示，可以看出社团最稳定的划分是将网络划分成 2 个社团，而且没有节点被划分错误。

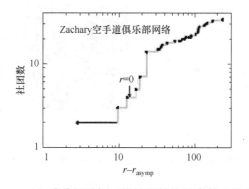

图 7-15　Zachary 空手道俱乐部网络社团结构随参数变化的演化情况

　　另一个社交网络为海豚家族关系网络，划分结果如图 7-16 所示。事实证明编号为 SN100 海豚的暂时消失导致网络一分为二，当 $r = 0$ 时，模块度优化并没有产生预期的划分，而是得到了与最优模块度 $Q = 0.518$ 所对应的 5 个社团，文献[14]的方法同样没有将网络划分成正确的社团。本小节的方法是将不同尺度下的社团划分情况显示出来，其中最稳定的划分是将网络划分成 2 个社团。

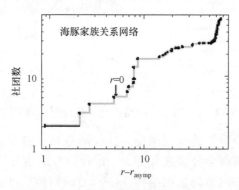

图 7-16　海豚家族关系网络社团结构随参数变化的演化情况

本小节中网络拓扑结构尺度的变化是通过改变尺度 r 实现的。尺度成为阻止节点聚集成为社团的一种阻力。当 $r>0$ 时，可以发现由 Newman 模块度($r=0$)发现的社团内部的子社团；当 $r<0$ 时，发现的是由 Newman 模块度($r=0$)发现的社团组成的大社团。通过对尺度参数 r 的不断调整，有利于发现复杂网络拓扑结构隐藏的信息，对于人们理解网络会有很大的帮助。下面讨论在网络动态过程中尺度参数的作用。

研究结果显示有很多中间尺度可对复杂网络进行描述，即拓扑中间尺度。这些尺度到底代表着什么？该问题并不简单，本质上与复杂网络作为不同动态过程基质的运作有关，如社交网络中的沟通与友谊、神经网络中的认知或者因特网中计算机不同层次的聚合。猜想复杂网络中的一个简单动态过程，就事态模式而言应该以某种方式显示网络拓扑中间尺度。为了证明该猜想，在不同拓扑结构上实施同步动力学。对应振荡器之间非线性关系的动力学，通过分析时间元稳定模式证实该猜想。

同步吸引子附近动态同步的时间尺度受线性动力学所控制：

$$\frac{\mathrm{d}\theta_i}{\mathrm{d}t} = -k\sum_j L_{ij}\theta_j, i=1,2,\cdots,N \tag{7-12}$$

其中， k 是一个常量； θ_j 是节点的相位； L_{ij} 是网络的 Laplace 矩阵。为了及时识别同步的类型，使用一个离散矩阵 $\rho_{ij}=\langle\cos(\theta_i-\theta_j)\rangle$ ，其中 $\langle\cdots\rangle$ 代表初始条件不同的平均实现值，这里平均实现值为 10^5 次，并且使用的离散临界值为 0.999。结果表明，通过同步过程发现的中间尺度和发现的网络拓扑结构中间尺度相同。这种方法不仅能够发现不同尺度下社团的个数，而且能够清晰地知道节点所属的社团。

为了证实以上观点，使用人造合成网进行验证，该网络具有不同的尺度社团特性，如图 7-17 所示。仅研究 RB125 网络的第一层拓扑结构，然后对不同分辨率下的社团与同步过程中所发现的同步模型进行比较。该合成网络具有 25 个节点，具有很高的聚类系数的无标度特性，并且可以迭代成很多层次，如图 7-17(a)所示。

不同尺度的社团划分和同步过程的社团划分的比较结果显示，两个过程是等同的。为了进一步说明该事实，在其他 3 个网络中进行验证，分别为 H13-4 网络、H15-2 网络和 RB125 网络。其中 H13-4 网络和 RB125 网络在本小节中已经提到，和 H13-4 网络相类似，H15-2 网络也是度平均的两层网络，节点数为 256 个，网络内层每个节点有 15 条边，每个社团之间有 2 条边，至少有一条边与其他节点随机连接。图 7-18 为网络社团数随尺度参数变化的关系，同时同步过程所划分的社团数也可明显地表示出来。

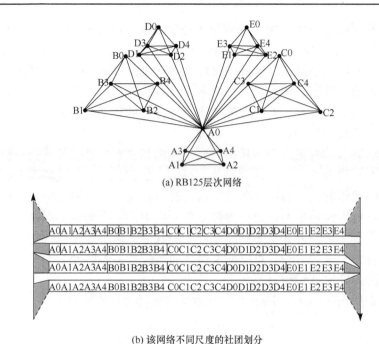

(a) RB125层次网络

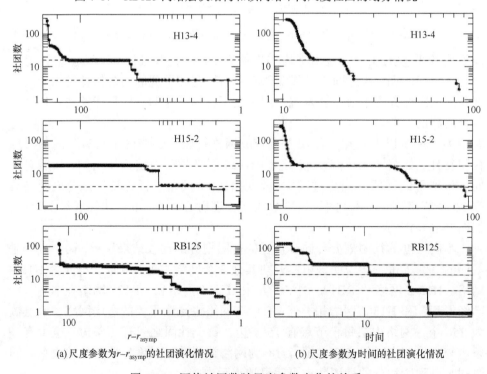

(b) 该网络不同尺度的社团划分

图 7-17　RB125 网络层次结构和该网络不同尺度社团的划分情况

(a) 尺度参数为 $r-r_{asymp}$ 的社团演化情况　　　　(b) 尺度参数为时间的社团演化情况

图 7-18　网络社团数随尺度参数变化的关系

虽然实际网络中拓扑结构挖掘依赖的动力学与本小节中所提到的同步动力学不同，但是从另一个角度仍然可以看到，一个简单的线性动力学过程是怎样反映复杂网络中的尺度，并且可以看出动力学尺度参数是怎样发现网络的社团结构。

2. 扩展模块度发现多尺度社团

Edwards 和 Anderson 构造了一个格点自旋相互作用模型,希望用它理解无须磁性材料一些的奇异性质。在 Edwards-Anderson 模型中，三维晶体的每一个晶格点上有微观自旋状态，它可以取向上、向下两个方向。相邻格点的自旋又相互作用，这些相互作用有的是铁磁的(希望两个自旋有相同的取向)，有的则是反铁磁的(希望两个自旋取向相反)，铁磁和反铁磁相互作用杂乱无章地分布于三维晶体的所有近邻自旋之间。Edwards 和 Anderson 预言当环境温度足够湿，该模型系统的自旋围观构型将处于一种玻璃态，该低温玻璃态中，系统在宏观上不表现出自发的磁性，但在晶格中大部分格点有取向偏好，有的喜欢自旋向上，有的喜欢自旋向下，导致格点具有或强或弱的围观自发磁性。Edwards 和 Anderson 的理论工作激发了人们对自旋玻璃(spin glass)模型的研究兴趣。在四十年的时间内，人们构建了许多自旋玻璃模型，其中比较突出的是 Ising 模型和 Potts 模型，本小节重点讲述 Potts 模型在集群相位以及网络结构在其中的作用。

网络上动力学的研究一直是复杂网络研究的核心内容，其主要包括复杂网络上的同步、控制、传播、博弈、通讯以及生物神经网络系统动力学与功能等方面的研究。考察其中所涉及的内容，各种不同的动力学过程在一定条件下所产生的集群行为是研究人员共同感兴趣的问题。鉴于集群行为与特定动力学密切相关，且在许多研究中有所涉及，本小节主要针对基于自旋模型网络上的动力学过程，通过在复杂网络上应用 Potts 模型发现多尺度的社团结构。

Newman[15]和 Reichardt 等[16]将自旋玻璃的 Potts 模型引入确定网络社团最优划分的问题中，他们通过构造与网络连接相关的 Hamilton 量，将社团划分与寻找系统的基态对应起来。网络中的节点与模型中的粒子相对应，并且模型的Hamilton 量处于基态时，具有相同自旋(spin)值的粒子归为一个社团，从而得到网络的社团划分。可见，问题的关键在于根据划分社团结构这一目标如何修正 Hamilton 量。修正的依据是网络社团内部连接稠密,社团间连接稀疏的性质。因此得出 4 项标准：①对连接社团内部节点的边进行奖励；②对社团内部可以连接却没有连接的边进行处罚；③对连接社团间节点的边进行处罚；④对社团间可以连接却没有连接的边进行奖励。由这 4 项标准得到的修正 Hamilton 量为

$$H(\{\sigma\}) = -\sum_{i \neq j} a_{ij} \underbrace{A_{ij}\delta(\sigma_i, \sigma_j)}_{\text{社团内部连接}} + \sum_{i \neq j} b_{ij} \underbrace{(1 - A_{ij})\delta(\sigma_i, \sigma_j)}_{\text{社团内部非连边}}$$

$$+ \sum_{i \neq j} c_{ij} \underbrace{A_{ij}[1 - \delta(\sigma_i, \sigma_j)]}_{\text{社团外部连接}} - \sum_{i \neq j} d_{ij} \underbrace{(1 - A_{ij})[1 - \delta(\sigma_i, \sigma_j)]}_{\text{社团外部非连边}} \qquad (7\text{-}13)$$

其中，i、j 表示网络中任意两个节点；A_{ij} 表示连接矩阵的元素，如果 i、j 两点有边相连，则 $A_{ij}=1$，否则等于 0；σ_i、σ_j 在原模型中表示粒子的自旋值，在这里表示节点 i、j 所属的社团编号；a_{ij}、b_{ij}、c_{ij}、d_{ij} 表示奖励和惩罚的力度。值得指出的是，因为目标是使得 Hamilton 量最小，所以这里的奖励部分为负号，惩罚部分为正号。以式(7-13)的第 1 项为例：如果节点 i、j 属于同一社团，即 $\delta(\sigma_i, \sigma_j)=1$，且它们之间有边相连，即 $A_{ij}=1$，则以 a_{ij} 的力度进行奖励，遍历所有不同的节点对其取和，从而得到由于社团内节点相连对 Hamilton 量的贡献。如果两节点间是否有边相连对 Hamilton 量影响力度相同，那么有 $a_{ij}=c_{ij}$，$b_{ij}=d_{ij}$，从而将 4 个参数压缩成 2 个。还可以用一个参数 p_{ij}，根据节点 i、j 间存在边的可能性把 a_{ij} 和 b_{ij} 表示出来：$a_{ij}=1-\gamma p_{ij}$，$b_{ij}=\gamma p_{ij}$，其中 γ 表示 a_{ij}、b_{ij} 对 p_{ij} 的依赖程度。用节点间存在边的可能性作为参数是合理的。例如，若两节点 i、j 间存在边的可能性 p_{ij} 比较小，则 a_{ij} 比较大，当 i、j 间存在边时，得到的奖励就比较大。进而修正后的 Hamilton 量表示为 $H(\{\sigma\}) = -\sum_{i \neq j}(A_{ij} - \gamma p_{ij})\delta(\sigma_i, \sigma_j)$，使得 Hamilton 量最小的网络社团划分是最优划分。

两点间存在边的可能性可以在应用时自行选择，常用的方法有两种。第 1 种方法是选择一个固定 p 值，即任意两节点 i、j 之间存在边的可能性 p_{ij} 都等于 p，这是最简便的方法。此时，Hamilton 量可转化成简单形式：

$$H(\{\sigma\}) = -\sum_{(i,j) \in E}\delta(\sigma_i, \sigma_j) + \gamma p \sum_{s=1}^{q} \frac{n_s(n_s - 1)}{2} \qquad (7\text{-}14)$$

其中，n_s 为自旋处于 s 态的节点数目；E 为网络中边的集合。第 2 种方法考虑网络的分布，若两项的度值都比较大，则它们之间存在连边的可能性就比较大，即任意两节点 i、j 之间存在边的可能性比较大，该可能性表示为 $p_{ij}=k_i k_j/(2M)$，其中，k_i、k_j 分别表示节点 i、j 的度值，M 表示网络的总边数。采用第 2 种选择方式且令 $\gamma=1$ 时，Hamilton 量与模块度 Q 有负相关关系：$Q = -\frac{1}{M}H(\{\sigma\})$。此时最小化 Hamilton 量化与最大化模块度 Q 值等价。

确定目标函数后，可以采用模拟退火算法进行搜索。假设网络中的节点初始有 q 种自旋态，该算法的具体过程如下：

(1) 给定系统一个初始温度，网络中每个节点都被赋予一个从 q 个自旋态中随机选择的状态；

(2) 随机挑选一个节点改变它的自旋态；

(3) 如果新自旋态产生系统修正的 Hamilton 量的变化值 $\Delta H = H_{\text{new}} - H_{\text{hold}} < 0$，那么该节点接受这个新的自旋态，如果 $\Delta H = H_{\text{new}} - H_{\text{hold}} > 0$，则在 $(0,1)$ 随机选择一个数 ε，若 $\varepsilon < \exp(-\beta \Delta H)$，也接受这个新的自旋态，其中 $\beta = 1/T$，否则保持原有状态；

(4) 转第 (2) 步，遍历网络中的所有节点；

(5) 降低系统温度，重复以上所有操作。

当系统温度接近 0 时，停止计算。根据此时每个节点所处的自旋态，对它们进行社团划分，这种算法的复杂度与计算停止的温度有密切关系。该算法巧妙利用连接对自旋系统 Hamilton 量的影响，将能量的基态与网络社团结构对应起来，实现了利用自旋系统的集体行为寻找网络社团结构的目的。在人工网络上的应用分析表明，Potts 模型算法的精确性可以描述网络社团结构的清晰程度，结构划分的准确性也很理想。

Potts 模型算法可以方便地推广到加权网络的研究，只需要用权重矩阵替代连接矩阵即可。此时简化的 Potts 模型算法的 Hamilton 量变为

$$H(\{\sigma\}) = -\sum_{(i,j)\in E} J_{ij}\delta_{\sigma_i\sigma_j} + \gamma p \sum_{s=1}^{q} \frac{n_s(n_s-1)}{2} \tag{7-15}$$

其中，J_{ij} 为权重矩阵的矩阵元。文献[17]对 Potts 模型在加权网络上的变形进行了研究，结果表明，加权 Potts 模型可以方便和准确地划分出加权网络的社团结构。

式(7-14)中的 $\gamma p \left(\dfrac{2m_{ss}}{n_s(n_s-1)} \geqslant \gamma p \geqslant \dfrac{m_{\gamma s}}{n_\gamma n_s}, \ \forall \gamma, s \right)$ 为社团内部和社团之间边的密度边界值，以上对网络社团的定义可以通过调节 γ 来调节 null model，进而发现不同参数 γ 下的网络拓扑结构，这样就可以对网络不同拓扑结构进行比较。

7.2.3 不同尺度社团结构之间的嵌套性分析

真实网络中，社团往往呈现出分层嵌套的现象，这是复杂网络中存在多种拓扑尺度造成的，本小节介绍这种层次社团的发现方法。以社团数量为尺度参数，不同的尺度参数 t 会得到不同的最佳社团划分，且随着时间的不断增大，

将会得到越来越粗粒度的社团，可以通过识别这些社团序列是否存在分层嵌套的现象找到内在的层次结构。当 $t' < t$ 时，t' 时刻的社团是否嵌套在 t 时刻的社团中，最普遍的方法是用信息论中的归一化条件熵来解决，假如网络包含 N 个节点，其中社团 C_t 中有 n_t 个节点，属于社团 C_t 的节点概率为 $f_t = \dfrac{n_t}{N}$，P 划分的香农熵为 $H(P) = -\sum_t f_t \lg f_t$，则归一化条件熵为

$$\hat{H}(P_t | P_{t'}) \equiv \frac{H(P_t | P_{t'})}{\lg N} \tag{7-16}$$

其中，条件熵 $H(P_t | P_{t'})$ 为已知 $P_{t'}$ 划分来描述 P_t 划分所要知道的额外信息，其值在 $[0, 1]$，P_t 嵌套在 $P_{t'}$ 划分中，归一化条件熵的值为 0。

　　基于社团数目的多尺度社团划分方法，采用归一化条件熵分析其不同尺度的社团之间是否存在嵌套关系。使用谱平分法发现多尺度社团的方法在 H13-4 网络上进行试验，该网络是由 256 个节点组成的两个层次级别的网络，第一层由 16 个社团组成，每个社团有 16 个节点；第二层由 4 个社团组成，每个社团中有 64 个节点。当 $t' < t$ 时，归一化条件熵非常小，表明社团序列存在嵌套的关系，如图 7-19 所示。

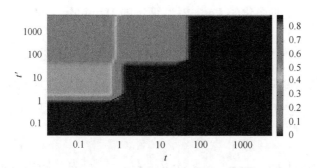

图 7-19　H13-4 网络的归一化条件熵

　　2000 年，Girvan 和 Newman 发现美国大学足球俱乐部是一个非常适合验证社团算法的有效网络。该俱乐部共有 115 个足球队，按照地理位置分成 12 个赛区，赛区内球队比赛较频繁，打 7 场，赛区之间球队比赛打 4 场，常规赛共有 613 场赛事。图 7-20 是大学生足球赛社团实际结构图，不同灰度的节点分别代表不同社团，边则代表球队之间的比赛。当 $t' < t$ 时，归一化条件熵非常小，表明社团序列存在嵌套的关系，如图 7-20 所示，t' 与 t 表示不同的时刻。

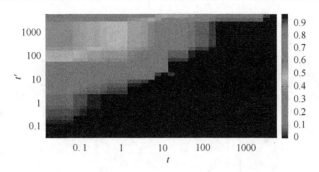

图 7-20　大学生足球赛社团实际结构图

　　接下来从邻接矩阵的示意图，分析用扩展模块度的方法所发现的多尺度社团之间的层次关系。任意两个节点之间分配相同的自旋状态，且相同的自旋状态节点之间的中间序列随机。社团序列的选取是随机的，但是总有些序列比其他序列更直观，邻接矩阵的边密度直接转换为灰色层。由于社团内部的内部边密度比社团间的边密度高，可以通过不同程度的灰色方块区分不同的社团。不同的序列可能被组合成连续的序列。也就是说，可以从给出的外层顺序重新对每个社团内的节点排序，成为子社团的顺序。

　　首先，对于一个完全分层的网络，分层意味着尺度参数 $r_2 (r_2 > r_1)$ 发现的社团是尺度参数 r_1 发现社团的子社团。在图 7-21 中，该网络由 4 个大的社团组成，每个社团有 128 个节点。社团中每个节点与其他 127 个节点的平均连边为 7.5，与其他 384 个点的平均连边为 5。这 4 个社团分别由 32 个子社团组成，子社团中每个节点与其他 31 个节点的连边为 10。如图 7-21(a)所示，当 $r = 0.5$ 时，基态由 4 个社团组成，超过一定阈值时，当 r 逐渐增大，给 16 个基态社团分配不同的自旋值。图 7-21(b)为 $r = 1$ 时的邻接矩阵，发现这些子社团连接的更加紧密。把 $r = 0.5$ 时的序列增加到 $r = 1$ 时的序列，则可以展示出所有的社团结构，且具有分层现象，如图 7-21(c)所示，并没有使用递归的社团划分方法来发现社团的子社团，却得到了大社团中的子社团，并且这些社团存在嵌套关系，是由于网络本身存在分层现象。

　　与分层网络情况相反，研究网络部分分层的情况，该网络是由 2 个大社团 A 和 B 组成，节点数为 512 个，社团内每个节点平均有 12 条连边，社团 A 和社团 B 为包含 128 个节点的子社团，分别用 a 和 b 表示。每个子社团中的每个节点与其他 127 个节点的连边数为 6，这 6 条边包含在上述提到的 12 条边中，这两个子社团之间的平均连边为 3。除此之外，每个节点会随机和网络中节点有两条连边。当 $r = 0.5$ 时，从图 7-22 可以看出网络划分成 2 个社团，但只有当 $r = 1$，存在子社团 a 和 b 时模块度值达到最大。最重要的是，仅使用当 $r = 1$ 和 $r = 0.5$ 时的邻接矩阵，即 a 和 b 为子社团时才能显示网络的整个社团划分。但是这种情况不能当作是社团之间存在嵌套关系。

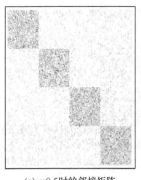
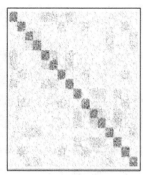
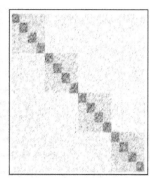

(a) r=0.5时的邻接矩阵　　　　(b) r=1时的邻接矩阵　　　　(c) r=0.5和r=1时的邻接矩阵

图 7-21　分层网络的邻接矩阵

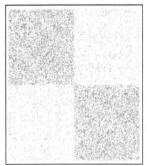

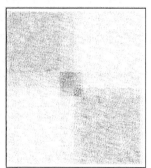

(a) r=0.5时的邻接矩阵　　　　(b) r=1时的邻接矩阵　　　　(c) r=0.5和r=1时的邻接矩阵

图 7-22　部分分层重叠网络的邻接矩阵

接下来分析现实中的实际网路——科学家合作网，节点表示科学家，边表示在 1998 年 4 月到 2004 年 2 月之间两个科学家在同一时期有过合作发表文章或合作研究项目。每一篇文章都会产生一个完全子网络，拥有很多作者的文章会产生更大的派系社团，有 n 个作者的文章产生边的权重值为 $1/(n-1)$，将所有文章的权重加起来，只有权重为 0.1 或者是大于 0.1 的边被保留下来，这样把网络转化成一个无权网络。该网络包含 30561 个节点，125959 条连边。仅仅研究最大连通的模块，度平均值 $\langle k \rangle = 8.7$。然后使用 $p_{ij} = k_i k_j / 2M$ 和 $q = 500$ 最小化 Hamilton 量，使用三种不同的 r 值。图 7-23(a) 为基态 $r = 0.5$ 时邻接矩阵的行向量和列向量的序列,在对角线上可以看出 3 个主要的社团和大量的小社团，图 7-23(b) 显示了当 $r = 1$ 时的邻接矩阵，图 7-23(c) 为基态 $r = 2$ 时的邻接矩阵，从图中可以看出随着 r 的增加，小社团的数量越来越多，大社团的数量越来越少，从图 7-23(d) 中可以看出数值较大的 r 是数值较小 r 的子社团，它们之间存在嵌套关系。

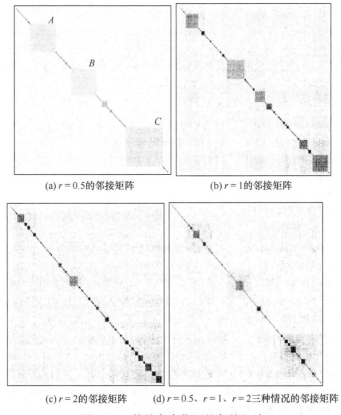

図 7-23 科学家合作网的邻接矩阵

参 考 文 献

[1] NEWMAN M E J, GIRVAN M.Finding and evaluating community structure in networks[J]. Physical Review E, 2004, 69(2): 026113.

[2] FORTUNATO S, BARTHELEMY M.Resolution limit in community detection[J]. Proceedings of the National Academy of Sciences, 2007, 104(1): 36-41.

[3] RADICCHI F, CASTELLANO C, CECCONI F, et al. Defining and identifying communities in networks[J]. Proceedings of the National Academy of Sciences of the United States of America, 2003, 101(9): 2658-2663.

[4] DANON L, DIAZ-GUILERA A, ARENAS A. The effect of size heterogeneity on community identification in complex networks[J]. Journal of Statistical Mechanics: Theory and Experiment, 2006(11): P11010.

[5] CLAUSET A, NEWMAN M E J, MOORE C. Finding community in very large networks[J]. Physical Review E, 2004, 70: 066111.

[6] CAPOCCI A, SERVEDIO V D P, CALDARELLI G, et al. Detecting communities in large networks[J]. Physica A: Statistical Mechanics and Its Applications, 2005, 352(2): 669-676.

[7] FORGY E W. Cluster analysis of multivariate data: Efficiency vs. interpretability of classification[J]. International Journal of Environmental Studies, 1965, 21(3) 41-52.

[8] BABU G P, MURTY M N. A near-optimal initial seed value selection in K-means algorithm using a genetic algorithm[J]. Pattern Recognition Letters, 1993, 14(10):763-769.

[9] WANG Z, L1U G, CHEN E. A K-means algorithm based on optimized initial center points[J]. Pattern Recognition and Artificial Intelligence, 2009, 22(2): 299-304.

[10] REDMOND S J, HENEGHAN C. A method for initializing the K-means clustering algorithm using kd-trees[J]. Pattern Recognition Letters, 2007, 28(8): 965-973.

[11] GIRVAN M, NEWMAN M E J. Community structure in social and biological networks[J]. Proceedings of the National Academy of Sciences of the United States of America, 2002, 99(12): 7821-7826.

[12] LAI D, NARDINI C, LU H. Partitioning networks into communities by message passing[J]. Physical Review E, 2011, 83(1): 016115.

[13] RAVASZ E, BARABÁSI A L. Hierarchical organization in complex networks[J]. Physical Review E, 2003, 67(2): 026112.

[14] ARENAS A, DIAZ-GUILERA A, PEREZ-VICENTE C J. Synchronization reveals topological scales in complex networks[J]. Physical Review Letters, 2006, 96(11): 114102.

[15] NEWMAN M E J. Finding community structure in networks using the eigenvectors of matrices[J]. Physical Review E, 2006, 74: 036104.

[16] REICHARDT J, BORNHOLDT S. Detecting fuzzy community structures in complex networks with a Potts model[J].Physical Review Letters, 2004,93(21): 218701.

[17] REICHARDT J, BORNHOLDT S. Statistical mechanics of community detection[J]. Physical Review E, 2006, 74(2): 016110.

第 8 章 社团发现的应用

8.1 用户通话网络的社团结构

通话网络[1]是指通过手机、电话等通讯载体形成的社交网络，属于社交网络的一种。本节主要利用复杂网络方法对通话社交网络进行实证研究。首先使用某运营商在某时间段的通话记录数据构建通话网络模型，统计通话网络的度分布、平均最短路径、聚类系数、同类性和节点中心性等特征量，其次对通话数据进行社团挖掘，最后分析加权通话社交网络的社团结构和网络结构的演化特性。

8.1.1 用户通话网络模型构建及拓扑结构

数据来源于某运营商某月的通话数据，主要包含以下几个重要信息：主叫号码、被叫号码、通话时长、通话次数和通话费用等，如表 8-1 所示。

表 8-1 采集用户数据的话单格式

ID 编号	主叫号码	被叫号码	通话时长/s	通话次数/次	通话费用/元
36829	13*******09	15*******45	187	21	48
564893	15*******50	15*******37	28	8	0
85944	13*******13	13*******56	389	30	80
73839	15*******58	15*******27	143	19	35
99203	15*******18	13*******30	129	16	28
2930	13*******32	15*******14	563	53	98
17384	13*******22	15*******33	179	19	43
63399	13*******19	15*******21	788	68	151
8933	15*******90	13*******53	39	10	0
1023	13*******93	15*******31	689	65	126

利用通话记录数据建立数据集。随机抽取某月地市发生通话行为的号码对，因为发生通话的一次记录中有主叫节点与被叫节点之分，所以通话网络本身是一个有向网络(若将此网络视为信息网络时，可把它当作无向网络)。将用户抽象为一个图的节点，只要两个节点之间有一次通话，便用一条边相连。考

虑到实验机器的运行速度，抽取某运营商一个月地市通话用户号码对，经统计，构建的网络包含 344522 个节点数和 697489 条边。通过计算通话数据中的通话时长、次数、频次等特性建立加权通话网络模型。该加权通话网络反映了特定时间内基于各种社会关系进行过信息交流的状态。

将构建的加权通话社交网络抽象为一个图，由点集 N 和边集 M 组成，用 $G=(V,E)$ 表示，其中，节点数 $N=|V|=344522$，边数 $M=|E|=697489$。由于网络规模较大，选取部分节点与边建立模型，如图 8-1 所示。

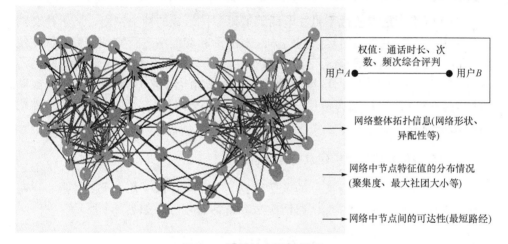

图 8-1　通话社交网络模型

此外，通话记录数据中包含一些基站信息，这些信息很少有规律性，也很难发现其中规律，因此将这些信息过滤掉。实验数据包含外网的用户，在建立移动通信关系网时不能够很好地描述用户之间的通话关系，因此应该滤掉外网的联系记录，这样可以保证社群网络体现的特征正确，以避免发现的特征具有偶然性。为了反映用户真实的通话行为，需排除电话销售和错误拨号的行为，且去除每次通话时长小于 3s 的记录和服务号码。当然这会造成一些负面影响，如一些真实存在的相互关系没有被探测到。但研究的时间跨度相对较长，因此造成的影响有限。

下面通过计算通话网络的若干拓扑参数来刻画网络的拓扑结构。

1. 平均最短路径

节点的平均最短路径是指某个节点到其他节点最短路径的平均值。通话社交网络(telephone calling social network, TCSN)中平均最短路径分布如图 8-2(a)所示，对图 8-2(a)进行直线平滑后得到图 8-2(b)。其中，横轴表示平均最短路径，纵轴表示节点数。

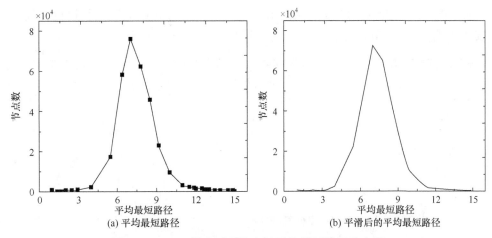

图 8-2　TCSN 任意两个节点间平均最短路径分布图

从图 8-2(a)中可以看出 TCSN 的平均最短路径接近 7，说明该网络具有明显的小世界性质。从图 8-2(b)可以看出，平均最短路径的分布近似服从泊松分布。说明大多数节点的平均最短路径相差较小(为 6～8)，平均最短路径比较小或者平均最短路径比较大的节点都比较少。

TCSN 中用户间的平均最短路径表明了其间联系的紧密程度。平均最短路径越小，说明用户之间联系的越紧密。如果所有用户间的平均最短路径全为 1，则说明该网络是一个完全图，所有人之间都有联系。这种情况下，网络最稳定，当然这只是一种理想状况。TCSN 中平均最短路径的分布反映了此社交网络中信息的传播速度和难易程度。平均最短路径越短，信息会更迅速地传递到目的地。

2. 度分布和节点中心性分析

网络中节点的度是描述网络局部特性的基本参数之一，度分布反映了网络拓扑系统的宏观特性，在社交网络中节点的度对人们在社交网络中的重要程度做出了很好的诠释。

TCSN 中，节点的度分布 $P(k)$ 一般使用累积分布：

$$P(k) = \int_k^\infty p(x)\mathrm{d}x \tag{8-1}$$

其中，$P(k)$ 是度的概率密度函数。

TCSN 的节点度分布曲线如图 8-3 所示，图 8-3(a)是线性坐标的度分布，图 8-3(b)是对数坐标的度分布。从图 8-3(a)可以看出，大多数节点的度较低，而少数节点拥有较高的度，这些少数节点可称为集散点或者 Hub 点。说明大部分用户只与少数甚至一些有限的人保持联系，只有极少数用户和大量的用户通话保持联系，但联系用户数都在 146 以下。这与 Dunbar 关于人脑可以支配朋友个数为 130～150 的预测基本相符，同样也符合 Pareto 定律。

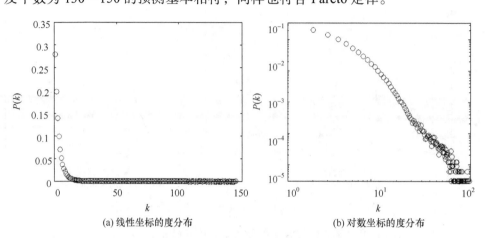

(a) 线性坐标的度分布　　　　　　　　　　(b) 对数坐标的度分布

图 8-3　TCSN 的节点度分布曲线

在 TCSN 中，如果对度很大的集散节点进行有意义的攻击，即拉拢客户，那么整个网络会产生很大的不连通性，不利于运营商对客户的有效管理，给运营商带来不利。如果长久进行攻击，可能导致部分客户因联系不便而离网，使得用户流失。

从图 8-3(b)中明显可以看出，度分布呈现"胖尾"特性(fat tail trait)，近似符合幂律分布，但在双对数坐标轴下，发现度分布事实上不完全符合幂律分布。当度值等于 23 时，具有明显的"胖尾"现象；当度值小于 23 时，度分布具有非常快速的衰减趋势；当度值大于 23 时，下降相对缓慢，说明网络中大量度较高的节点集中于度为 23 的节点附近。这一批节点代表了一种关键类型的客户，很可能就是 Hub 点。由于"胖尾"的存在，在随机流失用户的情况下，TCSN 的稳定性相比于无标度网络要好。

衡量个体节点在网络中的影响力是传统社交网络的分析重点之一。在社交网络中，对个体所属位置的测量指标也称为中心性分析。根据不同研究者对节点重要性的不同认定，产生了不同的节点中心性定义，节点的度数也是节点中心性定义的一种，即连接该节点的边的数目。度中心性表达式：

$$\mathrm{DC}_i = \sum_{j \in N(i)} A_{ij} \tag{8-2}$$

其中，A 表示邻接矩阵。

度中心性越大，表明此节点与其他节点的直接通信能力越强，即该节点在网络中所处的地位越重要。在 TCSN 中，节点的度数能够高效地度量节点的影响力和重要性，也是实际网络中最常用的衡量核心人物的重要指标。

3. 聚类系数

经计算得到 TCSN 的聚类系数为 0.1712，对应随机网络的聚类系数为 0.00019，比值为 901.05。由此可见，TCSN 的聚类系数远大于随机网络的聚类系数，说明本小节研究的 TSCN 具有小世界特性的标志。同时，TCSN 的聚类系数也符合现实网络聚类系数规律性质。

网络聚类度关联性被用来描述不同网络之间的差异，定义为一个节点的度值 k 与其平均聚类系数 $C(k)$ 之间的关联性。TCSN 的聚集度关联性分布图如图 8-4 所示。研究表明，许多现实网络，如演员合作网、因特网等的聚集度关联性满足如下关系：

$$C(k) \sim k^{-1} \tag{8-3}$$

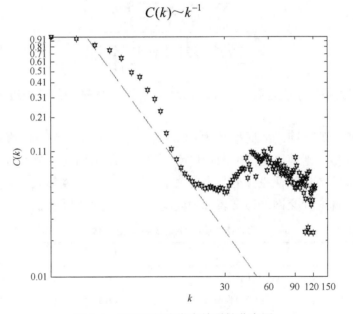

图 8-4　TCSN 的聚类度关联性分布图

从图 8-4 中可以看出 TCSN 具有层次拓扑结构。随着节点度数的增加，通话的人数越来越多，然而彼此邻近节点之间不一定互相联系，因此聚类系数较小。在度值相对较大处，由于大多数用户不属于这种情况，节点中存在一个相应团队的核心人物，并且其团队之间联系较多，这种情况下将有较大的聚类系数与度值，同时平均聚类系数也得到了提高。这也导致了较大聚类系数与较小的聚类系数之间存在一个跳跃，即 $C(k)$ 曲线在下降到一定程度会有一个上扬的趋势。聚类系数较大的用户节点不再服从 $C(k) \sim k^{-1}$，对度值较小的情况，存在的异常情况得到了平衡。总体来说，随着度值的持续增加，$C(k)$曲线与式(8-3)的走势相一致。这表明，在度值很大时，用户邻接节点之间的联系逐渐呈下降趋势。

4. 同类性

网络的同类性又称为网络的异配、同配性问题，即网络的度相关性问题，往往由同配系数(assortativity coefficient)描述。同配系数定义为度的 Person 系数。该系数与一对相互连接的节点相对应，从节点度扩展而来，刻画了统计意义中网络的高度数节点是倾向与其他高度数节点相连还是倾向与低度数节点相连的特征。该系数定义如下：

$$r = \frac{M^{-1}\sum_i j_i k_i - \left[M^{-1}\sum_i \frac{1}{2}(j_i + k_i)\right]^2}{M^{-1}\sum_i (j_i^2 + k_i^2) - \left[M^{-1}\sum_i \frac{1}{2}(j_i + k_i)\right]^2} \tag{8-4}$$

其中，M 为网络的总边数；$i = 1, 2, \cdots, M$；j_i、k_i 分别为第 i 条边两端节点的度值。

经计算，如果网络的同配系数 r 值为正，表明网络中节点度值相似的节点倾向互相连接，则网络是同配的；相反，如果网络的同配系数为负，则表明网络中度值大的节点往往更倾向与小度值节点相互连接，网络表现为异配特性。研究表明，现实社交网络通常表现为同配性，如表 8-2 所示。

表 8-2　现实社交网络同配系数

网络	名称	N	r
	数字论文合作网络	253339	0.12
	演员合作网络	449913	0.21
社交网络	公司董事网络	7673	0.28
	ArXiv 合作网络	52909	0.36
	Cond-mat 合作网络	16264	0.18

表 8-2 为几种典型社交网络的特性数据，包括网络规模，即节点数 N 和同配系数 r，r 描述了社交网络的同配性系数信息。可看出社交网络往往具有正相关性，且具有同配性。对于本小节研究的 TCSN，经计算其同配系数为 0.18。说明该网络具有正相关性，是同配网络，与表 8-2 中的社交网络一样，都能体

现出社交网络的性质，反映人们在现实生活中的行为特征。研究表明，与社交网络相反，技术网络等大多数非社交网络会呈现出显著的差异性，一般表现为异配性。

8.1.2　通话网络的社团发现及应用分析

本小节先讨论网络边权的选择，然后讨论社团挖掘等问题。

1. 边权

通话网络作为加权网络，首先遇到的问题是如何确定边权。研究的通话社交网络为相似权，其相似权 w_{ii} 为 $[0,+\infty)$，也可归一化到 $[0,1]$。由于该网络的权值由通话频次、通话时长、通话次数等共同决定，下面提出一种基于模糊综合评判的方法对其权重进行定义。模糊综合评判方法的思想如下。

模糊综合评判是对多种因素影响的事物做出全面评价的一种有效的多因素决策方法。设 $U = \{u_1, u_2, \cdots, u_n\}$ 为 n 种因素(或指标)，$V = \{v_1, v_2, \cdots, v_m\}$ 为 m 种评判(或等级)。

由于各种因素所处地位不同，作用也不一样，可用因素权重 $A = (a_1, a_2, \cdots, a_n)$ 描述，它是因素集 U 的一个模糊子集。对于每一个因素 u_i，单独作出的一个评判 $f(u_i)$，可看作是 U 到 V 的一个模糊映射 f，由 f 可诱导出 U 到 V 的一个模糊关系 R_f，由 R_f 可诱导出 U 到 V 的一个模糊线性变换：$\mathrm{TR}(A) = A^\circ R = B$。它是评判集 V 的一个模糊子集，即综合评判。(U, V, R) 构成模糊综合评判决策模型，U、V、R 是此模型的三个要素。

对于通话社交网络，主要考虑通话频次 f、通话时长 t 和通话次数 c 对于网络中边权 w_{ij} 的影响。其中，通话频次是衡量一个月中某个号码的每个对端号码在该号码交往圈中出现的交往频率。因此其因素集定义为 $U = \{f, t, c\}$，然后将 U 与因素权重 A 进行模糊变化：

$$B = A^\circ U = (a_1, a_2, a_3) \begin{pmatrix} f_{i1} & f_{i2} & \cdots & f_{iN} \\ t_{i1} & t_{i2} & \cdots & t_{iN} \\ c_{i1} & c_{i2} & \cdots & c_{iN} \end{pmatrix} = \left(B_{i1}, B_{i2}, \cdots, B_{iN}\right) \tag{8-5}$$

其中，$i = 1, 2, \cdots, N$，N 为网络的节点个数。

在实证研究中，取 (a_1, a_2, a_3) 分别为 $(0.6, 0.2, 0.2)$、$(0.2, 0.6, 0.2)$ 和 $(0.2, 0.2, 0.6)$。这样可使通话频次、通话时长和通话次数分别对权重的贡献程度不同于彼此，有助于发现三种因素对网络演化的贡献程度。

将合成的结果 B 进行归一化处理，得到通话网络的边权 w_{ij}：

$$w_{ij} = \frac{B_{ij}}{\sum\limits_{i,j=1}^{N} B_{ij}} (i,j=1,2,\cdots,N) \tag{8-6}$$

点权即节点的强度，记作 s_i，表示连接该节点的所有边权之和。因此 TCSN 的点权为 $s_i = \sum w_{ii}$，描述了节点在整个 TCSN 中的重要程度。节点的点权越大，说明该节点的地位越重要，信息越易传播。

2. 社团挖掘算法描述

由于目前社团挖掘算法对于大规模或者超大规模网络的社团划分存在一定的缺陷，不能达到期望的精度，而凝聚算法中一种基于贪婪思想的算法对大规模乃至超大规模网络的社团划分较为适用。因此本小节针对基于贪婪思想的算法进行改进，使之可成功地用于所构建的通话社交网络。

该算法是一种基于贪婪算法的凝聚算法，采用对 CNM 算法引入网络权重的方法将其进行改进，算法复杂度为 $O(n\lg^2 n)$，接近线性复杂性，算法流程如下。

步骤 1：初始化。初始化网络为 n 个社团，即每个节点为一个独立的社团。模块度 Q 满足 $Q=0$。初始的 e_{ij} 和辅助向量 a_i 满足：

$$e_{ij} = \begin{cases} \dfrac{w_{ij}}{2m}, & \text{节点} i \text{与} j \text{相连} \\ 0, & \text{节点} i \text{与} j \text{不相连} \end{cases} \tag{8-7}$$

$$a_i = \frac{s_i}{2m} \tag{8-8}$$

其中，s_i 为节点 i 的点权；m 为网络总边权，$m = \sum\limits_{ij} w_{ij}$。

模块度增量矩阵 ΔQ_{ij} 同网络的连接矩阵 A 一样是一个稀疏矩阵。将它的每一行都存为一个平衡二叉树(可在 $O(\lg n)$ 时间内找出所需某个元素)和一个最大堆。初始化模块度增量矩阵元素，满足：

$$\Delta Q_{ij} = \begin{cases} e_{ij} - a_i a_j, & \text{节点} i \text{与} j \text{相连} \\ 0, & \text{节点} i \text{与} j \text{不相连} \end{cases} \tag{8-9}$$

初始化模块度增量矩阵后，由 ΔQ_{ij} 中每一行的最大元素和该元素相应的两个社团编号 i、j 构成最大堆 H。

步骤 2：从最大堆 H 中选择最大的 ΔQ_{ij}，合并相应的社团。更新模块度增量矩阵 ΔQ_{ij}、最大堆 H 和辅助向量 a_i。通过 ΔQ_{ij} 值更新模块度 Q。

步骤 3：重复步骤 2，直到网络中的所有节点都归到一个社团。

以上存在的数据结构使得在步骤 2 中可快速更新其元素。先标记符合要求的一部分 ΔQ_{ij} 元素，合并 i、j 社团并标记合并后的社团 j。然后，更新第 j 行和第 j 列，同时删除第 i 行和第 i 列。更新方法如下。

首先，判断社团 k 与社团 i、j 的连接状态。如果社团 k 同时与社团 i 和 j 相连，则

$$\Delta Q'_{jk} = \Delta Q_{ik} + \Delta Q_{jk} \tag{8-10}$$

如果社团 k 仅与社团 i 相连，而不与社团 j 相连，则

$$\Delta Q'_{jk} = \Delta Q_{ik} - 2a_j a_k \tag{8-11}$$

如果社团 k 仅与社团 j 相连，而不与社团 i 相连，则

$$\Delta Q'_{jk} = \Delta Q_{ik} - 2a_i a_k \tag{8-12}$$

其次，更新最大堆 H。每次更新 ΔQ_{ij} 之后，更新 H 中相应的行与列的最大元素。

最后，更新辅助向量 a_i。$a'_j = a_i + a_j$，$a'_i = 0$，同时，记录合并之后的模块度值 $Q + \Delta Q_{ij}$。

3. 社团挖掘结果

将改进 CNM 算法用于 TCSN 社团划分，以挖掘网络特性。经计算，TCSN 在通话频次、通话时长和通话次数的权重系数分别为(0.6,0.2,0.2)、(0.2,0.6,0.2) 和(0.2,0.2,0.6)时的社团划分结构如图 8-5 所示。从图中可以看出，在权重系数为(0.6,0.2,0.2)，即通话频次占最大权重时，在 287576 步模块度值 Q=0.786148 时达到极值，此时网络有最优的社团分解，大概分解成 15178 个社团。最大的社团由 18016 个节点组成，说明这 18016 个客户直接联系紧密，通话比较频繁；最小的社团由 2 个节点组成，说明这 2 个客户与其他客户通话量较少，两者之间通话较多。模块度 $Q(Q<1)$ 是衡量算法分解的标准，值越大分解的社团越精确。从实验中发现，最大模块度值 Q=0.786148 与 1 较为接近，说明在该点分解社团比较成功。

以上三种权重系数分布所对应的模块度分布情况如图 8-6 中曲线所示，形象地描述了当节点不断增加、群体越来越大的过程。从图中可直观看出，通话

频次对权重系数和网络社团结构的贡献最大，其对应的社团划分为最优划分。

MAXID - - - - - :	344522	
NUMNODES - - - :	344522	节点个数
NUMNODES - - -	697489	边的条数
GROUPS		
NUMGROUPS - - -	15178	分解的社团个数
MINSIZE - - - :	2	分解的最小社团
MEANSIZE - - :	23	平均社团大小
MAXSIZE - - - :	18016	分解的最大社团
MIODULARITY		
MAXQ - - - - - :	0.786148	模块度
STEP - - - - - :	287576	达到最大模块度的步数

(a) 权重系数为(0.6,0.2,0.2)时的社团划分结构

MAXID - - - - - :	344522	
NUMNODES - - - :	344522	节点个数
NUMNODES - - - :	697489	边的条数
GROUPS		
NUMGROUPS - - - :	19279	分解的社团个数
MINSIZE - - - :	2	分解的最小社团
MEANSIZE - - :	20	平均社团大小
MAXSIZE - - - :	15625	分解的最大社团
MIODULARITY		
MAXQ - - - - - :	0.7606249	模块度
STEP - - - - - :	291272	达到最大模块度的步数

(b) 权重系数为(0.2,0.6,0.2)时的社团划分结构

MAXID - - - - - :	344522	
NUMNODES - - - :	344522	节点个数
NUMNODES - - - :	697489	边的条数
GROUPS		
NUMGROUPS - - - :	20361	分解的社团个数
MINSIZE - - - :	2	分解的最小社团
MEANSIZE - - :	16	平均社团大小
MAXSIZE - - - :	13628	分解的最大社团
MIODULARITY		
MAXQ - - - - - :	0.641563	模块度
STEP - - - - - :	306239	达到最大模块度的步数

(c) 权重系数为(0.2,0.2,0.6)时的社团划分结构

图 8-5　TCSN 在不同权重系数下的社团划分结果

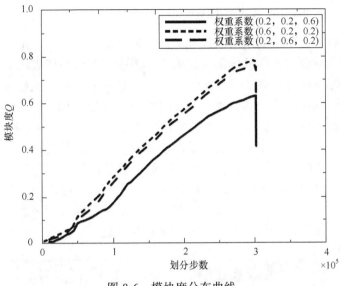

图 8-6 模块度分布曲线

研究表明，在大部分复杂网络中，当模块度呈现最大分割时，社团大小分布如图 8-7 所示，从图中可以看出社团大小符合幂律分布。计算发现，通话社交网络同样满足该性质，社团大小服从幂指数为 2.5 的幂律分布：$P \propto \alpha s^{-2.5}$，出现这种现象的原因可能是由社交网络中呈现的幂律特性的度分布或是划分社团结构算法的动力学性质引起。

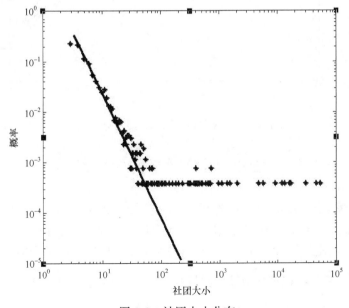

图 8-7 社团大小分布

4. 权重对于社团挖掘结果的影响

权重的引入会对社会网络产生相应的影响，图 8-8 表示了在 TCSN 中引入三种不同权重系数的不同社团划分正确率。图中，方格曲线表示通话频次、通话时长、通话次数的权重系数为 0.6、0.2、0.2 时的社团划分正确率；圆圈曲线表示这三者的权重系数为 0.2、0.6、0.2 时的社团划分正确率；星号曲线则表示这三者的权重系数为 0.2、0.2、0.6 时的社团划分正确率。从图 8-8 中可以看出，第一种权重分布中，即通话频次占最大权重时，社团划分的正确率最高，而通话次数权重最大时，社团划分相对较差。通话时长占最大权重时，划分正确率位于上述两者之间。由于通话频次是衡量一个月中某个用户的每个对端号码在该用户交往圈中出现的交往频率，能够全面反映用户的社交关系，通话频次占最大权重时的社团划分最优，与实际情况最为接近。

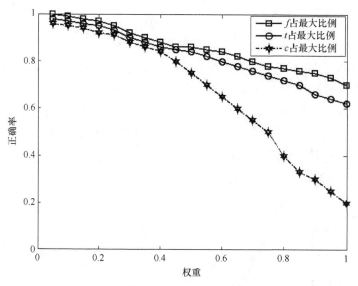

图 8-8　不同权重影响下的社团划分正确率

8.2　BBS 用户网络的社团结构

本节考察无标度(scale-free)性质在电子论坛(bulletin board system, BBS)网络中的应用，重点探讨 BBS 网络中热点发现的策略。实证研究的数据资料来源于人民网强国论坛 2002 年 12 月份至 2003 年 9 月份之间的所有帖子[2]。

8.2.1　BBS 用户网络模型构建及拓扑结构

从实证研究方面探讨 BBS 网络的无标度性质。根据 2002 年 12 月份至 2003

年 9 月份之间用户的发帖情况构建 BBS 网络。在 BBS 网络中，注册用户可以独立发帖或回复帖子，根据回复关系建立 BBS 网络，BBS 网络中的节点是参与发帖或回帖的用户，两个用户之间存在连接则当且仅当其中一个用户对另一个用户所发的帖子进行了回复。

　　研究 BBS 网络的特性，其节点的累积度分布的双对数曲线及其线性拟合如图 8-9 所示，横坐标为连边数，纵坐标为概率。从图中不难看出，网络节点的累积度分布不服从幂律分布。事实上，如果一定要对双对数曲线进行线性拟合，其相关系数仅达到 -0.9085，从图 8-9 可以看出线性拟合的效果并不理想。进一步观察，双对数曲线可由三条直线段拟合(图 8-10)，图中横坐标为连边数，纵坐标为概率。位于区间 $1\sim100$、$100\sim850$ 和 $850\sim2681$ 的三条直线段的斜率分别为 -0.5318、-1.3330 和 -4.7226，相关系数分别为 -0.9907、-0.9917 和 -0.9885，图 8-10 的拟合效果比较理想。

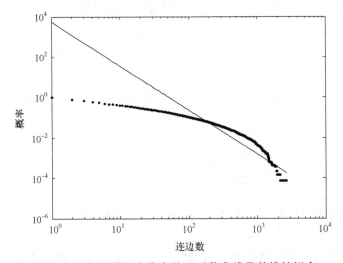

图 8-9　节点的累积度分布的双对数曲线及其线性拟合

　　上述计算结果说明 BBS 网络的度分布可以近似看成一个分段函数：连接数不超过 100 的节点度值近似服从幂指数为 -1.5318 的幂律分布；连接数位于 $100\sim850$ 的节点度值近似服从幂指数为 -2.3330 的幂律分布；而连接数超过 850 的节点度值近似服从幂指数为 -5.7226 的幂律分布。另外，统计出位于这三个范围内的节点度分布如表 8-3 所示。从表中可以发现，96 个高度值节点的幂指数绝对值较大，从而说明这些节点的度值比较平均，因而这些节点构成了网络的 Hub 节点；中间段节点的作用也不容忽视，其拥有的总连接数最多，度值不超过 100 的节点数占绝大多数，由于其幂指数的绝对值小于 2，故其中也存在相当一部分节点的度值接近 100。

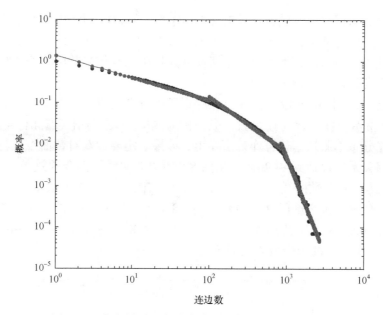

图 8-10　节点的累积度分布的双对数曲线的折线拟合

表 8-3　节点度分布的分段统计

度值范围	幂指数	节点数	概率	总连接数
<100	−1.5318	12597	89.69%	169965
100～850	−2.3330	1352	9.63%	359301
>850	−5.7226	96	0.68%	112872

　　总之，网络中高度值节点非常多，因此从这样的网络中界定出少量的与某个主题相关的重要节点存在一定难度。

　　下面，从用户发帖数方面研究 BBS 的无标度性质。研究 BBS 用户发帖数的分布，即研究发帖数为 k 的用户数所占的比例。

　　考察 2002 年 12 月份至 2003 年 9 月份之间用户的发帖情况。完全类似于上述步骤，得到图 8-11 和图 8-12。图 8-11 是累积发帖数分布(即发帖数超过 k 的用户数所占的比例)的双对数曲线及其线性拟合，虽然相关系数达到了 −0.9630，但从图中可以看出，线性拟合的效果并不理想。图 8-12 是采用三条线段拟合的结果，反映到发帖数分布上的相关结果见表 8-4。

　　由表 8-4 可以发现，发帖数超过 2300 的用户虽然少，但其所发的帖子数占 1/3，且这些用户所发帖子数比较接近(幂指数的绝对值大于 3)，故这些用户构成了 Hub 节点；发帖数介于 500～2300 的用户数服从幂指数为−2.1248 的幂律分布，故其中绝大多用户发帖数集中在 500 附近；而发帖数小于 500 的用户

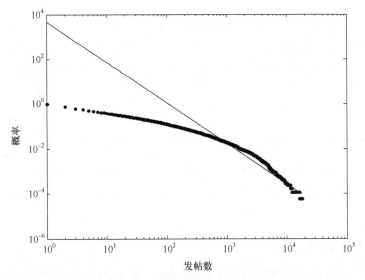

图 8-11　累积发帖数分布的双对数曲线及其线性拟合

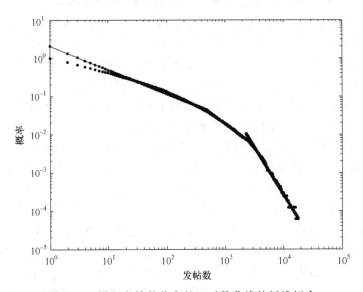

图 8-12　累积发帖数分布的双对数曲线的折线拟合

数量非常庞大，且服从幂指数为 –1.6216 的幂律分布，因而其中相当一批用户的发帖数接近 500。

　　总之，按照发帖数的统计分析表明，虽然发帖数极高的用户数很少，但发帖数次高的用户数很多。结合前面关于 BBS 网络结构的研究，可以断言，在这样的网络中，舆论导向并不是由少数人左右，而是存在为数可观的一批人，一方面这些人发帖数量很多；另一方面所发帖子受到的关注(度值)也较大。

表 8-4　发帖数分布的分段统计

发帖数范围	幂指数	用户数	概率	总发帖数	发帖数所占比例
<500	−1.6216	16244	96.18%	513735	33.09%
500~2300	−2.1248	525	3.11%	517233	33.31%
>2300	−3.4831	121	0.72%	521750	33.60%

因此，根据上述案例的分析，把握 BBS 舆论导向的有效策略包括：①锁定某个特定主题；②关注某个特定主题中发帖数很多且很受关注的用户，这类用户数很少。

8.2.2　社团发现与热点主题

本小节试图利用社团发现算法探讨 BBS 网络中热点话题的挖掘。在 BBS 网络中，用户通过发帖或回帖讨论发生在现实世界中的话题，这些话题可能已经出现在广播、报纸等传统媒体上，但经过网络的交互式讨论之后最终形成倾向性的观点，本小节讨论如何利用计算机自动发现这些话题。传统的热点发现通常都是采用文本聚类的方法，一旦处理的内容特别庞大，其效率通常较低。BBS 网络中的帖子数量通常比较庞大，如人民网强国论坛一天的帖子数量常常超过一万，从海量的帖子中挑选出少量具有代表性的帖子，使得通过对这些少量的代表性帖子进行文本聚类，不至于丢失或遗漏热点话题。

从海量帖子中挑选代表性帖子的步骤：①根据某种原则建立以发帖用户为节点的网络；②从该网络中寻找极大连通分支；③利用 8.2.1 小节的方法对该连通分支进行社团分解；④以步骤③中所得到的极大社团为目标网络，返回步骤②。如此循环进行，直至最终获得的极大社团中的节点数合适为止。

根据用户兴趣建立用户网络。一般来讲，如果两个用户对同一个帖子进行回复，则可以认为这两个用户兴趣相同，故在这两个用户之间连一条边。同时在回帖用户与发帖用户之间也连一条边，这样就得到了一个网络，该网络反映了用户的兴趣，可将其称为 BBS 兴趣网络。由于 BBS 兴趣网络是基于用户的兴趣建立的，如果可以将该网络分解成若干个社团。可以认为，极大社团中的用户是论坛的主流用户，他们的兴趣代表了论坛的主流话题，下面对 BBS 兴趣网络进行社团分解。

分析人民网强国论坛 2003 年 6 月份用户的发帖数据。该时间段共包含242074 条帖子和 5906 位参与发帖的用户，按照上述方案建立网络后，网络中只包含 5013 个节点，说明有 893 位用户既不回复其他用户的帖子，也没有用户对他们的帖子进行回复。显然这些用户不影响群体的观点，故网络中不包含他们也不会影响结论的正确性。该网络包含一个极大连通分支，其中包含 4995 个节点和 117055 条边。下面讨论该连通分支，将其记为 QGLT-INT。

现讨论 QGLT-INT 的社团发现问题。首先计算该网络的 Laplace 矩阵的前 500 个特征值(由小到大排序)及其对应的特征向量；其次将网络中的节点映射到 500 维空间中，使得第 i 个节点对应到这 500 个特征向量的第 i 个分量所组成的 500 维点或 500 维向量，在 500 维空间中计算每一对节点(看成向量)之间的夹角；最后根据夹角对节点进行层次聚类，结果如图 8-13 所示。

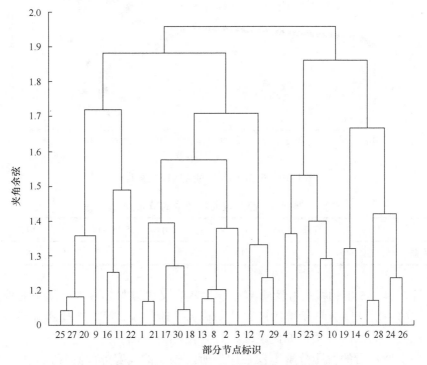

图 8-13　QGLT-INT 的层次聚类示意图

为了获得恰当的社团分解，必须对图 8-13 中的某一层进行切割，为此计算每一层所得社团分解的模块度，结果如图 8-14 所示。理论上，该曲线中每一个局部最大值点都对应着一个合适的社团分解。考察其全局最大值，经过计算得到的最大模块度为 0.2258，所对应的层次为 4341，该层次所对应的社团分解包含 654 个社团，社团中所包含的节点数如表 8-5 所示。根据表 8-5 可知，在所有的社团中存在一个极大的社团，该社团包含着在人民网强国论坛中起舆论主导作用的用户。

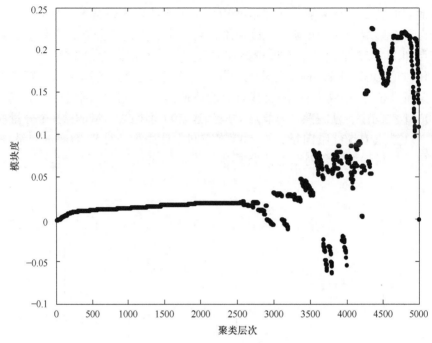

图 8-14 QGLT-INT 的层次模块度曲线

表 8-5 部分较大社团中的节点数

社团标识	428	23	131	451	621	29	101	265	482	612	616	其余
节点数	3217	40	39	13	10	9	9	9	9	9	9	<9

针对表 8-5 中的极大社团重复上述过程，又可以得到极大社团中的极大社团。将第一次社团分解所得的极大社团称为一阶社团，第二次社团分解所得的极大社团称为二阶社团，如此继续，计算出四阶社团。

如上所进行的社团分解不仅在用户所发帖子的内容方面具有代表性，而且每次所得的极大社团在网络结构方面也与分解之前的网络结构相似。分别描绘了社团分解之前以及四次分解后的极大社团节点的累积度分布曲线的双对数曲线(图 8-15)。从图中可以看出，五条曲线的形状比较类似，说明社团分解之前以及四次分解后的极大社团在网络结构方面相似，该结果说明了上述方法的合理性。

上述基于复杂网络社团分解的热点话题发现方法，不仅提高了文本聚类的效率，而且还发现了论坛中具有代表性的用户。每个用户针对某一个主题的倾向性在一段时间内具有稳定性，因此通过跟踪这些用户所发的帖子可以分析出整个 BBS 网络关于各个热点话题的倾向性，即可以解决 BBS 网络的舆情分析

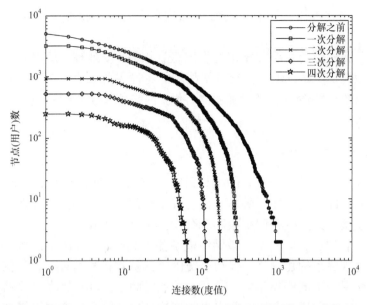

图 8-15　社团分解之前以及四次分解后的极大社团节点的累积度分布曲线的双对数曲线

问题。限于篇幅及主题，本小节对此不做进一步讨论。

8.3　复杂公交网络的性能分析

　　交通系统是一个庞大而复杂的系统，大量学者应用复杂网络或统计物理学的方法对其展开研究[3,4]。相比较而言，复杂网络分析方法是一种分析交通网络更为有利的工具，通过对网络基本性能的分析，可以加强人们对交通系统的宏观认识和科学掌控。Sienkiewicz 等[5]分析了波兰 22 个城市的公交系统网络拓扑结构，发现所有网络的节点度都服从幂律分布。Li 等[6]分析了中国前十大城市的公交拓扑网络，发现所有网络都具有较高的局部效率和较低的全局效率。胡一竑[7]采用复杂网络方法对航空、道路和航海网络进行了实证研究，发现这些网络虽然类型、功能、规模大相径庭，但都具有无标度特性。李进等[8]对城市地铁网的拓扑结构展开了分析，发现地铁网拥有倾向选择短边、平均度接近于 2 等特性。上述四种方法只是从拓扑结构研究了相应的公交、航空、地铁等网络，并没有分析交通网络的鲁棒性、社团结构和优化方法。周康等[9]提出基于出行行为的公交网络多目标优化方法优化公交网络，缓解交通拥堵。刘志勇等[10]对北京市公共交通网络系统的鲁棒性进行了研究，发现正序攻击对公共交通网络的连通性和效率的影响极大，倒序攻击的影响极小。这些方法对交通网络采用攻击行为验证了网络的鲁棒性，以此来优化交通网络，可减缓交通堵塞，但是这些方法没有进行社团结构划分，没有挖掘出交通网络的易堵节点。

虽然公交网络的演变和城市的发展息息相关，受地理、历史和社会等诸多因素影响，但是实践证明，公交网络的功能特性主要取决于其统计特性。因此从公交网络统计特性出发研究其功能特性、网络鲁棒性和网络演变是一种较为可行的方法。

8.3.1　城市公交网络模型

城市公交系统是一个复杂的大型系统，构建公交网络模型，需要考虑站点、线路和它们彼此之间的相互关联。目前有 3 种公交网络模型，分别是公交停靠站点网络模型、公交线路网络模型和公交换乘网络模型。

公交停靠站点网络模型：该网络模型基于 Space L 方法构建网络，根据站点的自然地理关系构建网络，保留公交网络的基本拓扑特征。在该网络中，节点代表公交系统中的停靠站点，若两个站点之间至少存在一条公交线路，且两个站点相邻，则在相对应的两节点之间连边。公交停靠站点网络模型的基本物理参量都具有重要的实际意义。度分布体现了通过各个站点的公交线路数，聚类系数体现了每个站点附近的公交线路数，站点的介数表示该站点所经过的最短路径数，反映了站点在整个停靠站点网络的影响力。

公交线路网络模型：该网络模型主要研究公交线路之间的连通关系。在此网络中，节点是公交线路，如果两条公交线路有相同的停靠站点，则两个节点之间有一条边连接。

公交换乘网络模型：该网络模型基于 Space P 方法构建网络，研究公交站点的换乘情况。如果城市公交网络中公交站点不具备较好的换乘，将会影响公交站点之间的可达性，从而可能造成局部的换乘拥挤，导致公交系统运输低下。

1. 宝鸡市公交停靠站点网络模型的构建

以宝鸡市为例，通过构建公交停靠站点网络模型研究复杂公交网络[4]。本小节数据来源于 8486 公交网络，选取了截至 2016 年 12 月陕西省宝鸡市市区的 51 条公交线路、406 个公交站点作为样本数据构建公交停靠站点网络。在网络构建时，做了以下几点假设：①公交线路存在方向性，大多数情况下，从站点 1 到站点 2 的线路和从站点 2 到站点 1 的线路同时存在。在数据提取时，只要存在从站点 1 到站点 2 或者从站点 2 到站点 1 的任意一条边，就在节点 1 与节点 2 之间连边，将网络视为无向网络。②在公交网络中，不考虑车辆发车的频次，也不考虑多条公交线路共享支路的情况，将网络视为无权图。③不考虑公交站点的实际地理经纬度。根据上述假设，由宝鸡市公交停靠站点数据构造

的公交网络拓扑图如图 8-16 所示。它是一个由 406 个节点和 613 条边构成的无向无权网络，可抽象为一个由点集 V 和边集 E 构成的无向无权图 $G=(V, E)$，定义网络节点数 N 为|V|，网络边数 M 为|E|，其邻接矩阵为 A。

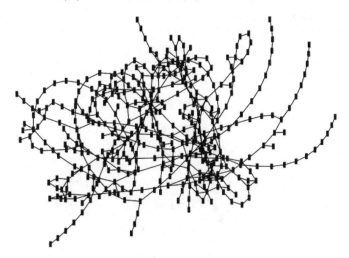

图 8-16　宝鸡市公交站点公交网络拓扑图

2. 度分布

节点的度 k 定义为节点的邻居个数，表示节点的重要性。宝鸡市公交网络的节点度数统计表如表 8-6 所示，通过分析得知：节点的度最大为 13，均值 $\langle k \rangle$ 为 3.0197，说明每个站点平均与 3～4 个站点相连。度值小于等于 5 的节点占总数的 85.47%，度值在 9 以上的仅占 2.22%，说明公交停靠站点网络具有"富人俱乐部特性"，即只有少数节点的度比较大，大多数节点的度比较小。度值最高的 9 个站点如表 8-7 所示，由表中可以看出，人民医院等 9 个地方主要分布在市中心区、火车站和高速路口等交通枢纽地带，在公交网络中起着非常重要的作用，在网络规划和交通控制中应重点关注。节点度的概率分布在对数坐标系中的曲线如图 8-17 所示，除了度为 1 的节点外，剩余节点的度分布在对数坐标系中近似为一条直线，因此它近似服从幂律分布，幂律指数 $\gamma = 2.152$。Ferber 等[11]研究了柏林等 14 个城市的公交停靠站点网络，都服从幂律分布，其 γ 为 2.62～5.49，说明大多数公交停靠站点网络符合无标度网络的增长特性和优先连接特性。

表 8-6　节点度数统计表

节点度	1	2	3	4	5	6	7
节点数	43	205	88	38	17	9	3
比例	0	0.0468	0.4631	0.2192	0.1256	0.0714	0.0271

续表

节点度	8	9	10	11	12	13
节点数	4	5	3	0	0	1
比例	0.0246	0.0123	0.0074	0	0	0.0025

表 8-7　度值最高的 9 个站点

序号	站点	度值
252	人民医院	13
386	中国人寿保险宝鸡分公司	10
111	工业品市场(曙光路)	10
141	高速客运中心	10
198	金陵桥西	9
278	胜利桥北·汉唐茶城	9
280	胜利桥南(清姜路)	9
293	太白路	9
355	行政西路北口	9

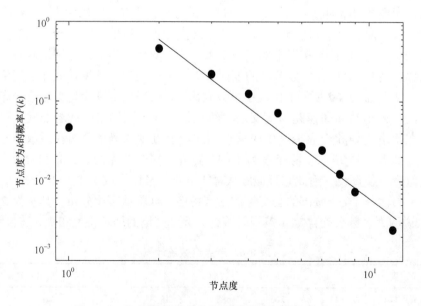

图 8-17　节点度的概率分布在对数坐标系中的曲线

3. 聚类系数

聚类系数主要考察网络的聚集特性，在公交停靠站点网络中，站点的聚类系数反映了各个站点附近公交线路的密集程度。站点的聚类系数越低，则其邻居间的联系越稀疏，邻居间的大多出行交通流量经过该站点，则该站点的负荷越重，因此聚类系数低的站点比聚类系数高的站点更容易发生拥堵，而整个网络的聚类系数反映了公交线路的密集程度。宝鸡市公交网络中各个站点的聚类系数如图 8-18 所示，有 303 个站点的聚类系数为 0，说明有 74.63%的邻居站点不连通，这也是宝鸡市公交网络稳定性差的主要原因之一；8 个站点的聚类系数为 1，占 1.97%；整个网络的聚类系数为 0.0824，说明宝鸡市公交网络的集团性较差。

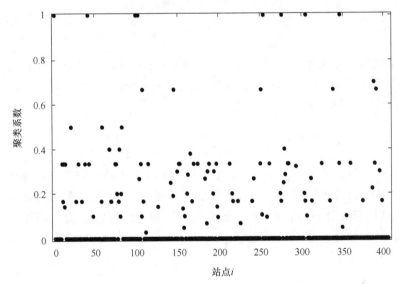

图 8-18　宝鸡市公交网络中各个站点的聚类系数

4. 最短路径

在公交停靠站点网络中，最短路径描述了任意两个站点之间最少要经过的边数。最短路径的概率分布如图 8-19 所示，从图中可以看出，最短路径的最小值为 1，最大值为 35，平均值为 11.5528，说明宝鸡市公交站点网络是一个全通网络，从一个站点到另外一个站点平均经过 11 或 12 个站点。最短路径曲线呈现非对称、单峰和长尾特性，这是宝鸡市公交停靠站点的分布不均匀造成的，少数远离市中心的郊区线路站点距离远，因此曲线呈现出了长尾特性。

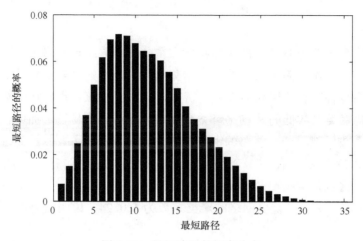

图 8-19　最短路径的概率分布

5. 网络效率

网络效率可用来衡量网络中节点传输信息的有效性。网络中任意两个节点 i 与 j 之间的效率定义为节点 i 与 j 之间最短路径的倒数，所有节点对之间的效率平均值定义为网络效率，记为 Effi，其表达式为

$$\text{Effi}(G) = \frac{1}{N(N-1)} \sum_{i \notin j \notin G} e_{ij} = \frac{1}{N(N-1)} \sum_{i \notin j \notin G} \frac{1}{d_{ij}} \tag{8-13}$$

其中，N 表示网络节点数；e_{ij} 表示节点 i 与节点 j 之间的效率；d_{ij} 表示节点 i 与节点 j 之间的最短路径。在公交停靠站点网络中，网络效率常用来衡量网络受到攻击后表现出的抗毁性，利用该参数能较准确地刻画公交网络连通性的变化情况。通过计算，宝鸡市公交网络的 Effi 为 0.1214，说明宝鸡市公交网络效率较低，有待提高。

6. 网络介数

介数是衡量网络中元素的重要性或者影响力的重要指标，介数又分为节点介数和边介数。在公交停靠站点网络中，节点介数表示公交停靠站点在网络中的重要性，边介数表示公交路段在网络中的重要性。

网络中不相邻的节点 l 和 j 之间的最短路径会途经某些节点，如果某个节点 i 被其他许多最短路径经过，则表示该点很重要，其重要性或者影响力可以用节点介数 B_i 表征，定义为

$$B_i = \sum_{\substack{1 \leqslant j < i < N \\ j \neq i \neq l}} [k_{jl}(i) / k_{jl}] \tag{8-14}$$

其中，k_{jl} 为节点 j 和 l 之间的最短路径条数；$k_{jl}(i)$ 为节点 j 和 l 之间的最短路径经过节点 i 的条数；N 为网络节点数。

图 8-20 为公交停靠站点网络中节点介数分布图。其中，人民医院站点的介数最大，其值为 62489，说明在所有站点中，经过人民医院的最短路径最多，人民医院离其他站点的平均拓扑距离也最近，其在网络中的作用也非常重要。表 8-8 为公交网络节点介数最大的 12 个站点的介数排列和所经过的公交线路数，从表中可以看出，节点介数较大的站点经过的公交线路数不一定较大。凤凰桥北站点是一个非常特殊的站点，由于凤凰桥位于宝鸡市偏东郊区域，横跨渭河两岸，政府只规划了一条跨河的公交线路，但从节点介数分布表来看，与凤凰桥北站点相邻接的北岸公交站点和南岸公交站点都比较多，凤凰桥的这一条公交线路的设置大大缩短了渭河东段两岸的公交站点距离。如果这一公交线路临时故障或凤凰桥路段故障，则两岸居民必须绕行其他跨河大桥，这为居民出行带来了很大的不便。总之，在公交网络中，节点介数和度数较高的点在网络中都非常重要，因此在网络规划的时候应该认识到这些站点的重要性，提高这些站点的车辆吞吐性能和客流量，以提高整个网络的运营效率。

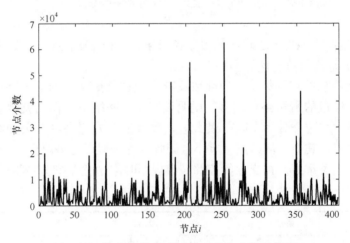

图 8-20 公交停靠站点网络中节点介数分布图

表 8-8 公交网络节点介数最大的 12 个站点的介数排列和所经过的公交线路数

序号	节点编号	站点	节点介数	经过的公交线路
1	252	人民医院	62489	14
2	308	卧龙寺·华晨凤凰城	58040	9
3	205	兰宝小区	54900	5

序号	节点编号	站点	节点介数	经过的公交线路
4	179	教育中心	47304	6
5	355	行政西路北口	43701	8
6	226	南坡村	42578	7
7	76	底店路口	39497	7
8	204	六村千渭星城	38277	7
9	240	千河汽配城	36966	5
10	34	行政中心	26512	6
11	27	胜利桥北·汉唐茶城	22107	11
12	91	凤凰桥北	20204	1

边介数定义为网络中所有的最短路径中经过边 e_{ij} 的数量比例,其表达式为

$$\tilde{B}_{ij} = \sum_{\substack{1 \leqslant l < m \leqslant N \\ (l,m) \neq (i,j)}} [k_{lm}(e_{ij})k_{lm}] \tag{8-15}$$

其中,k_{lm} 为节点 l 和 m 之间的最短路径条数;$k_{lm}(e_{ij})$ 为节点 l 和 m 之间的最短路径经过边 e_{ij} 的条数;N 为网络节点数。

在公交停靠站点网络中,边介数反映了经过公交路段的最短路径条数,边介数越大,经过的最短路径越多,说明该路段在网络中的作用就越重要。宝鸡市公交网络平均边介数为1549,最大边介数为26507。表8-9为公交线路网络的边介数排序表,其中,从站点兰宝小区到卧龙寺华晨凤凰城路段的边介数最大,说明该路段至关重要,在交通管控和城市规划时应注意保持这些路段的畅通。

表 8-9　公交线路网络的边介数排序表

序号	节点编号	站点	边介数
1	(205, 308)	(兰宝小区,卧龙寺华晨凤凰城)	26507
2	(252, 179)	(人民医院,教育中心)	23823
3	(308, 226)	(卧龙寺华晨凤凰,南坡村)	21367
4	(226, 76)	(南坡村,底店温哥华国际酒店)	19591
5	(205, 355)	(兰宝小区,行政西路北口)	18697
6	(240, 76)	(千河汽配城,底店路口温哥华国际酒店)	18672
7	(240, 204)	(千河汽配城,六村千渭星城)	17904

序号	节点编号	站点	边介数
8	(349，179)	(行政中心，教育中心)	12831
9	(278，252)	(胜利桥北汉唐茶城，人民医院)	10281

8.3.2 社团划分及其应用

社团结构是复杂网络的重要特性。分析公交网络社团结构可以帮助发现连通性较好的区域以及区域与区域之间连通性较差的部分，从而有针对性地改进和防护连通性脆弱部分，增强整个公交系统的鲁棒性。

采用 GN 算法对宝鸡市公交网络进行社团挖掘,得到其模块度曲线如图 8-21 所示。宝鸡市公交网络的最优社团划分为 11 个社团，对应最大的模块度为 0.4346，因此宝鸡市公交网络具有明显的社团结构，规模最大的社团包含 57 个节点，规模最小的社团包含 15 个节点。

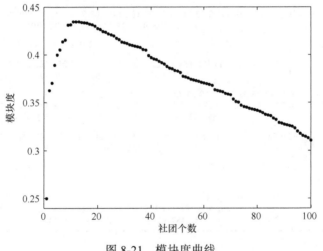

图 8-21 模块度曲线

表 8-10 为宝鸡市公交网络社团划分结果，由划分结果可知，前 5 个大社团依次是社团 8、11、2、4 和 1，其中最大社团 8 主要位于渭滨区，覆盖了以行政中心北口为中心节点，包含宝鸡市政府，西起创新路北口、东到龙丰村的区域。这些规模较大的社团处于宝鸡市公交线路相对密集的地方，自然形成紧密的社团。社团 8 中的站点跨越了渭河两岸，说明虽然宝鸡属于河谷型地形，但是由于在渭河上搭建了很多跨河大桥，密集地区的社团划分并没有受到影响。社团 6 位于金陵桥以北的沿河狭窄地带，社团 10 位于宝成铁路以西的渭河北岸，社团 3 位于渭河以南，说明宝鸡市公交网络划分明显受到了宝鸡河谷

型地形特性以及宝成铁路穿城而过对城市切割的影响。通过分析得出，同一社团的各个站点在地理位置上相近，它们之间的连接紧密，每个社团的中心节点(即度最大节点)在社团中起着非常重要的作用，如在社团 11 中，中心节点为人民医院站点。在城市规划中，在中心节点附近建设大型商场、医院、学校，可带动整个区域的经济发展。社团与社团之间的桥接节点起到连接两个区域的枢纽作用，在公交管控过程中要保证其正常运行。

表 8-10　宝鸡市公交网络社团划分结果

社团序号	规模	包含节点
1	43	1 10 11 13 14 27 38 58 59 60 85 92 93 110 111 147 148 149 150 151 156 157 158 162 165 168 193 198 199 216 217 222 223 250 253 258 303 311 333 359 363 373 395
2	45	2 6 15 34 35 36 39 41 71 94 115 128 129 131 132 133 154 175 176 202 239 243 244 245 246 248 249 260 261 267 276 277 290 291 292 314 315 323 369 377 385 387 396 397 400
3	27	3 25 77 87 91 109 120 140 215 230 231 232 282 298 309 310 327 328 362 364 368 378 379 380 401 402 403
4	45	4 8 9 21 30 31 40 45 46 67 72 78 79 80 82 84 99 100 108 126 127 141 166 177 178 181 185 186 187 211 218 220 221 254 265 270 296 301 302 304 345 367 383 384 389
5	35	5 16 17 23 42 48 49 50 52 74 75 76 98 102 146 207 208 209 214 226 240 247 262 286 287 299 300 306 307 308 324 343 344 370 391
6	15	7 97 130 190 191 195 196 197 200 212 213 312 319 320 366
7	31	12 37 86 160 182 184 188 189 192 203 225 228 229 255 259 263 264 272 273 294 295 305 313 321 325 337 360 392 393 394 406
8	57	18 22 24 28 32 33 44 68 69 70 73 89 134 135 136 137 138 139 153 179 180 201 205 219 224 227 233 234 235 236 237 238 256 257 268 285 317 318 322 326 329 330 331 332 347 348 349 350 351 352 353 354 355 361 365 372 399
9	31	19 20 54 55 56 57 61 62 63 64 65 66 83 90 116 117 118 119 121 122 123 124 125 142 173 204 210 241 266 371 390
10	24	26 43 51 88 95 96 101 104 155 170 171 172 206 281 288 289 297 340 341 342 346 376 381 398
11	53	29 47 53 81 103 105 106 107 112 113 114 143 144 145 152 159 161 163 164 167 169 174 183 194 242 251 252 269 271 274 275 278 279 280 283 284 293 316 334 335 336 338 339 356 357 358 374 375 382 386 388 404 405

经过对宝鸡市公交停靠站点网络相关参数的计算，结合对国内城市公交网络方面相关文献，现将近几年学者对国内部分城市的公交网络研究得出的拓扑性质总结如下，见表 8-11。从表中可以看出，城市站点网络的平均节点度都在 2~4，表示平均每个站点有 2~4 个邻居站点。节点度远远小于网络节点数，符合稀疏网络的特点，因此公交网络和大多数实际网络一样，属于稀疏网络。节点度分布极不均匀，大部分节点度比较小，极少数节点度比较大，说明公交网络都具有"富人俱乐部特性"。和其他城市相比，宝鸡市公交网络的聚类系数较小，说明宝鸡市区规模较小，集团化程度低。通过比较，可以看出宝

鸡市公交网络的规划与设计和国内大城市相比处于中下游水平，有待于进一步完善。

表 8-11　国内部分城市拓扑性质对比

参数	北京	上海	天津	南京	杭州	西安	兰州	太原	宝鸡
平均节点度	3.2680	4.0089	3.0697	2.8900	3.216	3.0121	2.7200	2.5260	3.0197
聚类系数	0.1450	0.0064	0.1100	0.3450	0.0170	0.1376	0.1179	0.8210	0.0824
特征平均路径长度	17.387	7.5850	16.260	15.830	9.2300	15.520	17.090	3.9240	11.553

8.3.3　公交停靠站点网络抗毁性分析和网络优化

1. 公交停靠站点网络抗毁性分析

在现实生活中，公交系统往往由于各种原因不能正常运行。但是很少会出现整个网络都受到攻击的现象，较多的原因是某个站点因为客观原因失效，所以本小节只分析某个站点受到攻击时网络效率的变化特征。

公交停靠站点网络遭受的攻击按目标和方式不同其影响也不同。攻击的目标可以是网络上的点或者边，当网络上某个点受到攻击时，和它相连的边也就被摧毁。当边受到攻击时，只是边不能发挥作用，但是点不受影响。攻击的方式也可以分为随机攻击和蓄意攻击，随机攻击是指网络上的点或者边以某个概率被随机的攻击，蓄意攻击则是对网络上的点或者边进行有目的的、有针对性的和有策略的攻击。

图 8-22 是不同攻击策略下公交停靠站点 Effi 的变化图，图中纵坐标 Effi 表示网络效率，横坐标表示受攻击站点比例。考虑到宝鸡市公交停靠站点的数量较多，数据量较大，如果逐站删除，数据处理时间较长，因此本小节选取每次的攻击量是节点总数的二十分之一，即 $N/20$(N 为节点数)。从图中可以看出，在随机攻击下，网络效率下降的速度明显慢于蓄意攻击下的网络效率；18%的节点受到攻击时，网络效率降为原来的一半；55%以上的节点受到攻击以后，网络效率接近于 0，网络几近瓦解。在蓄意攻击下，8%的节点被攻击后，网络效率下降到原始网络效率的一半以下。这说明宝鸡市公交停靠站点网络的拓扑结构受到了严重破坏，40%以上的节点被攻击之后，网络效率接近 0，表示网络几近崩溃瓦解。

通过计算分析发现，随机去掉一个公交站点，对网络的整体效率几乎没有影响，因为该随机攻击的站点并非宝鸡市公交枢纽站点，非公交枢纽站点在网络中的作用很小，所以宝鸡市公交停靠站点网络对随机故障有着较高的鲁棒性。但是在蓄意攻击策略下，总是优先攻击节点度比较大的站点，是由于度大

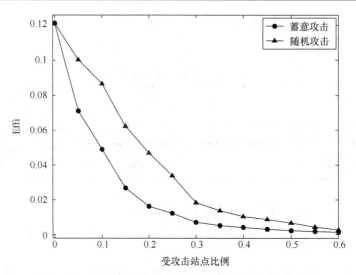

图 8-22　不同攻击策略下公交停靠站点 Effi 的变化图

的节点对网络影响更大，被攻击后网络效率急剧下降。因此，宝鸡市公交停靠站点网络对蓄意攻击具有较强的脆弱性，这种脆弱性正是由该网络有明显的无标度特性决定的。

2. 网络优化

公交停靠站点网络的稳定性严重影响城市交通系统的正常运行。局部公交站点或者公交路段故障会增加网络其他部分的负担，关键节点和高负荷节点的故障甚至会导致整个公交网络系统的崩溃。因为网络结构对交通拥堵及其交通传播具有较大的影响，所以通过分析现有网络结构，提出科学的网络结构整改方案是提高公交网络稳定性的一个重要途径。

通过研究和分析，宝鸡市公交网络的优化可以从以下几个方面进行。

(1) 针对交通流量比较大的重要站点(即节点度、介数中心性较大节点)，如人民医院，采用分流的措施，将中心节点的流量分配到其现有的邻居站点上，或者通过在中心站点附近新增站点，将一部分公交车的停靠分配到新增站点上。通过这样的方式减少公交进站的等待时间，从而增强公交网络的运输能力。

(2) 在日常生活中，居民一般以最短路径策略选择到达目的地，通过研究可知，节点介数越大，经过节点的最短路径数越多，也会有越多的小汽车、出租车选择该节点，从而造成该站点严重拥堵。针对这种现象，设计基于节点介数的绕行策略，绕过交通拥堵点，重新选择路径。

(3) 针对早晚高峰期局部负荷高的重要路段(即边介数较大路段)，通过增加车道、开辟公交专用车道和加大交通部门的交通管控力度，建议市民乘坐"快车""专线"等交通工具降低交通流量，增强路网能力，或在城区内建立轻轨，提高交通吞吐量。

(4) 通过建立全城范围内的智能公交系统，实现对公交状况的全程实时监控，从而更科学合理地管控公交车辆，提高公交系统的运营能力。

本章采用复杂网络的分析方法对公交网络的拓扑特性加以分析，构建了宝鸡市公交停靠站点网络，分析了其网络特性，并与全国部分城市公交网络拓扑特性做了比较。研究结果显示，宝鸡市公交停靠站点网络节点度分布不均匀，具有较小的平均最短路径、较大聚类系数和明显的社团结构，对随机攻击具有较强的鲁棒性，对蓄意攻击具有较强的脆弱性。针对网络节点度较大的站点，如节点度最大的人民医院站点，提出分解中心节点的策略以减缓中心节点的道路拥挤。针对边介数较大的节点，采取绕行策略，即绕过交通拥堵路段、重新选择路径。为了缓解整个城市的道路拥挤，可以采用新建快速干道和轻轨，建立智能公交系统等优化公交网络的策略。本章的研究成果对认识宝鸡市公交网络、构建智能公交系统、优化公交网络和改善交通拥堵等方面都有非常重要的意义。但是，在构建公交停靠站点网络模型时，将网络考虑成无权无向网络。实际上同一路段不只经过一路公交线路，而且部分公交线路往返所经过的路段也不同，公交线路网络其实是一个动态变化的系统，交通系统还会受到车流、人流等因素的影响。因此，一个静态无向无权网络不足以反映真正公交系统，构建动态的公交系统网络是日后需要进一步研究的内容。

参 考 文 献

[1] 王林, 童昭维. 通话社交网络社团结构实证研究[J]. 微型机与应用, 2013, 32(4): 48-50.

[2] 王林, 戴冠中. 基于复杂网络社区结构的论坛热点主题发现[J]. 计算机工程, 2008, 34(11): 214-216, 224.

[3] 高红艳, 刘飞, 钱郁. 公共交通网络的复杂性及其优化——以宝鸡市为例[J]. 长安大学学报(自然科学版), 2018, 38(5): 146-153, 181.

[4] 高红艳. 复杂公交网络模型的构建和统计特性分析[J]. 电子设计工程, 2018, 26(17): 154-157, 166.

[5] SIENKIEWICZ J, HOLYST J A. Statistical analysis of 22 public transport networks in Poland[J]. Physical Review E, 2005, 72(4): 46-50.

[6] LI P, XIONG X, QIAO I L, et al. Topological properties of urban public traffic networks in Chinese top-ten biggest cities[J]. Chinese Physics Letters, 2006, 23(12): 3384-3386.

[7] 胡一竑. 基于复杂网络的交通网络复杂性研究[D].上海:复旦大学，2008.

[8] 李进, 马军海. 城市地铁网络复杂性研究[J]. 西安电子科技大学学报(社会科学版), 2009, 19(2): 51-55.

[9] 周康, 何世伟, 宋端. 基于出行行为的公交网络多目标优化方法[J]. 公路交通科技, 2015, 32(6): 123-129.

[10] 刘志勇，李瑞敏. 北京市公共交通网络系统的鲁棒性研究[J]. 公路工程, 2017, 42(6): 17-23.

[11] FERBER C V, HOLOVATCH T, HOLOVATCH Y, et al. Public transport networks: Empirical analysis and modeling[J].The European Physical Journal B:Condensed Matter and Complex Systems, 2009, 68(2): 261-275.